高职高专煤化工专业规划教材
编审委员会

高职高专"十一五"规划教材

——煤化工系列教材

煤液化生产技术

李赞忠　乌　云　主编
乔子荣　韩春杰　主审

化学工业出版社

·北京·

本教材结合我国煤炭化工发展的实际，系统地介绍了我国煤炭资源及利用情况；煤炭的形成、分类和性质；煤液化概述；煤直接液化生产技术；煤制合成气和氢气；煤间接液化生产技术；煤液化主要设备；液化油的提质加工及液化残渣的利用；煤转化后的产品及其综合利用等。

本教材可作为高职高专煤化工、煤质分析及应用化工技术等专业的教材或参考用书，也可作为从事煤化工技术、煤炭能源转化及能源相关领域的工程技术人员的培训教材或参考用书。

图书在版编目（CIP）数据

煤液化生产技术/李赞忠，乌云主编. —北京：化学
工业出版社，2009.7（2025.4 重印）
高职高专"十一五"规划教材. 煤化工系列
ISBN 978-7-122-05721-1

Ⅰ.煤… Ⅱ.①李…②乌… Ⅲ.煤液化-高等学校：
技术学校-教材 Ⅳ.TQ529

中国版本图书馆 CIP 数据核字（2009）第 081066 号

责任编辑：张双进　　　　　　　　　　装帧设计：王晓宇
责任校对：顾淑云

出版发行：化学工业出版社（北京市东城区青年湖南街 13 号　邮政编码 100011）
印　　装：北京科印技术咨询服务有限公司数码印刷分部
787mm×1092mm　1/16　印张 13½　字数 332 千字　　2025 年 4 月北京第 1 版第 8 次印刷

购书咨询：010-64518888　　　　　　售后服务：010-64518899
网　　址：http://www.cip.com.cn
凡购买本书，如有缺损质量问题，本社销售中心负责调换。

定　　价：39.00 元

前　言

当前，我国正处在工业化快速发展阶段，随着我国制造业和创造业的兴起，对能源的需求不断增加。我国已成为能源生产和消费大国，但我国的资源特点是"多煤缺油少气"，煤炭一直是我国的主要能源，占我国能源消费的70％以上；石油资源短缺已经成为我国能源安全和经济发展的瓶颈。中国能源发展"十一五"规划中明确指出："加快发展煤基、生物质基液体燃料和煤化工技术，完成煤炭液化的工业化示范，为后十年产业化发展奠定基础"。"煤液化"是以煤为原料来生产液体油品工艺过程的规范术语，俗称"煤制油"，即以固体煤炭为原料通过一系列的加工过程转化为液体油品。根据生产过程的不同，煤炭液化又分为两种不同的工艺路线：一是煤炭直接液化，就是把经过洗选加工过的精煤磨细、干燥，制备成干的细煤粉，干煤粉与装置自身生产的重溶剂油制备成可以用泵输送的油煤浆，油煤浆经泵增压后与氢气混合经预热后在高温、高压的条件下，在催化剂的作用下在反应器中发生加氢反应生成液体油品的过程。二是煤炭间接液化，煤炭首先与氧气发生部分氧化反应生成以一氧化碳和氢气为主要组分的合成气，净化后的合成气在催化剂的作用下在反应器中发生"费-托"合成反应，生成合成油品，合成油品经进一步加工后生产汽油、柴油等车用运输燃料。

本教材是根据教育部高职高专"十一五"规划教材建设精神，结合我国煤液化生产技术的发展现状和应用实际，以满足煤化工及应用化工技术专业教学需要，同时也可作为煤化工及相关专业技术培训用书。

本教材共分九章，其中第一章、第二章、第三章、第四章由内蒙古化工职业学院李赞忠编写；第五章、第六章、第七章由内蒙古化工职业学院乌云编写；第八章、第九章由内蒙古化工职业学院庞丽纹编写。全书由李赞忠统稿，由内蒙古化工职业学院乔子荣教授、韩春杰主审。

在本教材编写过程中，参考了大量的相关专著和资料，在此向其作者表示衷心感谢，同时还要对为本教材提供技术资料的企业和老师、在出版过程中给予支持和帮助的单位和有关人员表示深深的谢意。

由于煤液化技术涉及的专业面宽、技术新、参考资料多，限于作者的水平和能力，不妥之处，恳请读者批评指正。

编　者
2009 年 4 月

目　　录

第一章　绪论 …………………………………………………………………… 1

　第一节　我国能源概况 ……………………………………………………… 1

　　一、能源 ………………………………………………………………… 1

　　二、我国能源概况 ……………………………………………………… 2

　　三、我国能源消费预测 ………………………………………………… 3

　　四、能源的可持续发展 ………………………………………………… 3

　　五、我国的能源结构和能源战略 ……………………………………… 4

　第二节　我国煤炭资源概况 ………………………………………………… 4

　　一、我国煤炭资源概况 ………………………………………………… 4

　　二、中国煤炭资源特点 ………………………………………………… 4

　　三、我国煤炭资源的综合利用情况 …………………………………… 5

　　四、我国煤炭利用存在的问题 ………………………………………… 6

　第三节　发展煤液化工业的重要意义 ……………………………………… 7

　　一、新型煤化工 ………………………………………………………… 7

　　二、新型煤化工特点 …………………………………………………… 7

　　三、煤液化技术在煤化工发展中的应用 ……………………………… 8

　　四、本课程内容与任务 ………………………………………………… 9

　复习思考题 …………………………………………………………………… 9

第二章　煤的形成、分类及性质 …………………………………………… 10

　第一节　煤的形成特征 ……………………………………………………… 10

　　一、煤的形成 …………………………………………………………… 10

　　二、煤形成过程 ………………………………………………………… 11

　　三、煤的形成类型 ……………………………………………………… 12

　　四、腐殖煤的外表特征 ………………………………………………… 12

　第二节　煤的分类与组成结构 ……………………………………………… 13

　　一、煤的分类 …………………………………………………………… 13

　　二、煤的组成与结构 …………………………………………………… 16

　　三、煤的化学结构与原油化学结构的区别 …………………………… 21

　第三节　煤的基本性质 ……………………………………………………… 21

　　一、煤的物理性质 ……………………………………………………… 21

　　二、煤的化学性质 ……………………………………………………… 25

　　三、煤的工艺性质 ……………………………………………………… 27

　复习思考题 …………………………………………………………………… 30

第三章　煤液化概述 ………………………………………………………… 31

　第一节　煤液化技术发展概况 ……………………………………………… 31

　　一、煤直接液化技术发展现状 ………………………………………… 31

　　二、煤间接液化技术发展现状 ·· 33
　　三、煤炭液化技术的发展前景 ·· 34
　第二节　煤液化技术综合评价 ·· 35
　　一、煤液化技术分析 ·· 35
　　二、煤液化经济分析 ·· 39
　　三、煤液化技术综合评价 ·· 40
　第三节　液化用煤种的选择 ·· 42
　　一、煤炭液化对煤质的要求 ·· 42
　　二、液化用煤种的选择 ·· 43
　　三、煤种液化特性评价试验 ·· 45
　第四节　煤液化基本原理 ·· 47
　　一、煤炭液化方法 ·· 47
　　二、煤炭液化主要产品 ·· 48
　　三、煤炭液化的功能 ·· 48
　　四、煤炭液化的基本原理 ·· 48
　第五节　煤液化工艺与其他煤转化工艺的对比 ···································· 49
　复习思考题 ·· 50
第四章　煤直接液化生产技术 ·· 51
　第一节　煤直接液化机理 ·· 51
　　一、煤加氢液化的反应机理 ·· 52
　　二、煤加氢液化的反应产物 ·· 55
　　三、煤加氢液化的影响因素 ·· 56
　第二节　煤直接液化催化剂 ·· 60
　　一、催化剂的作用 ·· 60
　　二、加氢液化催化剂的选择 ·· 61
　　三、煤加氢液化催化剂种类 ·· 61
　第三节　煤直接液化工艺 ·· 65
　　一、煤直接催化加氢液化工艺 ·· 67
　　二、溶剂萃取法 ·· 75
　　三、煤炭溶剂萃取加氢液化 ·· 75
　　四、俄罗斯低压加氢液化工艺 ·· 81
　　五、煤油共炼技术 ·· 82
　　六、超临界萃取 ·· 85
　　七、中国神华煤直接液化工艺 ·· 86
　复习思考题 ·· 86
第五章　煤制合成气和氢气 ·· 88
　第一节　煤炭气化技术 ·· 88
　　一、煤发生气化的基本条件 ·· 89
　　二、煤气化基本原理 ·· 89
　　三、煤气化过程的影响因素 ·· 90
　　四、典型制取合成气的煤气化工艺 ·· 92

第二节　煤气除尘 …………………………………………………………………… 100

一、旋风除尘器 …………………………………………………………………… 100

二、静电除尘器 …………………………………………………………………… 103

第三节　煤气脱硫技术 ……………………………………………………………… 105

一、湿法脱硫 ……………………………………………………………………… 105

二、干法脱硫 ……………………………………………………………………… 109

第四节　CO 变换及 CO_2 脱除技术 ………………………………………………… 112

一、CO 变换技术 ………………………………………………………………… 112

二、CO_2 脱除技术 ……………………………………………………………… 115

第五节　氢气提纯技术 ……………………………………………………………… 118

一、膜分离技术 …………………………………………………………………… 119

二、变压吸附技术 ………………………………………………………………… 122

复习思考题 ……………………………………………………………………………… 124

第六章　煤间接液化生产技术 …………………………………………………… 126

第一节　煤间接液化机理 …………………………………………………………… 127

一、基本化学反应 ………………………………………………………………… 127

二、F-T 合成反应机理 …………………………………………………………… 128

三、F-T 合成的理论产率 ………………………………………………………… 131

四、F-T 合成过程的工艺参数 …………………………………………………… 132

第二节　F-T 合成催化剂 …………………………………………………………… 133

一、F-T 合成催化剂组成与作用 ………………………………………………… 133

二、F-T 合成催化剂的制备及预处理 …………………………………………… 135

三、F-T 合成催化剂的失活、中毒和再生 ……………………………………… 136

四、F-T 合成催化剂 ……………………………………………………………… 138

五、新型催化剂的研究与开发 …………………………………………………… 141

第三节　F-T 合成技术 ……………………………………………………………… 142

一、南非 Sasol 公司的 F-T 合成技术 …………………………………………… 143

二、荷兰 Shell 公司的 SMDS 合成技术 ………………………………………… 146

三、Mobil 公司 MTG 合成技术 ………………………………………………… 148

四、丹麦 Topsoe 公司的 Tigas 合成技术 ……………………………………… 150

五、Exxon 公司 AGC-21 工艺 …………………………………………………… 151

六、中国 MFT 合成油工艺 ……………………………………………………… 151

七、F-T 合成新工艺开发 ………………………………………………………… 153

复习思考题 ……………………………………………………………………………… 154

第七章　煤液化主要设备 ………………………………………………………… 155

第一节　煤直接液化设备 …………………………………………………………… 155

一、直接液化反应器 ……………………………………………………………… 155

二、煤浆预热器 …………………………………………………………………… 157

三、高温气体分离器 ……………………………………………………………… 159

四、高压换热器 …………………………………………………………………… 160

五、减压阀 ………………………………………………………………………… 162

　　第二节　F-T合成反应器 ··· 162

　　　一、气固相固定床催化反应器 ······································· 163

　　　二、气固相流化床反应器 ··· 164

　　　三、鼓泡淤浆床（浆态床）反应器 ································· 166

　　　四、几种反应器的比较 ··· 167

　　复习思考题 ·· 167

第八章　液化油的提质加工及液化残渣的利用 ······················· 169

　第一节　液化油的提质加工 ··· 169

　　　一、煤液化粗油的性质 ··· 169

　　　二、液化粗油提质加工研究 ······································· 171

　　　三、液化粗油提质加工工艺 ······································· 173

　第二节　煤液化残渣的利用 ··· 177

　　复习思考题 ·· 178

第九章　煤转化后的产品及综合利用技术 ····························· 179

　第一节　合成氨及下游产品 ··· 179

　　　一、合成氨 ··· 179

　　　二、硝酸 ··· 182

　　　三、硝酸铵 ··· 183

　　　四、尿素 ··· 184

　第二节　甲醇的生产 ··· 187

　　　一、甲醇的性质及用途 ··· 187

　　　二、甲醇合成对原料气的要求 ····································· 188

　　　三、合成甲醇催化剂的作用与性能 ································· 188

　　　四、甲醇合成反应原理 ··· 189

　　　五、甲醇生产工艺 ··· 190

　第三节　电石及乙炔 ··· 195

　　　一、电石的生产 ··· 195

　　　二、电石-乙炔 ··· 199

　　复习思考题 ·· 201

参考文献 ·· 203

第一章

绪　　论

　　煤炭是世界上储量最多、分布最广的化石能源。18世纪末，蒸汽机的发明和使用，煤炭成为蒸汽机的动力能源，受到全世界的重视，推动了煤炭工业的发展，世界进入了煤炭时代。随着石油资源的开发和利用，石油资源成为首要的战略能源。由于20世纪70年代后发生的两次石油危机，使各国开始重新认识到未来能源中煤炭的战略地位，制定了相应的法规和政策，并明显加大了煤炭作为原料和燃料利用技术的开发力度。

　　煤炭资源分布于世界76个国家和地区，有60多个国家进行了规模化开采。据英国石油公司于2000年的统计数据显示，煤炭占世界化石能源剩余可采储量的64.1％，而石油占18.1％，天然气占17.8％，按目前化石能源的开采量计算，石油可以开采约40年，天然气可以开采约60年，而煤炭则可以开采200年以上。由于煤炭的资源量和储采比大大超过石油和天然气，因此在未来50年内，煤炭仍将是世界主要能源之一，是世界经济发展的重要动力支柱。

　　我国是世界上煤炭资源最丰富的国家之一，煤炭储量远大于石油、天然气储量。目前，我国已探明的煤炭可采储量居世界的前列，随着勘探技术的发展，逐年还在发现新的大煤田，煤炭储量数字还在增加。我国一次能源消费结构中煤炭占70％左右，火力发电用煤占煤炭消费总量的40％～43％。而且我国燃煤发电将继续增长，原来的燃油发电将逐步被燃煤所取代，煤气化、煤液化以及煤炭作为生产化工产品的原料，煤炭用量也在逐年增长。由此可见，煤炭仍然是我国现在和未来能源的重要组成部分，以煤为主的能源格局在相当长的时间内难以改变。因此，煤炭是21世纪我国经济快速发展的重要支柱，占有不可替代的地位，随着煤炭产量的逐年增长，煤炭在能源构成中的比重将进一步增加。

第一节　我国能源概况

一、能源

　　"能源"这一术语，过去人们谈论得很少，正是由于两次石油危机使它成了人们议论的热点。能源亦称能量资源或能源资源，是指自然界中能为人类提供某种形式能量的物质资源，如煤炭、石油、天然气、水能、风能、电能、太阳能、核能等。

　　能源种类繁多，而且经过人类不断的开发与研究，更多新型能源已经开始能够满足人类需求。根据不同的划分方式，能源也可分为不同的类型。

　　1. 根据能源的来源分类

　　(1) 来自地球外部天体的能源　主要是太阳能，太阳能除直接辐射提供地球一切生物所需的能量外，还为风能、水能、生物质能和矿物能等能源的产生提供基础。

　　(2) 地球本身蕴藏的能量　主要有原子核能、地热能等。

　　(3) 地球和其他天体相互作用而产生的能量　主要有潮汐能等。

　　2. 根据能源产生的方式分类

　　(1) 一次能源（天然能源）　一次能源是指自然界中以天然形式存在并没有经过加工或转换的能量资源，如煤炭、石油、天然气、水能等，也称为天然能源。

一次能源又分为可再生能源和非再生能源。凡是可以不断得到补充或能在较短周期内能够再产生的能源称为可再生能源，如风能、水能、海洋能、潮汐能、太阳能和生物质能等，反之称为非再生能源，如煤、石油和天然气等都是非再生能源。地热能基本上是非再生能源，但从地球内部巨大的蕴藏量来看，又具有再生的性质。

（2）二次能源（人工能源）　二次能源指由一次能源直接或间接加工转换而成的能源产品，如电力、煤气、蒸汽、汽油、柴油、焦炭、洁净煤及各种石油制品等，因此属于人工能源。

3. 根据能源消耗对环境影响的分类

（1）污染型能源　污染型能源主要包括煤炭、石油等。

（2）清洁型能源　清洁型能源主要包括水能、电能、太阳能、风能及核能等。

4. 根据能源使用的类型分类

（1）常规能源　常规能源也称传统能源，是指已经大规模生产和广泛利用的能源，如一次能源中的可再生的水力资源和不可再生的煤炭、石油、天然气等资源。

（2）新型能源　新能源又称非常规能源，是指刚开始开发利用或正在积极研究、有待推广的能源，如太阳能、地热能、风能、海洋能、生物质能和核能等。

5. 按能源形态特征及转换应用分类

世界能源委员会将能源分为固体燃料、液体燃料、气体燃料、水能、电能、太阳能、生物质能、风能、核能、海洋能和地热能。其中，前三个类型统称化石燃料或化石能源。

此外，按能源性质可分为燃料型能源（煤炭、石油、天然气、泥炭、木材）和非燃料型能源（水能、风能、地热能、海洋能）；按是否进入能源市场分为商品能源（如煤、石油、天然气和电等）和非商品能源（如薪柴和农作物残余如秸秆等）。

能源是工业的"粮食"，是整个世界发展和经济增长最基本的驱动力，是支持社会发展和经济增长的重要物质基础和生产要素，其利用效率是实施可持续发展战略的最重要问题之一。随着全球各国经济发展对能源需求的日益增加，现在许多发达国家都更加重视对可再生能源、环保能源以及新型能源的开发与研究，同时人们也相信随着人类科学技术的不断进步，会不断开发研究出更多新能源来替代现有能源，以满足全球经济发展与人类生存对能源的高度需求。地球上还有很多尚未被人类发现的新能源正等待人们去探寻与研究。

二、我国能源概况

我国国土资源丰富，蕴藏的能源品种齐全，储量也比较丰富。煤全国查明资源量已达1万亿吨以上，其中经济可采储量约1900亿吨，居世界第三位；水力资源理论蕴藏量为6.9亿千瓦，居世界第一位；石油和天然气的理论储量也很丰富。但与世界水平相比，中国的能源人均储量偏小，而且油气资源尤其贫乏，其中煤炭资源仅占世界人均资源的一半，而石油资源只占世界人均资源的1/10，特别是矿产资源的储量有限。作为世界上最大的发展中国家，我国是一个能源生产和消费大国，我国能源生产量仅次于美国和俄罗斯，居世界第三位，基本能源消费占世界总消费量的1/10，仅次于美国，居世界第二位。我国又是一个以煤炭为主要能源的国家，经济发展与环境污染的矛盾比较突出。近年来，能源安全问题也日益成为国家乃至全社会关注的焦点，日益成为我国战略安全的隐患和制约经济社会可持续发展的瓶颈。20世纪90年代以来，我国经济的持续高速发展带动了能源消费量的急剧上升。自1993年起，我国由一个能源净出口国变成能源净进口国，能源总消费已大于总供给，能源需求的对外依存度迅速增大。石油需求量的大幅增加以及由此引发的结构性矛盾日益成为我国能源安全所面临的最大难题，这也决定了煤炭资源在一次能源消费中的重要地位。

三、我国能源消费预测

据国际能源机构发布的《世界能源展望2007》预测，全球2005年到2030年间的一次能源需求将增加55％，年均增长率为1.8％。化石燃料仍将是一次能源的主要来源，在2005年到2030年的能源需求增长总量中占到84％，石油仍是最重要的单种燃料，尽管它在全球需求中的比重从35％降到了32％。2030年的全球石油需求量将达到1.16亿桶/日，比2006年多出3200万桶/日（增长了37％）。从绝对数量上看，煤炭需求量增幅最大，与近年来的飞速增长保持一致。在2005年到2030年间煤炭需求量将上升73％，其在能源总需求中的比例也将从25％提高到28％。

2000年我国一次能源消费总量为10.753亿吨标煤，仅次于美国居世界第二位，煤炭消费量为6.86亿吨标煤，占一次能源消费总量的63.8％，石油占30.1％，天然气仅占3％。

2008年中国能源消费总量28.5亿吨标准煤，煤炭消费量27.4亿吨；原油消费量3.6亿吨；天然气消费量807亿立方米；电力消费量34502亿千瓦小时。

2008年，中国一次能源生产总量26亿吨标准煤。其中，原煤产量27.93亿吨；原油产量1.9亿吨；天然气产量760.8亿立方米；发电量34668.8亿千瓦小时。

同期，中国进口原油1.7888亿吨，比上年增长9.6％；中国进口成品油3885万吨，比上年增长15％。

21世纪前期煤炭仍将占据我国一次能源消费的主导地位，石油和天然气消费量将有较大增长，主要依靠大量进口石油和天然气来满足消费需求。国际能源机构（IEA）预测中国石油消费量依赖进口的程度2010年为61％，2020年为76.9％，2020年我国石油年消费量可达5亿吨以上，进口量将超过国产石油量。这样大的石油消费量和进口量将对中国的经济发展和能源安全造成很大压力，因此，以煤炭为主要能源的格局在今后一个较长的时期内不会改变。

四、能源的可持续发展

随着我国城镇化进程的不断推进，能源需求持续增长，能源供需矛盾也越来越突出，我国究竟该寻求一条怎样的能源可持续发展之路？研究人员认为，为了实现能源的可持续发展，我国一方面必须"开源"，即开发核电、风电等新能源和可再生能源，另一方面还要"节流"，即调整能源结构，大力实施节能减排。

开发新能源和可再生能源是能源可持续发展的应有之义。我国的能源供应结构中，煤炭、石油与天然气等不可再生能源占绝大部分，新能源和可再生能源开发不足，不仅造成环境污染等一系列问题，也严重制约能源发展，必须下大力气加快发展新能源和可再生能源，优化能源结构，增强能源供给能力，缓解压力。走能源可持续发展之路，从大的能源结构来讲，还是要加快发展核电。最近一两年，从中央到国务院，都坚定了加快发展核电的信心，核电的工作力度也在加大。在今后一个时期，在优化能源结构方面，核电的比重、速度要保持相对快速的增长，规模要在短期内有比较大的提升，如我国的核电装机容量不到发电装机容量的2％，远低于世界17％的平均水平，应当采取有效的措施，解决技术路线、投资体制、燃料保障等问题，使我国核电发展的步子迈得更大一些。同时，我国的风电资源量在10亿千瓦左右，目前仅开发几百万千瓦，应当对风电发展进行正确引导，促进用电健康可持续发展。

节能减排是能源可持续发展的必由之路。我国能源需求结构不合理突出表现在能源利用消耗高、浪费大、污染严重，缓解能源供需矛盾问题，从根本上就是大力节约和合理使用，提高其利用效率，严格控制钢铁、有色、化工、电力等高耗能产业发展，进一步淘汰落后的生产能力。同时，还要大力发展循环经济、积极开展清洁生产，全面推进管理节能，大力推广节能市场机制，促进节能发展，广泛开展全民节能活动。

五、我国的能源结构和能源战略

2007 年 12 月国务院发布的《中国的能源状况与政策》白皮书中，明确提出了我国的能源战略是："坚持节约优先、立足国内、多元发展、依靠科技、保护环境、加强国际互利合作，努力构筑稳定、经济、清洁、安全的能源供应体系，以能源的可持续发展支持经济社会的可持续发展。""立足国内"和"努力构筑安全的能源供应体系"的措辞，表明石油替代产业在中国将有较大的发展空间。

首先，我国的石油采储比大大低于煤炭的采储比，且储采比近 10 年一直处于下降趋势，而中国对成品油的需求一直保持较快增长，发展石油替代能源的必要性迫在眉睫。按照《煤化工中长期发展规划（征求意见稿）》，到 2020 年我国将形成 3300 万吨左右的煤制油规模。以此计算，这将替代中国约 8%～10%的石油消费量，将大大增强中国的能源安全。目前中国具有自主知识产权的煤制油技术主要有 3 家公司：神华集团、兖矿集团和中科合成油技术公司（以山西煤化所为班底）。兖矿集团和中科合成油是间接液化路线，神华集团已经研发成功了直接液化技术，并正在研发间接液化技术。另外，神华集团还与南非 Sasol 签署了合作协议，拟以合资方式引进 Sasol 成熟的间接液化技术和工程经验。

其次，国家政策明确支持煤制油试点。2007 年底公布的《能源法（征求意见稿）》中，第 37 条是"替代能源开发"，里面提出"国家优先开发应用替代石油的新型燃料和工业原料"。2007 年 4 月发布的《中国能源发展"十一五"规划》中也提出"加快发展煤基、生物质基液体燃料和煤化工技术"，明确提出"十一五期间，完成煤炭液化的工业化示范，为后十年产业化发展奠定基础。示范工程包括：建成 100 万吨/年煤炭直接液化示范工程；采用不同的自主知识产权技术，分别完成 16 万吨/年和 100 万吨/年间接液化示范工程；引进国外成熟技术，建设 300 万吨/年的间接液化工厂，并完成商业化运行示范"。为现有煤制油项目的平稳发展提供了有力保证。

第二节　我国煤炭资源概况

一、我国煤炭资源概况

我国煤炭资源丰富，截至 2002 年年底，全国共有煤炭资源的矿区 6019 个，查明煤炭资源储量为 10201 亿吨，其中煤炭基础储量 3341 亿吨（煤炭储量为 1886 亿吨），煤炭资源量为 6872 亿吨。按照我国探明可直接利用的煤炭储量 1886 亿吨计算，我国人均探明煤炭储量 145 吨，按人均年消费煤炭 1.45 吨，即全国年产 19 亿吨煤炭匡算，可以保证开采上百年。

我国煤炭储量主要分布在华北、西北地区，集中在昆仑山-秦岭-大别山以北的北方地区，以山西、陕西、内蒙古等省区的储量最为丰富。晋陕蒙（西）地区（简称"三西"地区）集中了中国煤炭资源的 60%，另外还有近 9%集中于川、云、贵、渝地区。

二、中国煤炭资源特点

我国煤炭资源相对丰富，其储量约占全国矿产资源储量的 90%，具有巨大的资源潜力。

中国煤炭资源具有以下特点。

①我国煤炭资源虽然丰富，但勘探程度很低。目前已查明资源中精查资源量仅占25%，绝大部分为普查资源量。

②我国煤炭品种齐全，从褐煤到无烟煤均有分布。其中，褐煤占全部保有储量的13.07%，主要分布于内蒙古东部、黑龙江西部和云南东部等地；低变质烟煤（长焰煤、不黏煤、弱黏煤、1/2中黏煤）占全部保有储量的32.06%，主要分布于新疆、陕西、内蒙古、宁夏等地；中变质烟煤（气煤、气肥煤、肥煤、1/3焦煤、焦煤和瘦煤）占全部保有储量的26.25%，主要分布于华北石炭、二叠纪和华南二叠纪含煤地层中；高变质煤（贫煤、无烟煤）占全部保有储量的16.92%，主要分布于山西、贵州和四川南部等地区。

③我国煤炭质量差异较大。主要以低变质烟煤为主，其次为中变质烟煤、贫煤、高变质无烟煤和低变质的褐煤；以特低硫、低硫煤为主，占56%，低中硫、中硫煤占33%；灰分中等，以低灰、中灰煤为主，特低灰、低灰煤也比较丰富；高、中热值煤占92%，中低热值煤很少。

④我国煤炭资源埋藏量分布不均匀。南北方向上主要分布于昆仑-秦岭-大别山以北地区，占全国煤炭资源总量的93.08%，其余各省煤炭资源储量之和仅占全国煤炭资源总量的6.92%。东西方向上，分布于大兴安岭-太行山-雪峰山以西地区，占全国煤炭资源总量的91.83%，而这一线以东地区，煤炭资源储量占全国煤炭资源总量的8.17%。显然，中国煤炭资源在地域分布上存在北多南少、西多东少的特点。这就决定了中国西煤东运、北煤南运的基本生产格局。

⑤我国煤系伴生矿产资源丰富。煤系地层中具有煤层气、锗、铀、高岭土等多种矿产。

三、我国煤炭资源的综合利用情况

煤不仅可以作为燃料，它还是多种工业的原料。由煤制取化工产品主要有焦化、加氢、液化、气化、氧化制腐殖酸类物质以及煤制电石生产乙炔等方法，其中"碳一化学"及煤液化制造苯属烃的工艺日益引起人们的重视。

煤炭综合利用包括将煤炭本身作为一次能源，用煤炭制造二次能源、化工原料等几方面，煤炭综合利用途径如图1-1所示。

煤炭的综合利用可以采用多种方式如下。

（1）几个煤炭利用部门的联合
①采煤-电力-建材-化工；
②采煤-电力-城市煤气-化工；
③钢铁-炼焦-化工-煤气-建材；
④炼焦-煤气-化工（三联供）。
（2）几个单元过程的联合
①焦化-气化-液化；
②热解-气化-发电；
③气化-合成；
④液化-燃烧-气化；
⑤液化-加氢气化。

此外还有多种其他方式的联合，通过联合可以大大提高煤的利用效率，推动煤炭应用科学技术的迅速发展。

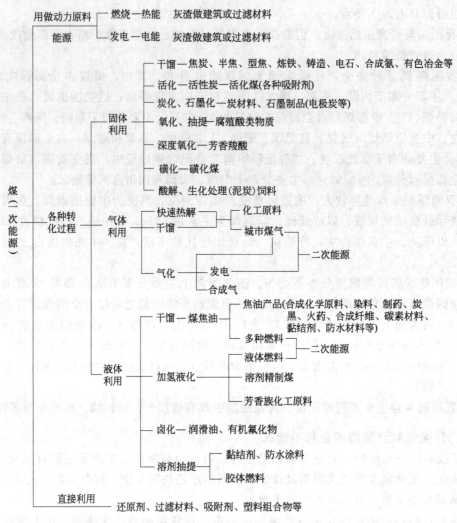

图 1-1　煤炭综合利用途径

四、我国煤炭利用存在的问题

1. 综合利用效率低

我国煤炭燃烧技术比较落后，综合利用效率约为 32%，与世界先进水平相比有很大差距，比发达国家低 10% 左右。以发电耗煤为例，2008 年我国 6000 千瓦及以上电厂供电标准煤耗平均为 349g/(kW·h)，比日本高出 39g/(kW·h)。

2. 能耗高、节能潜力大

2006 年我国万元 GDP（国内生产总值）能耗为 1.21tce，中国政府制定了"2005～2010年能源开发五年计划"，要求万元 GDP 能耗到 2010 年须减少 20%，亦即从 2006 年的1.21tce（吨标准煤当量）降低到 2010 年的 0.98tce，2008 年，全国万元国内生产总值能耗（单位 GDP 能耗）下降了 4.59%。下降幅度比 2007 年更进一步。历史数据显示，2007 年，我国单位 GDP 能耗比上年下降了 3.66%，2006 年该数值只下降了 1.79%。可见我国节能潜力很大。规划到 2020 年将我国能源利用效率提高到 42%，达到当前世界先进水平。

3. 煤炭生产效率低、成本高

我国煤炭行业中重点国营煤矿生产效率低、成本高，总体亏损严重，近几年来煤炭行业进行结构调整，提高生产效率、降低成本取得了一定成效，2001 年开始出现全行业盈利的大好局面。

4. 环境污染较为严重

我国在煤炭开采和利用过程中给生态环境造成严重污染，燃煤排放的 SO_2 占全国总排放量的 85%，居世界首位，CO_2 排放量仅次于美国居世界第二位，如何采取高效清洁燃烧技术，提高利用效率，减少 SO_2、CO_2 排放量，保护生态环境，是我国煤炭利用中必须解决的重大课题。

我国煤炭综合利用情况与发达国家相比，具有起步晚、规模小、发展速度快等特点。目前，我国在煤的综合利用方面虽然做了大量的工作，取得了很大的成绩，但与世界先进水平相比，差距还是很大。因此，作为世界上第一产煤和用煤大国，我国的煤炭洁净加工与高效利用仍任重而道远。

第三节 发展煤液化工业的重要意义

我国能源特点是"富煤、少油、缺气"，中国石油消费的增长远高于生产量的增长，1993 年起已由石油净出口国变为石油净进口国，2000 年进口石油达 0.7 亿吨，2004 年中国原油进口达 1.227 亿吨，首次突破 1 亿吨大关，2007 年石油进口量已经达到 1.968 亿吨，2008 年累计进口石油（含燃料油）2.1853 亿吨。我国石油进口量增加 1 亿吨只用 3 年的时间，比专家预计的年限提前了 3 年。中国作为最大的发展中国家，能源的发展应建立在安全、多样和可持续的基础上，靠进口石油填补如此大的缺口显然不现实，为此只能通过非石油路线合成液体燃料解决液体燃料的供需问题。在替代石油的化石资源中，煤炭在近、中期内可以满足与千万吨数量级的油品缺口相匹配的需要，即通过煤液化合成油实现我国油品基本自给，是实现能源可持续发展的有效途径。利用我国丰富的煤炭资源，实施"以煤代油"和"以煤造油"是优化终端能源，实现石油供应多元化和保证能源安全的重大决策，符合我国国情和可持续发展的需要。因此，煤液化技术的开发和产业化具有重要意义。

一、新型煤化工

新型煤化工是以煤炭为基本原料（燃料）、碳一化工技术为基础，以国家经济发展和市场急需的产品为方向，采用高新技术，优化工艺路线，充分注重环境友好，有良好经济效益的新型产业。它包括了煤炭液化（直接和间接），煤炭气化、煤焦化、煤制合成氨、煤制甲醇、煤制烯烃等技术，以及集煤转化、发电、冶金、建材等工艺为一体的煤化工联产和洁净煤技术。新型的煤化工产业将迎来一个蓬勃发展的新时期，成为 21 世纪的高新技术产业的一个组成部分。

二、新型煤化工特点

新型煤化工是建立在传统煤化工基础上的，与传统煤化工密不可分，其特点如下。

（1）以清洁能源为主要产品　新型煤化工以生产洁净能源和可替代石油化工产品为主，如柴油、汽油、航空煤油、液化石油气、乙烯原料、丙烯原料、替代燃料（甲醇、二甲醚）、电力、热力等以及煤化工独具优势的特有化工产品，如芳香烃类产品。

（2）煤炭-能源-化工一体化　新型煤化工是未来中国能源技术发展的战略方向，紧密依托于煤炭资源的开发，并与其他能源、化工技术结合，形成煤炭-能源化工一体化的新兴产业。

（3）高新技术及优化集成 新型煤化工根据煤种、煤质特点及目标产品不同，采用不同煤转化高新技术，并在能源梯级利用、产品结构方面对工艺优化集成，提高整体经济效益，如煤焦化-煤直接液化联产、煤焦化-煤气化合成联产、煤气化合成-电力联产、煤层气开发与化工利用、煤化工与矿物加工联产等。同时，新型煤化工可以通过信息技术的广泛利用，推动现代煤化工技术在高起点上迅速发展和产业化建设。

（4）建设大型企业和产业基地 新型煤化工发展将以建设大型企业为主，包括采用大型反应器和建设大型现代化单元工厂，如百万吨级以上的煤直接液化、煤间接液化工厂以及大型联产系统等。在建设大型企业的基础上，形成新型煤化工产业基地及基地群。每个产业基地包括若干不同的大型工厂，相近的几个基地组成基地群，成为国内新的重要能源产业。

（5）有效利用煤炭资源 新型煤化工注重煤的洁净、高效利用，如高硫煤或高活性低变质煤作化工原料煤，在一个工厂用不同的技术加工不同煤种，并使各种技术得到集成和互补，使各种煤炭达到物尽其用，充分发挥煤种、煤质特点，实现不同质量煤炭资源的合理、有效利用。新型煤化工强化对副产煤气、合成尾气、煤气化及燃烧灰渣等废物和余能的利用。

（6）经济效益最大化 通过建设大型工厂，应用高新技术，发挥资源与价格优势，资源优化配置，技术优化集成，资源、能源的高效合理利用等措施，减少工程建设的资金投入，降低生产成本，提高综合经济效益。

（7）环境友好 通过资源的充分利用及污染的集中治理，达到减少污染物排放，实现环境友好。

（8）人力资源得到发挥 通过新型煤化工产业建设，带动煤炭开采业及其加工业、运输业、建筑业、装备制造业、服务业等发展，扩大就业，充分发挥我国人力资源丰富的优势。

三、煤液化技术在煤化工发展中的应用

煤液化技术作为新型煤化工的一个重要单元技术，大型先进的煤炭液化技术及液化产品的进一步合成利用，将成为今后发展的主要方向。它不仅可以将煤炭转化为液体产品，替代石油产品，而且可以使煤炭中存在的许多人工不能合成的化学品得到合理的应用。

近年来，在国家能源政策和产业政策的宏观指导下，全国拥有煤炭资源的地区，如内蒙古、山西、陕西、宁夏等地，发展煤液化工业的热情空前高涨。这些地区都从贯彻落实科学发展观的高度和发展循环经济的理念出发，纷纷作出要加快发展煤化工的战略决策，制定发展规划，将建设新型煤化工工程作为地方经济发展的战略方向。

神华煤直接液化技术在北京完成小试的基础上，2003年9月，神华集团在上海成立了煤制油研究中心，与上海电气集团、上海华谊集团共同建设我国第一套6t/天煤直接液化中试装置。该装置于2004年12月第一次投煤获得成功，打通了液化工艺流程，获得了石脑油、柴油等煤制油产物。该项目的成功，标志着我国已突破了煤制油的核心技术，迈出了煤液化技术产业化的关键一步。

2004年8月25日，经国家批准，我国第一个煤制油项目——神华集团煤炭直接液化项目在内蒙古鄂尔多斯正式开工建设。根据计划，2007年建成第一条500万吨的生产线，年加工煤970万吨，生产各种油品320万吨，其中首条生产线每年可转化350万吨煤，生产108万吨柴油、液化石油气、石脑油等产品，并于2008年12月31日投煤运行打通全流程。到2010年，该项目油品产量将达到500万吨。到2015年产量增加到1500万吨，2020年产量达到2000万吨。

与此同时，中国科学院山西煤化工研究所煤间接液化技术也建成了低温浆态床合成油中试装置，并进行了长周期的试验运行，获得了高质量柴油产品，完成了配套体系催化剂的开发和示范工厂的工艺软件包设计和工程研究。

再如，在甲醇制烯烃方面，中国科学院大连化学物理研究所、陕西新兴煤化工科技发展有限公司和洛阳石化工程公司合作进行的甲醇制烯烃工业化试验，万吨级的 MTO 工业化试验装置于 2006 年投入工业化试验，并试车成功。到 2010 年，将建成工业化示范装置。

山西已经将"煤制油"列入省级发展规划，并计划在今后 5～10 年内，在朔州和大同几个大煤田之间建成一个以百万吨煤基合成油为核心的、多联产特大型企业集团，并初步计划在煤都大同附近建设一个"煤变油"的大基地。

又如，神华煤制烯烃项目于 2008 年 5 月顺利通过了国家正式核准前的最后一次评估。该项目由神华集团、香港嘉里化工有限公司、包头明天科技股份有限公司共同出资建设，总投资 115.6 亿元，厂址位于包头市，建设规模为年产聚丙烯 31 万吨、聚乙烯 30 万吨、中间产品甲醇 180 万吨。

四、本课程内容与任务

煤液化生产技术是煤化工类专业的一门必修课程，本书内容侧重煤炭液化技术的基本理论，典型工艺流程及技术方法的阐述。通过煤液化的理论研究，可以深入了解煤的特性，解决煤液化过程中的常见问题，开拓新的加工技术，使煤炭资源得到更合理和更有效的利用。

本教材立足于煤炭液化技术，同时考虑新型煤化工特点，在教学内容上更加重视对学生知识面的拓宽和实际能力的培养。但作为专业教材，在内容的深度和广度上必然存在一定的局限性，希望本书能对中国煤液化工业的发展起到积极的推进作用，满足高职高专煤化工及应用化工技术专业的需要，同时能适用于各相关专业的技术培训。

复习思考题

1. 什么是能源？能源的分类有哪些？
2. 我国的煤炭资源有何特点？
3. 煤炭资源有哪些利用方式？
4. 新型煤化工有哪些特点？
5. 新型煤化工发展有何前景？
6. 我国煤炭利用存在哪些不足？
7. 我国发展煤液化工业有何重油意义？

第二章

煤的形成、分类及性质

煤是古代植物残骸经地下高温、高压作用，经过复杂的物理、化学变化而形成的有机生物岩。自然界所蕴藏的煤种类很多，但并不全部适用于直接液化或间接液化，为了更好地掌握煤液化技术，对原料煤有一个基本的认识是十分必要的。

第一节 煤的形成特征

虽然煤的开采、利用可以追溯到远古时代，但在 19 世纪以前，对于成煤的原始物质，并没有正确的认识。有人认为一有地球就有煤的存在，有人认为煤是由岩石转变而成，有人则认为煤是由植物形成的。直到 19 世纪发明了显微镜以后，人们利用显微镜在煤中观察到许多植物的细胞结构，例如，把煤磨成薄片放在显微镜下观察，可以看到煤中保留着植物的某些原始组分（如木质细胞结构、袍子、木栓质、角质层等），甚至有时还能观察到植物生长的年轮，最终揭开了成煤原始物质之谜，证实了煤是由植物形成的。

一、煤的形成

形成煤的原始物质主要是植物。植物界可分为低等植物和高等植物两大类，菌类和藻类属于低等植物，苔藓植物、蕨类植物、裸子植物和被子植物属于高等植物。植物的有机组分主要由碳水化合物（纤维素、半纤维素和果胶等）、木质素、蛋白质和脂类化合物（脂肪、蜡质和树脂、胶质、木栓质、孢粉质等）四种有机物组成，各类植物的有机组成不同，同一种植物各部分的有机组成也不一样，植物的主要有机组成见表 2-1。

表 2-1 植物的主要有机组成

植物及其不同部分		碳水化合物/%	木质素/%	蛋白质/%	脂类化合物/%
菌类		12~28	0	50~80	5~20
绿藻		30~40	0	40~50	10~20
苔藓		30~50	10	15~20	8~10
蕨类		50~60	20~30	10~15	3~5
草类		50~70	20~30	5~10	5~10
松柏及阔叶树		60~70	20~30	1~7	1~3
木本植物的不同部分	木质部	60~76	20~30	1	2~3
	叶	60	20	8	5~8
	木栓	60	10	2	25~30
	孢粉质	5	0	5	90
	原生质	20	0	70	10

形成煤的原始物质是影响煤质的重要因素之一，原始物质组成不同的煤，性质也会不一样，如由植物的根、茎等木质纤维组织形成的煤，则氢含量就比较低；如果是由含脂类化合物多的角质膜、木栓层、树脂、孢粉等所形成的煤，则其氢含量高；若由藻类形成的煤其氢含量就更高，这主要是因为成煤植物各有机组分的元素成分不同所致。

二、煤形成过程

从植物死亡、堆积到变成煤经历了漫长的过程，发生了一系列演变，这个转变过程叫做植物的成煤作用。由于环境和地质条件千变万化，所以造成了煤的多样性、复杂性和内在的不均匀性。成煤过程分为两个阶段：泥炭化阶段和煤化阶段，前者主要是生物化学过程，后者是物理化学过程。

1. 泥炭化作用与腐泥化作用

高大的树木倒下以后如果被水淹没了，就造成了倒木和氧隔绝的情况。在缺氧的环境里，植物体不会很快地分解、腐烂。随着倒木数量的不断增加，最终形成了植物遗体的堆积层。这些古代植物遗体的堆积层在微生物的作用下，不断地被分解，又不断地化合，渐渐形成了泥炭层，这是煤的形成的第一步，即泥炭化阶段。

研究表明，由植物转变成泥炭后，其化学组成发生了明显的变化。其中，植物中所含的蛋白质全部消失了，在植物中占主要地位的纤维素、木质素也所剩无几，而植物中原本没有的腐殖酸在泥炭中的含量却相当高。元素组成上，泥炭的碳含量比植物高，氢、氮的含量有所增高，而氧、硫的含量降低较多。

2. 煤化作用

煤化作用过程是指由泥炭转变为腐殖煤的过程，或由腐泥转变为腐泥煤的过程。煤化作用中，主要发生物理化学变化和化学变化，根据作用条件的不同，煤化阶段包含两个连续的过程。

第一个过程为煤化作用阶段，即褐煤阶段。由于地壳的运动，泥炭层逐渐下沉，被泥沙、岩石等沉积物覆盖起来，这时，泥炭层一方面受到上面的泥沙、岩石等的沉重压力，另一方面，也是更重要的方面，泥炭层又受到地热的作用。在这样的条件下，泥炭层开始进一步发生变化：先是脱水，被压紧，从而密度加大，而且碳的含量逐渐增加，氧的含量逐渐减少，腐殖酸的含量逐渐降低，完成这几个过程以后，泥炭就变成了褐煤。因为煤是一种有机岩，所以这个过程又叫做成岩作用。

第二个过程为变质阶段，即褐煤转变为烟煤及无烟煤阶段。在这个过程中煤的性质发生变化，所以这个过程又叫做变质作用。随着地壳继续下沉，褐煤的覆盖层也随之加厚，在地热和静压力的作用下，褐煤继续经受着物理化学变化而被压实、失水。其内部组成、结构和性质都进一步发生变化。这个过程就是褐煤变成烟煤的变质作用。烟煤比褐煤碳含量增高，氧含量减少，腐殖酸在烟煤中已经不存在了。烟煤继续进行着变质作用，由低变质程度向高变质程度变化，从而出现了低变质程度的长焰烟、气煤，中等变质程度的肥煤、焦煤和高变质程度的瘦煤、贫煤。它们之间的碳含量也随着变质程度的加深而增大。泥炭化作用、煤化作用与变质作用的相互关系如图 2-1 所示。

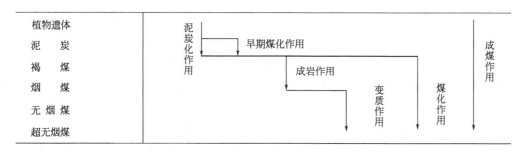

图 2-1　成煤作用的阶段划分

三、煤的形成类型

煤是由植物转变而成的，不同类型植物形成的煤的特征、性质都有差异。根据成煤原始物质和堆积环境的不同，可把煤分成腐殖煤类、腐泥煤类、腐殖腐泥煤类三种类型。

1. 腐殖煤类

腐殖煤是指由高等植物的遗体经过泥炭化作用和煤化作用形成的煤，其物理性质、化学性质、工艺性质变化很大，适合各种不同的工业用途，是煤炭加工利用的主要对象，因其在自然界分布最广泛，储藏量最大，故一般所说的煤主要是指腐殖煤，如无特别说明，本书所说的煤均指腐殖煤。

2. 腐泥煤类

腐泥煤是指由低等植物和浮游生物经腐泥化作用和煤化作用形成的煤。根据植物遗体分解的程度，腐泥煤类可分为藻煤和胶泥煤。藻煤中藻类遗体大多未完全分解，显微镜下可见保存完好、轮廓清晰的藻类；胶泥煤中藻类遗体多分解完全，已看不到完整的藻类残骸。腐泥煤中矿物质及氢含量较高，光泽暗淡，常呈褐色，均匀致密，贝壳状断口，硬度和韧性较大，易燃，燃烧时有沥青味，干馏时焦油产率高，适宜做低温干馏的原料，常呈薄层或透镜状夹在腐殖煤中，有时也形成单独的可采煤层。

3. 腐殖腐泥煤类

腐殖腐泥煤是腐殖煤与腐泥煤中间的过渡类型，是由高等植物遗体和低等植物遗体共同形成的煤，主要有烛煤和煤精两种。烛煤为灰黑色或褐色，显微镜下可见大量的小孢子和腐泥基质，易燃且发出蜡烛般明亮的火焰，故名烛煤；煤精的特点是色黑、致密、质轻、韧性好，可作为雕琢工艺品的原料。

四、腐殖煤的外表特征

腐殖煤是煤加工、利用的主要对象，其种类很多，不同的性质决定了不同的用途。根据成煤过程中煤化程度的不同，腐殖煤可分为泥炭、褐煤、烟煤、无烟煤，它们的外表特征有较明显差异。

1. 泥炭

泥炭呈棕黑色或黑褐色，无光泽，质地柔软且不均匀，挥发分含量60%以上，水分含量较高，一般可达85%～95%（质量分数，下同），自然干燥后，水分可降低至25%～35%，风干后的泥炭为棕黑色或黑褐色土状碎块。实际上，泥炭属于植物成煤过程中的过渡产物。泥炭在中国分布广泛，储量约270亿吨，主要分布在大小兴安岭、三江平原、长白山、青藏高原东部及燕山和太行山前洼地等区域。

2. 褐煤

多为块状，呈褐色或黑褐色，水分含量可达30%～60%，挥发分含量40%左右，大多光泽暗，质地疏松，燃点低，容易着火，燃烧时上火快，火焰大，冒黑烟，含碳量与发热量较低（因产地煤级不同，发热量差异很大），燃烧时间短，需经常加煤。从年轻褐煤转变成年老褐煤时，颜色逐渐变深，硬度不断增大，腐殖酸含量逐渐降低。中国褐煤多属老年褐煤，灰分一般为20%～30%，储量约为893亿吨，分布于东北、西北、西南和华北等地，主要集中在内蒙古、云南、吉林等地区。东北地区褐煤硫分多在1%以下，广东、广西、云南褐煤硫分相对较高，有的甚至高达8%以上。由于褐煤水分含量高，易风化而破裂，所以不宜长途运输。

3. 烟煤

一般为粒状、小块状，也有粉状的，挥发分含量30%以上，多呈黑色，有光泽，质地细致，燃点不太高，较易点燃，含碳量与发热量较高，燃烧时上火快，火焰长，有大量黑烟，燃烧时间较长。大多数烟煤有黏性，燃烧时易结渣。根据煤化程度中国将烟煤分为长焰煤、不黏煤、弱黏煤、1/2中黏煤、气煤、气肥煤、1/3焦煤、肥煤、焦煤、瘦煤、贫瘦煤、贫煤十二类，其中气煤、肥煤、焦煤、瘦煤具有黏结性，适宜炼焦使用，称为炼焦煤。

烟煤在自然界中分布最广，储量最大，品种也最多，中国烟煤储量约4058亿吨，其中炼焦用煤2264亿吨，不黏煤1256亿吨，弱黏煤232亿吨，长焰煤306亿吨。中国烟煤的最大特点是低灰、低硫（除贫煤外），原煤灰分大都低于15%，硫分小于1%，如神府、东胜煤田，原煤灰分仅为3%～5%，被誉为天然精煤。但中国贫煤的灰分和硫分都较高，其灰分大多为15%～30%，硫分在1.5%～5%之间，贫煤经洗选后，也可作为很好的动力煤和气化用煤；烟煤的第二个特点是煤岩组分中丝质组含量高，一般在40%以上，因此中国烟煤大多为优质动力煤。

4. 无烟煤

有粉状和小块状两种，呈黑色，有金属光泽而发亮，杂质少，质地紧密，固定碳含量高，可达80%以上，挥发分含量低，在10%以下，燃点高，不易着火但发热量高，刚燃烧时上火慢，火上来后比较大，火力强，火焰短，冒烟少，燃烧时间长，黏结性弱，燃烧时不易结渣，是煤化程度最高的腐殖煤。中国无烟煤储量约1044亿吨，主要集中在山西省和贵州省。中国典型的无烟煤和老年无烟煤较少，大多为三号年轻无烟煤，其主要特点是灰分和硫分均较高，大多为中灰、中硫、中等发热量、高灰熔点，主要用作动力用煤，部分可作气化原料煤。

第二节　煤的分类与组成结构

一、煤的分类

1989年10月，国家标准局发布《中国煤炭分类国家标准》（GB 5751—86），依据干燥无灰基挥发分 V_{daf}、黏结指数 $G_{R.L}$、胶质层最大厚度 Y、奥亚膨胀度 b、煤样透光性 P、煤的恒湿无灰基高位发热量 $Q_{gr,maf}$ 等6项分类指标，将煤分为14类，即褐煤、长焰煤、不黏煤、弱黏煤、1/2中黏煤、气煤、气肥煤、1/3焦煤、肥煤、焦煤、瘦煤、贫瘦煤、贫煤和无烟煤。煤炭分类国家标准中国煤炭分类简表（GB 5751—86）如表2-2所示。

1. 分类原则

（1）代表符号　煤类的代表符号用煤炭名称前两个汉字的汉语拼音首字母组成。如焦煤的汉语拼音为 Jiao Mei，则代表符号为 JM。

（2）编码原则　煤类的数码由两位阿拉伯数字组成。十位上的数字按煤的挥发分分组，无烟煤为0，表示 $V_{daf} \leqslant 10\%$；烟煤用1～4，低挥发分烟煤 $V_{daf} > 10\% \sim 20\%$、中挥发分烟煤 $V_{daf} > 20\% \sim 28\%$、中高挥发分烟煤 $V_{daf} > 28\% \sim 37\%$、高挥发分烟煤 $V_{daf} > 37\%$，数码越大，煤化程度越低；褐煤用5，表示 $V_{daf} \leqslant 37.0\%$。十位上数字表示的意义与煤的种类有关，不同煤类意义不同。无烟煤中个位上的数字表示煤化程度，由1到3煤化程度依次降低；烟煤个位上的数字表示黏结性，不黏结或微黏结煤 $G_{R.L}$ 为0～5、弱黏结煤 $G_{R.L} > 5 \sim 20$、中等偏弱黏结煤 $G_{R.L} > 20 \sim 50$、中等偏强黏结煤 $G_{R.L} > 50 \sim 65$、强黏结煤 $G_{R.L} > 65$，由1～6黏结性依次增强；褐煤个位上的数字（1和2）表示煤化程度，数字大煤化程度高。

表 2-2　中国煤炭分类简表（GB 5751—86）

类别	符号	包括数码	分类指标					
			$V_{daf}\%$	$G_{R.L}$	Y/mm	$b/\%$	$P_M^{②}/\%$	$Q_{gr,maf}^{③}/(MJ/kg)$
无烟煤	WY	01,02,03	≤10	—	—	—	—	—
贫煤	PM	11	>10.0～20.0	≤5	—	—	—	—
贫瘦煤	PS	12	>10.0～20.0	>5～20	—	—	—	—
瘦煤	SM	13,14 24	>10.0～20.0 >20.0～28.0	>20～65 >50～60	—	—	—	—
焦煤	JM	15,25	>10.0～28.0	>65①	≤25.0	(≤150)	—	—
肥煤	FM	16,26,36	>10.0～37.0	(>85①)	>25①	—	—	—
1/3焦煤	1/3JM	35	>28.0～37.0	>65①	≤25.0	(<220)	—	—
气肥煤	QF	46	>37.0	(>85①)	>25.0	>220	—	—
气煤	QM	34 43,44,45	>28.0～37.0 >37.0	>50～65 >35	≤25.0	(≤220)	—	—
1/2中黏煤	1/2ZN	23,33	>20.0～37.0	>30～50	—	—	—	—
弱黏煤	RN	22,32	>20.0～37.0	>5～30	—	—	—	—
不黏煤	BN	21,31	>20.0～37.0	≤5	—	—	—	—
长焰煤	CY	41,42	>37.0	≤35	—	—	>50	—
褐煤	HM	51 512	>37.0 >37.0	—	—	—	≤30 >30～50	≤24

① V_{daf}≤28.0%，b>150%为肥煤；V_{def}>28.0%，b>220%为气肥煤。若按b值划分类别与Y值有矛盾时，则以后者为难。

② 对于V_{daf}>37.0%而G≤5的煤，再以P_M来确定其为长焰煤或褐煤。

③ P_M>30～50的煤，再测$Q_{gr,maf}$，如其值为大于24MJ/kg，应划为长焰煤。

2. 各类煤的基本性质及主要用途

（1）无烟煤（WY）　无烟煤的特点是固定碳含量高，挥发分低，无任何黏性，燃点高（燃点一般在360～420℃），燃烧时无烟，主要供民用和合成氨造气。另外，低硫、质软易磨的无烟煤是理想的高炉喷吹和烧结铁矿石用的还原剂与燃料，而且还可作为制造各种碳素材料（如电极、炭块、阳极相，活性炭和滤料等）的原料。

（2）贫煤（PM）　贫煤是烟煤中的变质程度最高的煤，不黏结或呈微弱黏结，在层状焦炉中不结焦。发热量比无烟煤高，燃烧时火焰短，耐烧，但燃点也较高，一般为350～380℃，仅次于无烟煤。贫煤主要作电厂燃料，尤其是与高挥发分煤配合燃烧更能充分发挥其热值高而耐烧的优点。贫煤还可作民用及工业锅炉的燃料。

（3）贫瘦煤（PS）　贫瘦煤是炼焦煤中变质程度最高的一种，其特点是挥发分较低，黏结性仅次于典型瘦煤。单独炼焦时，生成的粉焦多，配煤炼焦时配入一定比例的贫瘦煤也能起到瘦化作用，对提高焦炭的块度起到良好的作用，这类煤也是发电、机车、民用及其他工业炉窑的较好燃料。

（4）瘦煤（SM）　瘦煤是具有中等黏结性的低挥发分炼焦煤。炼焦过程中能产生相当数量的胶质体，单独炼焦时能得到块度大、裂纹少、抗碎强度较好的焦炭，但其耐磨强度较差，配煤炼焦时使用较好，高硫、高灰的瘦煤一般只作电厂及锅炉燃料。

（5）焦煤（JM）　焦煤是一种结焦性较强的炼焦煤，加热时能产生稳定性很高的胶质体，单独炼焦时能得到块度大、裂纹少、抗碎强度和耐磨强度都很高的焦炭。但单独炼焦时膨胀压力大，有时推焦困难，一般作为配煤炼焦使用较好。

(6) 肥煤 (FM)　肥煤是中等挥发分及中高挥发分的强黏结性炼焦煤，加热时能产生焦炭的横裂纹。肥煤单独炼焦时能生成熔融性好、强度高的焦炭，单独炼焦时，焦根部分常有蜂焦，因此，常作为基础煤种进行配煤炼焦。

(7) 1/3 焦煤 (1/3JM)　1/3 焦煤是挥发分中等偏高、黏结性较强的炼焦煤，是一种介于焦煤、肥煤之间的过渡煤种，在单煤炼焦时能生成熔融性良好、强度较高的焦炭。焦炭的抗碎强度接近肥煤生成的焦炭，耐磨强度则明显地高于气肥煤和气煤生成的焦炭。因此它既能单独供高炉使用，也可作为配煤炼焦的骨架煤之一。在炼焦时，配入量可在较宽范围内波动而获得高强度的焦炭。

(8) 气肥煤 (QF)　气肥煤是一种挥发分和胶质体厚度都很高的强黏结性炼焦煤，结焦性优于气煤而低于肥煤，胶质体虽多但较稀薄，单独炼焦时能产生大量的煤气和液体化学产品。它既适合于高温干馏制造城市煤气，也可用于配煤炼焦以增加化学产品的收率。这类煤的成因特殊，煤岩成分中含有较多的稳定组分。

(9) 气煤 (QM)　气煤是一种变质程度较低、挥发分较高的炼焦煤，结焦性较弱，加热时可产生较高的煤气和较多的焦油。胶质体的热稳定性较差，单独结焦时，焦炭的抗碎强度和耐磨强度多低于其他炼焦煤生成的焦炭，焦炭多呈细长条而易碎，并有较多的纵裂纹。在配煤炼焦时多配入气煤，可增加煤气和化学产品的收率。有时也用气煤单独高温干馏来制造城市煤气。

(10) 1/2 中黏煤 (1/2ZN)　1/2 中黏煤相当于原分类中的一部分 1 号肥焦煤和 1 号肥气煤以及黏结性较好的一些弱黏煤，因而它也是一种过渡煤，是一类挥发分变化范围较宽、中等结焦性的炼焦煤。其中有一部分煤在单煤炼焦时能结成一定强度的焦炭，故可作为配煤炼焦的原料，但它单独炼焦时的焦炭强度差，粉焦率高，所以它主要用于气化或动力用煤。

(11) 弱黏煤 (RN)　弱黏煤是一种黏结性较弱的从低变质到中等变质程度的非炼焦用烟煤。炼焦时有的能结成强度差的小块焦，有的只有少部分能结成碎屑焦，粉焦率很高，这种煤的煤岩组分中含有较高的惰性组分，多形成于中生代的早、中侏罗纪。一般用于气化及动力燃料。

(12) 不黏煤 (BN)　不黏煤是一种在成煤初期受到相当程度氧化作用的低变质到中等变质的非炼焦用烟煤。炼焦时不产生胶质体。煤的水分大，纯煤发热量仅高于一般褐煤而低于所有烟煤，有的还含有一定数量的再生腐殖酸。煤中含氧量多在 10%～15%。不黏煤主要是发电和气化用煤，也可作动力及民用燃料，但由于这类煤的灰熔点低，最好与其他煤类配合燃烧，以充分利用其低灰、低硫、收到基低位发热量较高的优点。

(13) 长焰煤 (CY)　长焰煤是变质程度最低的高挥发分非炼焦烟煤，其煤化程度仅稍高于褐煤而低于其他各类烟煤。长焰煤的燃点低，纯煤热值也较低。从无黏结性到弱黏结性的均有，有的还含有一定数量的腐殖酸，储存时易风化碎裂。有的长焰煤加热时能产生一定数量的胶质体，也能结成细小的长条形焦炭，但焦炭强度差，粉焦率高。长焰煤一般作为电厂、机车燃料以及工业炉窑燃料，也可作气化用煤。

(14) 褐煤 (HM)　褐煤是煤化程度最低的煤，其特点是水分含量高，孔隙度大，挥发分高，不黏结，热值低，含有不同数量的腐殖酸，氧含量高达 15%～30%，化学反应性强，热稳定性差。块煤加热时破碎严重，存放在空气中易于风化变质，碎裂成小块甚至呈粉末状，使热值降低，褐煤灰熔点普遍较低。褐煤主要用作发电燃料，粒度 6～50mm 的混块煤可用于加压气化制造燃料气和合成气。晚第三纪褐煤中有不少可作为提取褐煤蜡的原料，但侏罗纪褐煤的褐煤蜡低，只可作为燃料或加氢液化原料。年轻褐煤也适于作腐殖酸铵等有机肥料，用于农田和果园，能起到增产作用。

二、煤的组成与结构

1. 煤的主要组成元素

煤的有机质是十分复杂多变的混合物，无统一和固定的化学结构，所以任何有煤参加的化学反应写不出一目了然的反应方程式。但不论是何种类的煤，都是由有机物和无机物组成的混合物。

碳是煤中构成烃类化合物的骨架，由煤的 H/C 原子比小于 1 可知，煤分子结构主体为芳香环。碳可分为芳香碳和脂肪碳两大类，芳香碳原子占总碳原子分数定义为芳碳率，俗称芳香度（f_{ar}^{C}）。褐煤和烟煤的芳香度在 0.7～0.8，典型无烟煤的芳香度在 0.9 以上，脂肪碳中有脂环碳，烷烃中的碳、芳香环上烷基侧链中的碳和含氧官能团中的碳等。

氢也是煤中有机质的主要元素，可分为芳香氢和脂肪氢两大类，芳香氢原子占总氢原子的分数定义为芳氢率（f_{ar}^{H}），不过同一种煤的芳氢率都小于芳碳率，褐煤和烟煤的 f_{ar}^{H} 多在 0.3 以下，无烟煤超过 0.5。煤炭中的氢含量与煤化程度及成煤原始物质密切相关。

氧和硫为同族元素，性质相似，煤中有机氧和有机硫的存在形式基本相同，主要有 —OH（—SH）、—O—（—S—，—S—S—）及 —COOH、—C＝O、—OCH₃、 ⬠ 、 ⬠ 等。但硫是煤中有害元素，燃煤时生成的 SO_2 是污染空气的"元凶"。

氮是构成有机质的次要元素，它是煤中的有害组分，其在燃烧过程中会形成 NO_x，造成大气污染，焦化过程中它会转入焦炭中，降低焦炭质量，氮在煤中的存在形式不容易准确测定。磷也是构成有机质的次要元素，它的含量虽不高，但炼焦时进入焦炭，炼铁时进入生铁，增加铁的脆性。

此外，铁、铝、钙、镁、硅等元素是煤中无机质的组成元素，煤燃烧时，这些元素都留在灰分中。

2. 煤的结构模型

人们至今尚不了解煤中有机质大分子的确切结构，但可以将煤中有机质大分子的结构分为两大部分予以描述，即含有芳环和脂环的结构单元部分及连接结构单元的桥键部分，其中桥键包括直接连接两个芳环的共价键 Ar—Ar′ 和芳环之间含有的 —CH₂—，—O—，—S— 等的共价键。图 2-2 为不同煤的基础结构单元模型，该图大致反映了各种煤的结构单元的特点和立体结构，缺点是没有包括所有杂原子、各种可能存在的官能团与侧链。

（1）煤的化学结构模型　煤的化学结构模型是考虑了煤的各种结构参数和必要的假设提出来的。从 20 世纪初至今先后提出了几十个模型，这些模型仅代表平均统计概念，而不能看作是煤中客观存在的分子形式。

① 20 世纪 60 年代以前的煤结构模型。以克瑞威仑于 1957 年修改了的福克斯模型为例（如图 2-3 所示）。从图中可见，结构模型中包含的缩合芳香环数平均 9 个，缩合芳环数很高，这是 20 世纪 60 年代以前经典结构模型的共同特点。

② 吉文（Given）化学结构模型。吉文化学结构模型认为煤结构单元是 9.10-三氢蒽。主要的芳香核是相当于萘之类的物质，其环数等于 1～3 环，有时可能还多一些，并认为非芳香族的大部分碳原子与其看成是脂环族结构，还不如看作是氢化芳香族结构。吉文对于含碳 82％ 的煤描述的代表性的结构模型如图 2-4 所示，这一模型正确反映了年轻烟煤中没有大的缩合芳香核（主要是萘环），分子呈线性排列，并有空间结构，有氢键和含氮杂环等存在。但它也有不足之处，如没有含硫结构，没有醚键和两个碳原子以上的次甲基桥键。Given 提出的模型代表煤中较稳定的结构，表示难以液化的煤种。

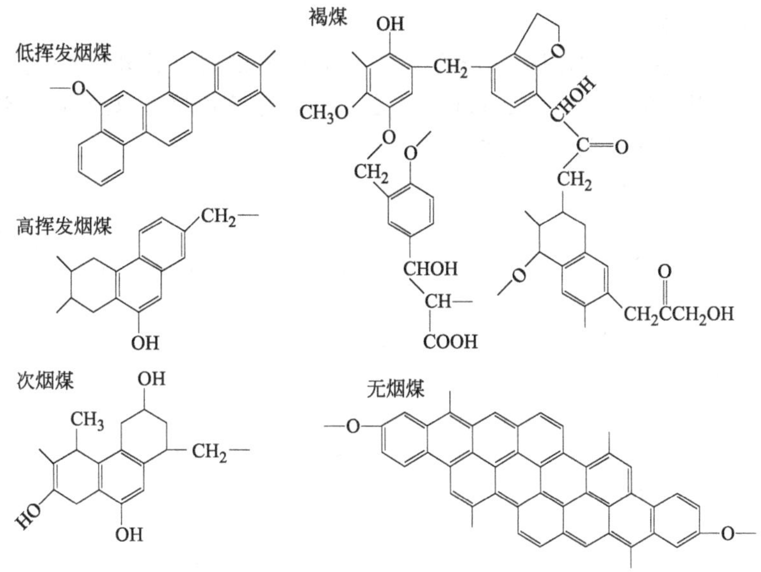

图 2-2　不同类型煤的基础结构单元示意

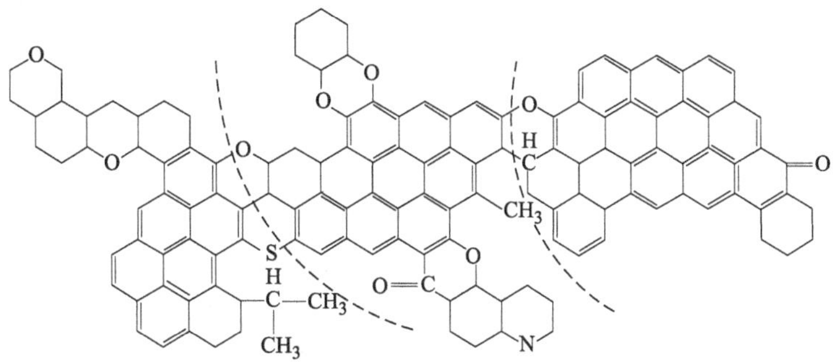

图 2-3　克瑞威仑修改后的福克斯模型

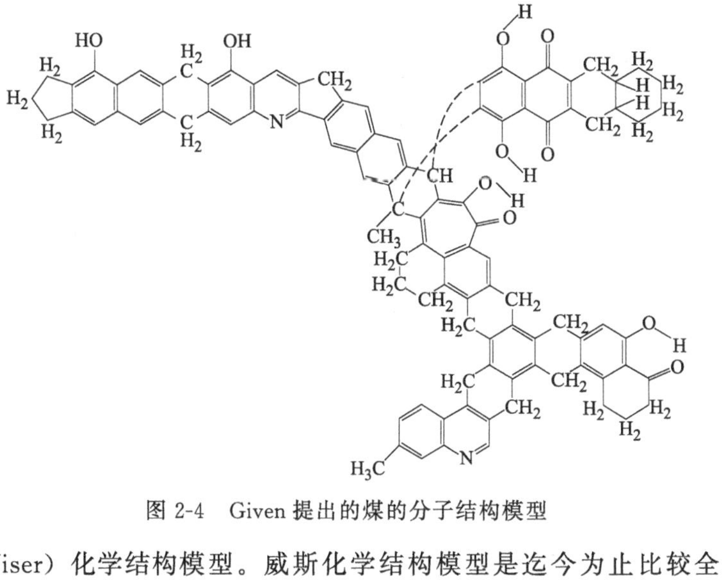

图 2-4　Given 提出的煤的分子结构模型

③ 威斯（Wiser）化学结构模型。威斯化学结构模型是迄今为止比较全面、合理的一个，它基本上反映了煤分子结构的现代概念，可以解释煤的液化以及其他化学反应性质。Wiser 提出的模型中可以看到 Ar—Ar′、Ar—CH$_2$—Ar′等典型桥键（如图 2-5 所示，箭头

指处为结合薄弱的桥键)。

④ 本田化学结构模型。本田化学结构模型 (图 2-6) 的特点是最早考虑到低分子化合物的存在,缩合芳环以菲为主,它们之间有比较长的次甲基键连接,以及氧的存在形式比较全面,不足之处是氮和硫的存在没有考虑。

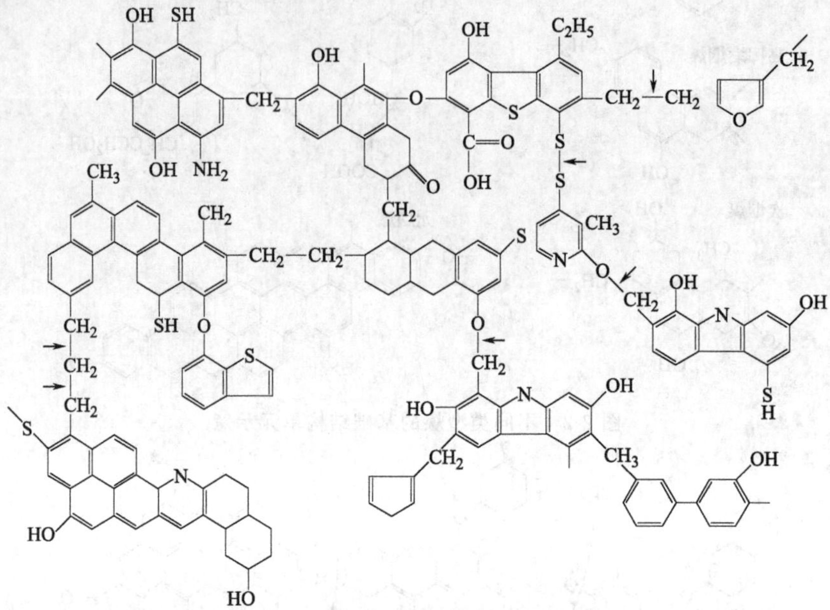

图 2-5   Wiser 提出的煤的分子结构模

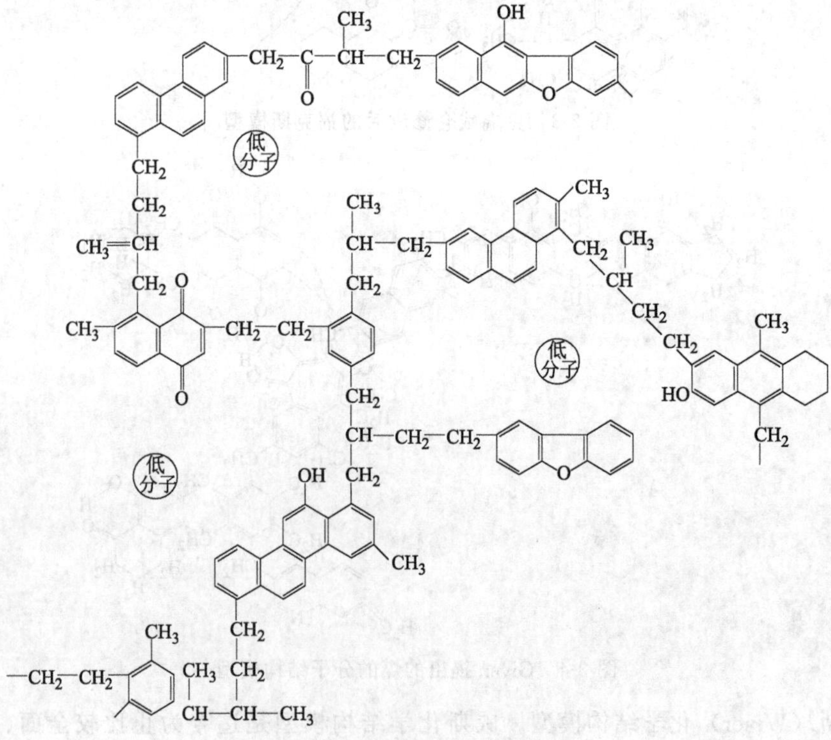

图 2-6   本田化学结构模型

⑤ 希尔 (Shinn) 化学结构模型。希尔提出的结构模型如图 2-7 所示。他认为煤是由通

过三度 C—C 键直接连在一起的带有脂肪侧链的大的芳环和杂环的核所构成，其中有含氧官能团和醚键。由这个模型可见，在高挥发分煤中，简单的脂环及脂肪侧链占绝对优势，每个结构单元由 5～6 个环连接而成，而不像过去把煤看作是由 50～60 个芳香环聚合在一起的线状聚合物。同时 Shinn 指出，煤中含有镶嵌在大分子网络中的小分子，构成芳环骨骼的共价键相当强，因此芳环的热稳定性很大，而许多连接煤中结构单元的桥健的离解能较小，受热易于断裂。

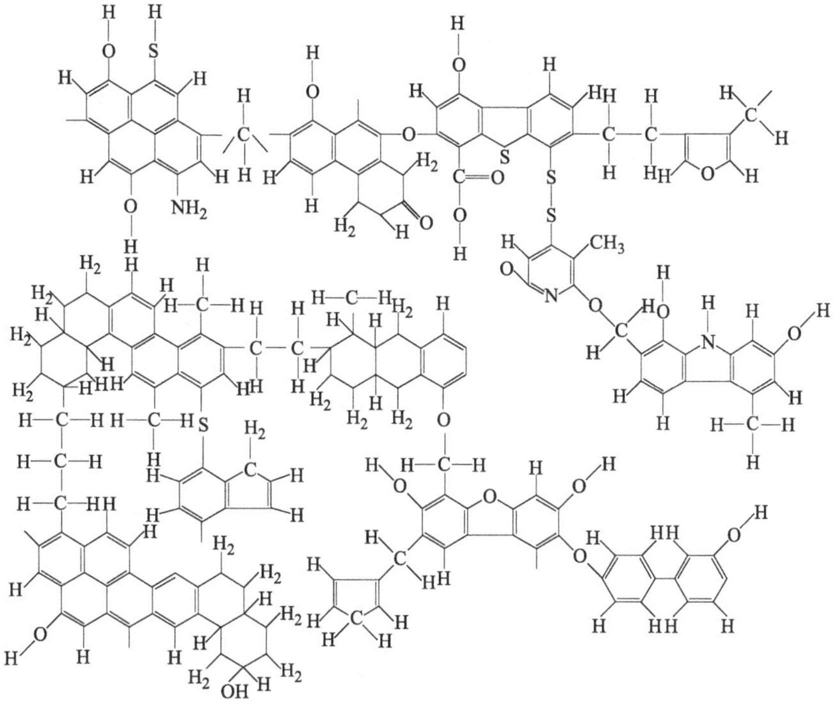

图 2-7　Shinn 提出的煤的分子结构模型

（2）煤的物理结构模型　煤的化学结构模型只能表达煤分子的化学组成与结构，不能描述煤的物理结构和分子间的联系，因此有不少研究人员提出了煤的物理结构模型。

① 胶团结构模型。荷尔斯特的等凝胶模型（如图 2-8 所示）认为煤具有胶团结构。这是较老的模型，用以解释煤的黏结性，比较笼统，已过时。胶团的核心是重质部分，靠化学键联结；核外面是中间部分，靠半化学键联结；最外面是轻质部分，靠物理力联结。这三部分化学本性相同，差别是聚合程度不同。煤受热时轻质部分软化，熔化成为润滑剂而使胶团具有一定的流动性。变质程度不同的烟煤，上面三部分的比例和热稳定性各不相同，所以具有不同的黏结性。

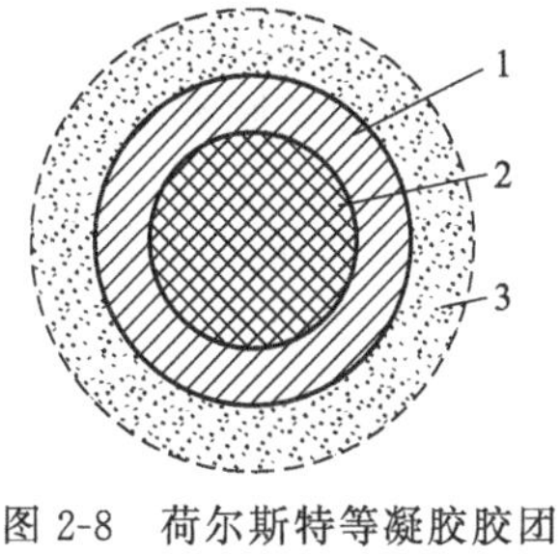

图 2-8　荷尔斯特等凝胶胶团
1—重质部分；2—中间
部分；3—轻质部分

② 希尔施模型。希尔施模型（如图 2-9 所示）对不同变质程度的煤提出了三种结构如下。

• 敞开式结构：这是年轻烟煤的特征，芳香层片较小而不规则的"无定形物质"比例较大。芳香层片间由交联键联系，并或多或少在所有方向任意取向，形成多孔的立体结构。

• 液态结构：这是中等变质烟煤的特征，芳香层片在一定程度上定向，并形成包含 2 个或 2 个以上的层片的微晶子。层片间交联键数目大为减少，故活动性大，隙度小，机械强度低，热解时易形成胶质体。

· 无烟煤结构：这类结构主要存在于含碳大于 91％ 的高变质无烟煤中桥型结构完全消失，芳香层片相互定向程度大大增加。这一模型表明了在无烟煤变质阶段中多孔体系渐趋于定向。这一模型可以比较直观地反映煤的物理结构特征，解释不少现象，但"芳香层片"这一名称不很确切，也没有反映煤分子构成的不均一性。

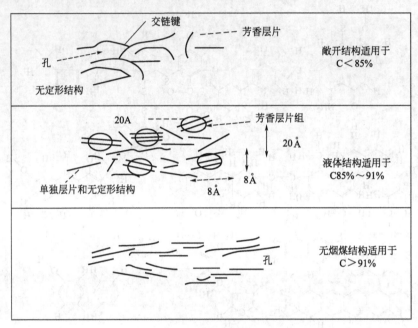

图 2-9　希尔施模型

注：1Å＝0.1nm。

③ 本田物理结构模型。本田提出了线性高分子结构模型（如图 2-10 所示），由图可见，褐煤是脂肪结构中分散着小的芳香核；年轻烟煤与褐煤相比，芳香核和它所占的比例都有所增大，分子间交联增加；中等变质烟煤主要特征是交联明显减少，近于线性高分子；无烟煤的芳香核和交联都明显增加。这一模型与希尔施模型本质是一致的，结合起来考虑，更加全面。

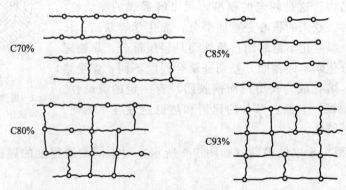

图 2-10　本田模型

（图中小圆点随 C％ 增加而增加）"O"代表结构单位；"〰〰"代表脂肪碳链或醚键等

以上是关于煤的分子结构的基本知识，它正处于不断发展和深化中，有些地方还很不完善，有待进一步研究，这也是煤炭科学的一项重要任务。

三、煤的化学结构与原油化学结构的区别

原油是指储存于地下储集层内、常压下呈液态的烃类混合物，当然其中也包含一小部分液态非烃组分。各种原油的元素组成虽有差别但不是很大，其元素含量范围大致如下。

C 83.0%～87.0%　　H 11.0%～14.0%　　O 0.3%～0.9%

N 0.01%～0.7%　　S 0.05%～5.0%

煤是固体，而燃料油是液体，从元素组成来看，虽然都是C、H、O等元素组成，但其含量各不相同，表2-3为煤与液体油的元素组成。由表中数据可见，煤与原油、汽油相比，煤中的氢含量低，氧含量高，H/C原子比低，O/C原子比高。如高挥发分烟煤氢的含量为5.5%，H/C原子比0.82，氧含量达11%左右，而原油的氢含量为11%～14%，H/C原子比1.76，氧含量仅0.3%～0.9%，汽油只含C、H两种元素，不含O、N、S元素。

表 2-3　煤与液体油的元素组成

元素	无烟煤	中等挥发分烟煤	高挥发分烟煤	褐煤	泥炭	原油	汽油
$w(C)/\%$	93.7	88.4	80.3	72.7	50～70	83～87	86
$w(H)/\%$	2.4	5.0	5.5	4.2	5.0～6.1	11～14	14
$w(O)/\%$	2.4	4.1	11.1	21.3	25～45	0.3～0.9	
$w(N)/\%$	0.9	1.7	1.9	1.2	0.5～1.9	0.2	
$w(S)/\%$	0.6	0.8	1.2	0.6	0.1～0.5	1.0	
H/C原子比	0.31	0.67	0.82	0.87	～1.00	1.76	1.94

从分子结构来看，煤的分子结构极其复杂，迄今仍未能彻底了解，但是大量的研究表明，烟煤的有机质主要是以芳香环为主，环上有含S、O、N的官能团，由非芳香部分或醚键连接起来的数个结构单元所组成，呈空间立体结构的高分子化合物。另外在高分子立体结构中还嵌有一些低分子化合物，如树脂、树蜡等。随着煤化程度的加深，结构单元芳香性增加，侧链与官能团数目减少。石油则是主要由烷烃及芳香烃所组成的混合物。

从相对分子质量来看，煤的相对分子质量很大，一般为5000～10000或更大些，而石油的平均相对分子质量较小，一般为200左右，汽油的平均相对分子质量为110左右。

第三节　煤的基本性质

成煤过程中，随着煤化程度的增高，煤中碳含量增加，氧、氢含量减少，挥发分产率降低，导致煤的物理性质、化学性质及工艺性质发生了一系列的变化，直接影响了煤质及煤的利用。

一、煤的物理性质

煤是一种有机可燃岩石，它不仅具有一般岩石的一些物理性质，如电性质、磁性质、热性质、力学性质等，又具有一些特殊的物理性质，如煤的表面性质、煤的密度与分子空间结构的性质等。另外，煤是由古代植物经过泥炭化作用、成岩作用、变质作用等几个变化过程而形成的，所以它又具有一些固态胶体性质，比如煤的润湿性、内表面积、气孔率等。这些不需要发生化学变化就能表现出来的性质叫做煤的物理性质。分析和研究这些性质与煤的煤化程度的关系，不仅对煤的开采、储存和运输具有实际意义，也为研究煤炭液化技术提供重要信息。

1. 煤的表面性质

（1）颜色 煤的颜色是指新鲜（未被氧化）的煤块表面的天然色彩，它是煤对不同波长的可见光吸收的结果。煤在普通的白光照射下，其表面的反射光所显的颜色称为表色。由高等植物形成的腐殖煤的表色随煤的煤化程度不同而变化，通常由褐煤到烟煤、无烟煤，其颜色由棕褐色、黑褐色变为深黑色，最后变为灰黑色。即使在烟煤阶段，颜色也随挥发分的变化而变化，如高挥发分的长焰煤外观呈浅黑色甚至褐黑色，而低挥发分、高变质的贫煤就多呈深黑色。由藻类等低等植物形成的腐泥煤类，它们的表色有的呈深灰色，有的呈棕褐色、浅黄色甚至呈灰绿色。煤中的水分常能使煤的颜色加深，但矿物杂质却能使煤的颜色变浅，所以同一矿井的煤，如其颜色越浅，则表明它的灰分也越高。

将煤在磁板上划出条痕的颜色称为条痕色，它反映了煤的真实颜色。褐煤的条痕色为浅棕色，长焰煤的条痕色为深棕色，气煤为棕黑色，肥煤、焦煤、瘦煤和贫煤为黑色，无烟煤为黑灰色。

（2）光泽 煤的光泽是指煤的新鲜断面对正常可见光的反射能力，是肉眼鉴定煤的标志之一。腐殖煤的光泽通常可分为沥青光泽、玻璃光泽、金刚石光泽和似金属光泽等几种类型。常见的油脂光泽属玻璃光泽的一种，它是由表面不平而引起的变种。此外，还有因集合方式不同所造成的光泽变种，如由于纤维状集合方式引起的丝绢光泽，又由于松散状集合方式所引起的土状光泽等。腐泥煤的光泽多较暗淡。

除了煤化程度与煤的光泽有密切相关外，煤中矿物成分和矿物质的含量以及煤岩组分、煤的表面性质、断口和裂隙等也都会影响煤的光泽。此外，风化或氧化以后对煤的光泽影响也很大，通常使之变为暗淡无光泽。所以在判断煤的光泽时一定要用未氧化的煤为标准。

（3）断口 煤受外力打击，断开后呈现凹凸不平的表面称为断口，但不包括岩层面和裂隙面断开的表面特征。在煤中常见于有贝壳状断口，参差状断口等。煤的原始物质组成和煤化程度不同，断口形状各异。

（4）裂隙 煤的裂隙是指在成煤过程中，煤受到自然界各种应力的影响所造成的裂开现象。裂隙按成因的不同分为内生裂隙和外生裂隙两种。内生裂隙常见于镜煤和亮煤中，垂直于层理面，裂隙面比较平坦，有时呈眼球状；外生裂隙以各种角度与煤层层理面相交，且其中以斜交的居多，裂隙面有凹凸不平的滑动痕迹，多呈羽毛状和波纹状。

2. 煤的固态胶体性质

（1）煤的润湿性 煤的润湿性是煤吸附液体的一种能力。当煤粒表面与液体接触时，如煤分子对液体分子的作用力大于液体分子之间的作用力，则固体煤可以被润湿，煤表面能黏附该液体，反之则不能润湿。煤对液体的润湿情况如图 2-11 所示，若液滴能润湿固体，则液滴的形状如图 2-11（a）所示，此时接触角为锐角；若液滴不能润湿固体，则如图 2-11（b）所示，此时接触角 θ 为钝角。

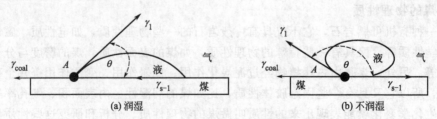

图 2-11 润湿作用与液滴形状

由图可见，当 θ 为锐角时，可以认为煤能润湿液滴，θ 越小润湿性越好，θ 为钝角时，液滴呈椭球或球形，显然煤对该液体无润湿性。在气液固三相交界处［图 2-11(a) 中的 A 点］，液体表面与固-液界面之间的夹角称为接触角 θ，它由煤、液体和固液界面的界面张力的相对大小所决定：

$$\cos\theta = \frac{\sigma_s - \sigma_{s-1}}{\sigma_1}$$

式中　σ_s——固体煤的表面张力，N/m；

　　　σ_1——液体的表面张力，N/m；

　　　σ_{s-1}——煤-液体的界面张力，N/m。

研究表明，煤的表面大多是亲油憎水的，易被油润湿，只有褐煤因含氧高，存在较多的极性含氧官能团，故具有明显的亲水性，易被水润湿。

煤的润湿性和孔体积对成浆性好坏影响很大。褐煤和部分低阶烟煤由于亲水性明显和孔体积大，故不能制成符合工艺要求的高浓度水煤浆。

(2) 煤的润湿热　煤被液体润湿释放出的热量称为煤的润湿热，可用量热计直接测定。煤的润湿热通常用 1g 煤被润湿释放出的热量表示，单位为 J/g。煤的润湿热是液体与煤表面相互作用，主要是由范德华力或极性分子的作用所引起，润湿热的大小与液体种类和煤的表面积有关。因此，润湿热的测定值可用于确定煤中空隙的总表面积。

由于甲醇对煤的润湿能力强，用它作润湿剂时能在数分钟内大体上释放出全部润湿热，因此它是比较好的试剂。甲醇润湿热与煤化度大致有抛物线的关系，低煤化度的润湿热很高，但随煤化度的增加而急剧下降。当 $w(C)_{daf}$ 接近 90% 时润湿热达到最低点，以后又逐渐回升。根据润湿热的测定值可以粗略确定煤的内表面积。

(3) 煤的表面积　煤的表面积包括外表面积和内表面积两部分，外表面所占比例较小，主要是内表面积。煤的内表面积指煤内部孔隙结构的全部表面积（孔壁面积），一般以比表面积表示，即单位质量的煤所具有的总表面积，单位为 m^2/g。

在煤的生成过程中，煤的内部形成了极微细的毛细管及孔隙，这种毛细管及孔隙的数量极大，分布又深又广，具有极为复杂发达的内部结构，它们构成的内表面积比外表面积要大得多，它也是煤能吸附各种气体和液体的主要原因。

煤的表面积大小与煤的微观结构和化学反应性有密切关系，是重要的物理指标之一。随着煤化程度的变化，煤的比表面积具有一定的变化规律，煤化程度低的煤和煤化程度高的煤比表面积大，而中等煤化程度的煤，比表面积小，反映了煤化过程中分子空间结构的变化。煤内表面积的大小不仅对了解煤的生成过程及煤的微观结构和化学反应性是重要的，而且与煤的高真空热分解、溶剂抽提、气相氧化等性质有密切关系。

(4) 煤的孔隙率和孔径分布

① 孔隙率。煤的内部存在许多毛细管及孔隙，这些孔隙的总体积占煤的整个体积的百分数叫煤的孔隙率或气孔率，也可用单位质量的煤所包含的孔隙体积（cm^2/g）表示。孔隙率的测定通常可用置换法或真、视密度加以计算。置换法的原理是：氦能充满煤的全部孔隙，而水银则完全不能进入孔隙，以它们作为置换物所求出的密度，按下式可计算出煤的孔隙率：

$$孔隙率 = \frac{D_{He} - D_{Hg}}{D_{He}} \times 100\%$$

式中，D_{He}、D_{Hg} 分别为用氦及汞作为置换物所测得的煤的密度。

孔隙率与煤化程度的关系与煤的比表面积一样，也是两头高中间低。$w(C)_{daf} < 83\%$ 的

低煤化度煤的孔隙率大于 10％；$w(C)_{daf}$ 为 89％的煤孔隙率最低，小于 3％。但煤化度再增高则孔隙率又有增高的趋势，这是由于煤化度提高后煤的裂隙率增加所致。

② 孔径分布。煤中孔径的大小是不均一的，大致可分为三类：微孔，直径<10nm；过渡孔，直径为 10~100nm；中孔，直径为 100~1000nm；大孔，直径>1000nm。不同煤化度煤的孔径分布有一定的规律，如 $w(C)_{daf}$<75％的褐煤大孔占优势，基本没有过渡孔；$w(C)_{daf}$ 为 75％~82％的煤过渡孔特别发达，孔隙总体积主要由过渡孔和微孔所决定；$w(C)_{daf}$ 为 88％~91％的煤微孔占优势，其体积占总体积的 70％以上，过渡孔一般很少。可见随煤化度的提高，煤的孔径渐小，且孔体积中微孔所占的比例渐大，反映了煤的物理结构渐趋紧密化。

3. 煤的机械性质

(1) 硬度　煤的硬度是煤抵抗外来机械作用的能力。随着外加机械作用的性质不同，煤的硬度表现也不同。煤的硬度可分为划痕（莫氏）硬度、弹性回跳（肖氏）硬度和压入硬度（包括努普硬度、显微硬度或维氏硬度）等，常用的有划痕硬度和显微硬度。

划痕硬度是用标准矿物刻画煤所测定的相对硬度，测值称为莫氏硬度。在各种宏观煤岩成分中，暗煤比亮煤和镜煤硬。煤的硬度与煤化程度有关，煤化程度低的褐煤和焦煤的硬度最小，约 2~2.5，无烟煤硬度最大，接近 4。

显微硬度是在显微镜下根据具有静载荷的金刚石压锥压入显微组分的程度来测定。压痕越大，则煤的显微硬度越低，压痕较小，则煤的显微硬度较高。其数值以压锥与煤的单位实际接触面上所承受的载荷质量来表示，即 kg/mm^2。显微硬度可作为详细划分各种无烟煤的指标。

煤的硬度大小与机械的应用范围、各种机械和载齿的磨损情况有关，同时还决定了煤的破碎、成型加工的难易程度。

(2) 可磨性（HGI）　在许多工艺中煤都要先经粉碎和研磨制成很细的煤粉，故煤的可磨性是一个十分重要的实用指标。煤的可磨性（HGI）是指煤被磨碎成粉的难易程度。通常以某一矿区所产易碎煤作为标准煤样，将其可磨性指数定为 100，待测煤样按规定方法与之比较，测得一个相对指数，该指数越大，表示越易粉碎，反之则越难粉碎。

不同牌号的煤往往具有不同的可磨性，即使同一矿区同一煤层的煤，由于所包含矿物质的性质、数量的不同和煤的结构、挥发分产率以及水分的差异，也能得到不同的结果。煤的可磨性主要与煤阶有关，另外煤岩组成、矿物质含量与种类等也有影响。随着煤化程度增高，煤的可磨性指数呈抛物线变化（见图 2-12），在碳含量 90％处出现最大值。

(3) 弹性　煤的弹性是指煤在外力作用下产生形变，当外力除去后形变的复原程度。煤的弹性越大，越难加压成型，成型后得到的型块越易松散。

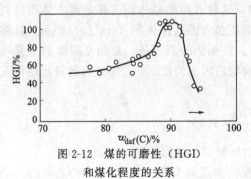

图 2-12　煤的可磨性（HGI）
和煤化程度的关系

煤的弹性与煤的种类、粒度组成和矿物质的组成及含量等多种因素有关。通常煤化程度越高的煤，其弹性越大，成型性则越差；煤的弹性还与煤岩组分有关，稳定组弹性大，惰质组居中，而镜质组最小；煤中矿物质越多，弹性越大，而且密度大的矿物质越多，则弹性也越大；此外，煤中水分越大，其弹性也越大。

4. 煤的热性质

煤的热性质包括煤的比热容、导热性和热

稳定性。研究煤的热性质，不仅对煤的液化等过程及其传热计算有很大的意义，而且某些热性质还与煤的结构密切相关。

（1）煤的比热容　在一定温度范围内，单位质量的煤温度升高1℃所需要的热量，称为煤的比热容，也叫煤的热容量，单位为 kJ/(kg·℃) 或 J/(g·℃)。

煤的比热容与煤化程度、水分、灰分和温度的变化等因素有关，一般随煤化程度的加深而减少，随着水分升高而增大，随着灰分的增加而减少，随温度的升高，而呈抛物线形变化：当温度低于350℃时，煤的比热容随着温度的升高而增大；如温度超过350℃，煤的比热容反而随着温度的增高有所下降，当温度增加到1000℃时，则比热容降至与石墨的比热容相接近。

（2）煤的热稳定性　块煤在高温下燃烧和气化过程中对热的稳定程度，即块煤在高温下保持原来粒度的性能称为煤的热稳定性。

热稳定性好的煤，在燃烧和气化过程中能保持原来的粒度进行燃烧和气化，或者只有少量的破碎。热稳定性差的煤常常在加热时破碎成小的、厚薄不等的大小碎片或粉末，从而阻碍气流的畅通，降低煤的燃烧或气化效率。粉煤量积到一定程度后，就会在炉壁上结渣，甚至停产。

煤的热稳定性和成煤过程中的地质条件有关，也和煤中矿物质的组成及其化学成分有关。例如含碳酸盐类矿物多的煤，受热后析出大量二氧化碳而使煤块破裂；孔隙度较大、含水分较多的煤，由于剧烈升温而使其水分突然析出，也会使块煤破裂而降低煤的热稳定性。一般褐煤和变质程度深的无烟煤的热稳定性较差。

（3）煤的导热性　煤的导热性包括热导率 λ [W/(m·K)]和导温系数 α（m^2/h）两个基本常数，它们之间的关系可用下式表示

$$\alpha = \frac{\lambda}{C \cdot \rho}$$

式中　C——煤的比热容，kJ/(kg·K)；

　　　ρ——煤的密度，kg/m^3。

煤的热导率与煤的煤化程度、水分、灰分、粒度和温度有关。实验表明：泥炭的热导率最低，烟煤的热导率明显的比泥炭高，烟煤中焦煤和肥煤的热导率最小，而无烟煤有更高的热导率；同一种煤，其热导率随煤中水分的增加而增大，随矿物质含量的升高而增大，随着温度的升高而增大。一般块煤或型煤、煤饼的热导率比同种煤的粉末煤和粉煤大。

二、煤的化学性质

煤的化学性质是指煤在高温下发生热解反应或与各种化学试剂在一定条件下产生不同化学反应的性质。有关煤化学性质的研究一向是研究煤化学结构的主要方法，同时也是煤转化技术和直接化学加工的基础。煤可以发生的化学反应很多，有热解、氧化、解聚加氢、卤化、磺化、烷基化和水解等。本节主要介绍煤的热解、氧化（风化）和解聚。

1. 煤的热解

将煤在惰性气氛下加热至较高温度所发生的一系列物理变化和化学反应的复杂过程称为煤的热解，工业上称为干馏。迄今为止的煤炭加工利用基本都属于热化学过程，它们与热解都有密切关系。

煤的热解过程大致可分为三个阶段。

① 第一阶段［室温～活泼热分解开始温度（T_i：350～400℃）］。从室温到活泼热分解开始温度（T_i）为干燥脱气阶段。T_i 与煤化程度有关，随煤阶增加而升高，烟煤的分解开

始温度在 350℃左右，而无烟煤的分解开始温度则接近 400℃。在这一阶段煤外形无变化，120℃前主要为干燥脱水，200℃左右完成原来吸附在孔隙中的 CH_4、CO_2 和 N_2 等气体的脱除。烟煤和无烟煤在这一阶段基本不发生化学变化。褐煤则不同，它在 200℃以上羧基受热分解，250℃以上主体结构也开始发生热解反应。

② 第二阶段（$T_i \sim 550$℃）。煤有机质发生活泼分解，以分解和解聚反应为主，产生大量的挥发物（煤气和焦油）。在 450℃左右，焦油析出速度达到最大，而在 450～550℃煤气析出速度最大。有黏结性的烟煤在这一阶段发生软化、熔融、流动、膨胀到再固化的一系列特殊现象，期间生成了气液固三相共存并以液相为主的胶质体，因此具有黏结性，在工业炼焦条件下可生产优质焦炭。低阶煤如褐煤、高挥发分烟煤和高阶煤如无烟煤则与上述烟煤完全不同，并无黏结现象出现。这一阶段除得到挥发性的煤气和焦油外还留下固体产物——半焦。

③ 第三阶段（550～1000℃）。焦炭成熟阶段也称二次脱气阶段。半焦进一步发生缩聚反应和热解反应，析出挥发物。此时焦油已经很少，煤气中主要是氢气和少量烃类气体。表2-4 为三种工业干馏条件下煤的热解产物。

表 2-4 在三种工业干馏条件下煤的热解产物

产品分布与性质		600℃低温干馏	800℃中温干馏	1000℃高温干馏
产品产率	固体焦/%	80～82(半焦)	75～77(中温焦)	70～72(高温焦)
	焦油/%	9～10	6～7	3.5
	煤气/[m³(标)/t 干煤]	120	200	320
产品性质				
焦炭	着火点/℃	450	490	700
	机械强度	低	中	高
	挥发分/%	10	约5	<2
焦油	相对密度	<1	1	>1
	中性油/%	60	50～55	35～40
	酚类/%	25	15～20	1.5
	焦油盐基/%	1～2	1～2	约2
	沥青/%	12	30	5
	游离碳/%	1～3	约5	4～10
	中性油成分	芳烃,脂肪烃	芳烃,脂肪烃	芳烃
煤气	$\varphi(H_2)$/%	31	45	55
	$\varphi(CH_4)$/%	55	38	25
	发热量/(kJ/m³)	30932(7400kcal/m³)	25080(6000kcal/m³)	18810(4500kcal/m³)
煤气中回收的轻油		气体汽油	粗苯-汽油	粗苯
	产率/%	1.0	1.0	1～1.5
	组成	脂肪烃为主	芳烃50%	芳烃90%

注：1cal＝4.1868J。

2. 煤的氧化和风化

煤的氧化是煤与各种氧化剂在不同条件下所发生的化学反应。煤在氧化中同时伴随着结构由复杂到简单的降解过程，故又称氧解。

煤的氧化是常见的现象，在储存较久的煤堆中可以看到与空气接触的表层煤逐渐失去光泽，从大块碎成小块，结构变得疏松，甚至用手指可把它捻碎，这就是一种轻度氧化。若把煤粉与多氧、双氧水和硝酸等氧化剂反应，会很快生成各种有机芳香羧酸和脂肪酸，这是深度氧化。

（1）煤的氧化阶段　煤的氧化可以按其进行的深度或主要产品分为5个阶段：阶段Ⅰ属于煤的表面氧化，氧化过程发生在煤的内、外表面。首先形成不稳定的碳氧配合物，它易分解生成 CO、CO_2 和 H_2O，配合物的分解可以产生新的表面，使氧化作用可以反复循环进行；阶段Ⅱ的氧化结果生成可溶于碱的再生腐殖酸。阶段Ⅰ和阶段Ⅱ属于煤的轻度氧化；阶段Ⅲ生成可溶于水的较复杂的次生腐殖酸；阶段Ⅳ可生成溶于水的有机酸。这两个阶段属于深度氧化，但选择相应的氧化条件和氧化剂，可以控制氧化的深度；阶段Ⅴ是程度最深的氧化，一旦反应启动，氧化深度难以控制。

（2）煤的风化、自燃及预防　靠近地表的煤层受大气和雨水中氧长时间的渗透、氧化和水解，性质发生很大变化，这个过程称为煤的风化，经过风化的煤称为风化煤。

风化煤一般都是露头煤，外观黑色无光泽，质酥软，可用手指捻碎，碎后呈褐色或黑褐色，阳光下略带棕红色。风化煤与原煤比较在化学组成、物理性质、化学性质和工艺性质等方面都有明显不同。

① 化学组成。风化后，$w(C)$ 和 $w(H)$ 下降，$w(O)$ 上升，含氧酸性官能团增加。

② 物理性质。风化煤的强度和硬度降低，吸湿性增加。

③ 化学性质。风化煤中含有再生腐殖酸，发热量减少，着火点降低。

④ 工艺性质。风化后黏结性下降；干馏时焦油产率下降，气体中 CO 和 CO_2 增加，氢气和烃类减少。

有一些煤由于易发生低温氧化，着火点又低，当氧化放出的热量积累，使煤堆的温度升高，就很容易产生自燃，需采取针对性措施预防。

3. 煤的解聚

在煤的大分子结构中，结构单元之间多以不同桥键相连，若能通过温和条件下的化学反应将桥键断开，则煤的大分子结构即发生降解或解聚，原来在溶剂中不溶的有机质就转化为可溶物。例如，用苯酚作溶剂，BF_3 作催化剂可使煤在不高的温度下发生解聚反应，从而大大提高了吡啶等溶剂对煤的抽提率。这一反应属于正碳离子反应，主要是使—CH_2—和—CH_2—CH_2—这类桥键与芳环之间的连接裂解。试验发现氯化锌和氯化亚锡等低熔点强酸性盐，能使—S—，—S—S—和—CH_2—O—等硫醚键和醚键断开。所以，当煤液化以 $ZnCl_2$ 等为介质时，在300℃上下就可得到高转化率，而且反应速率很快。此外，强碱能促使煤结构中的醚键和酯键裂解，当以 NaOH 为催化剂，醇类为溶剂时，在200～300℃下处理煤，可使煤的吡啶可溶物产率达到95％左右。可见利用煤的解聚反应提高煤的可溶性和加速煤的液化过程是一种有效方法。

三、煤的工艺性质

为了提高煤的综合利用价值，必须了解煤的工艺性质，以满足各方面对煤质的要求。煤的工艺性质主要包括煤的黏结性和结焦性、发热量、化学反应性及煤灰的熔融性等。

1. 煤的黏结性和结焦性

煤的黏结性是指煤在干馏过程中，由于煤中有机质分解、熔融而使煤粒能够相互黏结成块的性能。结焦性是指煤在干馏时能够结成焦炭的性能。煤的黏结性是结焦性的必要条件，结焦性好的煤必须具有良好的黏结性，但黏结性好的煤不一定能单独炼出质量好的焦炭。黏结性是进行煤的工业分类的主要指标，一般用煤中有机质受热分解、软化形成的胶质体的厚度来表示，常称胶质层厚度，胶质层越厚，黏结性越好。黏结性受煤化程度、煤岩成分、氧化程度和矿物质含量等多种因素的影响，煤化程度最高和最低的煤，一般都没有黏结性，胶质层厚度也很小。

由于煤的黏结性和结焦性对于许多工业生产部门都至关重要，因而出现了多种测定煤的黏结性和结焦性的方法。这些方法的目的都是企图用物理测量方法获得一些可以将煤分类和预测煤在燃烧、气化或炭化时的行为和特征数字。

测定煤黏结性和结焦性的方法主要有以下三类。

① 根据胶质体的数量和性质进行测定。如胶质层厚度、基氏流动度、奥亚膨胀度等。

② 根据煤黏结惰性物料能力的强弱进行测定，如罗加指数和黏结指数等。

③ 根据所得焦块的外形进行测定，如坩埚膨胀序数和葛金指数等。

测定煤的黏结性和结焦性时，煤样的制备与保存十分重要，一般应在制样后立即分析，以防止煤样发生氧化，对测定结果产生影响。

2. 煤的发热量

煤的发热量是指单位质量的煤在完全燃烧时所产生的热量，亦称热值，它是评价煤炭质量，尤其是评价动力用煤的重要指标。煤的发热量主要与煤中的可燃元素含量和煤化程度有关。

（1）发热量测定原理　目前，国际国内均采用氧弹方法测定发热量。即把一定量的分析煤样置于氧弹热量计中，在充入过量氧的氧弹内，使煤完全燃烧。氧弹预先放在一个盛满水的容器中，根据煤燃烧后水温的升高，计算试样的发热量。目前通用绝热式和恒温式两种类型的热量计，恒温式热量计的结构如图 2-13 所示，其外筒体积较大，且要求盛满水的外筒热容量大于内筒及氧弹等在工作时热容量的 5 倍，目的是保持实验过程中外筒温度基本恒定。为了减少室温变化对发热量测定值的影响，外筒的周围还可加装绝缘保护层。由于恒温式热量计的外筒温度基本恒定不变，在测定发热量的过程中内、外筒之间存在热交换，所以在进行发热量计算时要进行冷却校正。使用恒温式热量计，操作步骤和计算都比较复杂，但仪器的构造简单，容易维护。

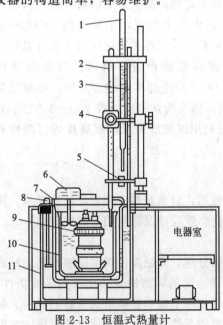

图 2-13　恒温式热量计

1,2,3—室温、内筒、外筒温度计；
4—放大镜；5—振荡器；6,8—搅拌器；
7—盖；9—氧弹；10—内筒；11—外筒

（2）煤的各种发热量的定义、单位及表示方法

① 基本概念。

• 弹筒发热量：单位质量的试样在充有过量氧气的氧弹内燃烧，其燃烧产物组成为氧气、氮气、二氧化碳、硝酸和硫酸、液态水以及固态灰时放出的热量称为弹筒发热量。

• 恒容高位发热量：单位质量的试样在充有过量氧气的氧弹内燃烧，其燃烧产物组成为氧气、氮气、二氧化碳、二氧化硫、液态水以及固态灰时放出的热量称为恒容高位发热量。

恒容高位发热量也即由弹筒发热量减去硝酸和硫酸校正热后得到的发热量。

• 恒容低位发热量：单位质量的试样在充有过量氧气的氧弹内燃烧，其燃烧产物组成为氧气、氮气、二氧化碳、二氧化硫、气态水以及固态灰时放出的热量称为恒容低位发热量。

低位发热量也即由高位发热量减去水（煤中原有的水和煤中氢含量燃烧生成的水）的汽化热后得

到的发热量。

· 有效热容量：量热系统在试验条件下温度上升 1K 所需的热量称为热量计的有效热容量以下简称热容量，以 J/K 表示。

② 单位及表示方法。中国的法定计量单位规定的热量单位为焦耳，符号为 J，煤的发热量表示单位为 MJ/kg（兆焦/千克）或 kJ/g（千焦/克），这也是国际上通用的发热量单位。

3. 煤的反应性

煤的化学反应性又称反应活性，是指煤在一定温度下与不同气化介质（如二氧化碳、氧和水蒸气等）相互作用的反应能力。它是评价气化用煤和动力用煤的一项重要指标。反应性强的煤，在气化和燃烧过程中，反应速率快，效率高。尤其当采用一些高效能的新型气化技术（如沸腾床或悬浮气化）时，反应性的强弱直接影响到煤在炉中反应的情况、耗氧量、耗煤量及煤气中的有效成分等。在燃烧过程中，煤的反应性强弱与其燃烧速度也有密切关系。因此，煤的反应性是气化和燃烧的重要指标。

表示煤反应性的方法很多，目前中国采用的是煤对二氧化碳的反应性，以二氧化碳的还原率来表示煤的反应性。GB/T 220—2001 测定方法要点：称取 300g 粒度在 3～6mm 的煤样，在规定的条件下干馏处理后，将残焦破碎成粒度为 3～6mm 的颗粒装入反应管中。将反应管加热至 750℃（褐煤）或 800℃（烟煤和无烟煤），温度稳定后以一定的流速向反应管中通入 CO_2，然后继续以 20～25℃/min 的升温速度给反应管升温，并每隔 50℃取反应系统中的气体分析一次，记录结果，直到 1100℃ 为止。如有特殊需要，可延续到 1300℃。

在高温下，CO_2 还原率计算公式如下：

$$\alpha = \frac{100[100-a-\varphi(CO_2)]}{(100-a)[100+\varphi(CO_2)]} \times 100\%$$

式中　α——CO_2 还原率，%；

a——钢瓶二氧化碳中杂质气体体积分数，%；

$\varphi(CO_2)$——反应后气体中二氧化碳体积分数，%。

煤的反应性随反应温度的升高而加强，随变质程度的加深而减弱，这是由于碳和 CO_2 的反应不仅在燃料的外表面进行，而且也在燃样的内部微细孔隙的毛细管壁上进行，孔隙率越高，反应表面积越大。不同煤化程度的煤及其干馏所得的残炭或焦炭的气孔率，化学结构是不同的，因此其反应性显著不同，褐煤的反应性最强，但在较高温度时，随温度升高其反应性显著增强。煤的灰分组成与数量对反应性也有明显的影响。碱金属和碱土金属的化合物能提高煤、焦炭的反应性，降低焦炭反应后的强度。

4. 煤灰的熔融性

煤灰熔融性是煤灰在高温下达到熔融状态的温度，习惯上称为灰熔点。因为煤灰是一种多组合的混合物，它没有一个固定的熔点，只有一个熔融的温度范围。当在规定条件下加热煤灰试样时，随着温度的升高，煤灰试样会从局部熔融到全部熔融并伴随产生一定的特征物理状态—变形、软化、半球和流动。通常以这 4 个特征物理状态相对应的温度来表征煤灰熔融性。

测定煤灰熔融性的方法根据其测定结果表示方法的不同，可分为熔点法和熔融曲线法，根据所用试料（煤灰成型）形状的不同，又可分为角锥法和柱状法。目前国内外大多采用角锥法，我国现行的国家标准（GB/T 219—1996）也是采用该方法。

该方法主要是将煤灰制成一定尺寸的三角锥，放在高温炉中，在一定的气体介质中，以一定的升温速度加温，观察灰在受热过程中的形状的形态变化，观测并记录它的 4 个特征熔融温度，如图 2-14 所示。

图 2-14 煤灰锥熔融特征示意

变形温度 DT（T_1）——灰锥尖端或棱开始变圆或弯曲时的温度；

软化温度 ST（T_2）——灰锥弯曲至锥尖触及托板或灰锥变成球形时的温度；

半球温度 HT——灰锥形变至近似半球形，即高约等于底长的一半时的温度；

流动温度 FT（T_3）——灰锥融化展开成高度在 1.5mm 以下的薄层时的温度。工业上通常以 ST 作为衡量煤灰熔融性的主要指标，即采用软化温度作为灰分熔点。

按 MT/T 853—2000，煤灰熔融性软化温度（ST/℃），可分为 5 级：

① 低软化温度灰　　　　　　LST　　　　　≤1100
② 较低软化温度灰　　　　　RLST　　　　　>1100～1250
③ 中等软化温度灰　　　　　MST　　　　　>1250～1350
④ 较高软化温度灰　　　　　RHST　　　　　>1350～1500
⑤ 高软化温度灰　　　　　　HST　　　　　>1500

煤灰熔融性流动温度（FT/℃）也分为 5 级：

① 低流动温度灰　　　　　　LFT　　　　　≤1150
② 较低流动温度灰　　　　　RLFT　　　　　>1150～1300
③ 中等流动温度灰　　　　　MFT　　　　　>1300～1400
④ 较高流动温度灰　　　　　RHFT　　　　　>1400～1500
⑤ 高流动温度灰　　　　　　HFT　　　　　>1500

复习思考题

1. 根据成因，可将煤分为哪几类？各自有什么特点？
2. 根据成煤过程中煤化程度的不同，腐殖煤可分为哪几类？它们在组成和煤质上有何差异？
3. 成煤过程包括哪几个阶段？每一个阶段的主要作用是什么？
4. 中国新的煤炭分类方案使用了哪些分类指标？将煤分为哪些大类？
5. 煤类数码编号中个位数字和十位数字各代表什么意义？
6. 组成煤的主要元素有哪些？
7. 煤与原油主要有哪些不同？
8. 高等植物形成的腐殖煤的表色随煤的煤化程度不同而呈什么变化？
9. 煤的润湿性与接触角之间有何关系？
10. 什么是煤的热解，煤热解可分为哪几个过程？
11. 什么是煤的氧化和风化？
12. 煤的工艺性质主要包括哪些？
13. 什么是煤的黏结性和结焦性？其测定方法有哪些？
14. 什么是煤的发热量？其测定方法有哪些？
15. 什么是煤的反应性？其随变质程度的加深怎样变化？
16. 什么是煤灰的熔融性？简述角锥法测定煤灰的熔融性方法。

第三章

煤液化概述

煤液化是指将煤通过一系列化学加工，转化为液体燃料及其他化学品的过程。煤液化是煤炭转化的高技术产业，是一种彻底的高级洁净煤技术，是我国的能源战略储备技术。发展我国的煤炭液化技术，不仅可以解决我国煤多油少的能源格局，缓解石油进口压力，提高我国能源安全系数，而且也是有效改善环保的重要途经。煤炭液化技术发展将成为我国能源建设的重要新型产业，对我国能源发展具有重要的现实和战略意义。发展煤液化具有以下几点意义。

① 煤的液化用于生产石油的代用品，可以缓解石油资源紧张的局面。从全世界能源消耗组成看，可燃矿物（煤、石油、天然气）占 92％左右，每个国家由于工业发达程度的不同，各种能源所占的比重也有所不同。目前全世界已探明的石油可采储量远不如煤炭，不能满足能源、石油化工生产的需求量。因此，应将储量丰富的煤炭液化成石油代用品。

② 通过液化，将难处理的固体燃料转变成便于运输、储存的液体燃料，减少了煤中含硫、氮化物和粉尘、煤灰渣对环境的污染。因此，目前许多国家为寻找石油代用品和保护环境而提供洁净燃料，都在积极开发研究煤炭液化技术。

③ 煤的液化还可用于制取碳素材料、电极材料、碳素纤维、针状焦及有机化工产品等，以煤化工代替部分石油化工，扩大煤的综合利用范围。

第一节　煤液化技术发展概况

煤液化技术是指把固体煤炭通过一系列化学加工，转化为液体燃料及其他化工原料的技术，俗称煤制油。目前煤制油技术有两种完全不同的路线：一种是煤炭直接液化技术，另一种是煤炭间接液化技术。上述两种煤炭液化技术，只有间接液化技术在南非 Sasol 实现了大型工业化生产，另外还有两种实现了合成气最终制取燃料油的间接法液化技术，一是美国 Mobil 公司开发成功地用甲醇生产汽油的 MTG 技术，1985 年在新西兰建成了大型工业生产装置；二是 Shell 公司开发的 SMDS 技术，用合成气生产发动机燃料油，在马来西亚建成了大型工业生产装置。煤直接液化技术仍处于小试或中试阶段，尚未实现工业化生产。20 世纪 70 年代以后中国科学院山西煤化学研究所、煤炭科学研究总院北京煤炭化学研究所，大连化学物理研究所，山东充矿集团公司等单位，在煤炭液化方面做了大量研究开发工作，取得了一定成果，为在中国实现煤液化工业化生产迈进了一大步。中国有丰富的煤炭资源，发展煤液技术生产石油替代产品，是解决中国石油短缺，保障国防安全，也是解决中国社会经济发展对油品需求不断增长的重要途径之一，具有重大的战略意义。

煤炭是我国的基础能源，煤炭液化技术是实现煤炭可靠、综合、洁净利用的重要技术之一。在我国能源资源、经济水平等决定以煤为主的能源消费结构在未来 20～30 年内不会发生根本性改变的情况下，大力发展煤液化技术，是保证社会经济快速发展，能源效率得到有效提高，保证国家能源安全和可持续发展的重要选择。

一、煤直接液化技术发展现状

煤的直接液化技术是由德国人于 20 世纪 20 年代发现的，所使用的液化技术被称为

Pott-Broche 液化工艺或 IG Farben 液化工艺。第二次世界大战期间，德国有十几家煤直接液化的工厂建成投产，油品生产能力曾达 423 万吨/年。第二次世界大战结束后，德国的液化厂大部分被破坏或停产，只有前民主德国的一个 Leuna 工厂在前苏联控制区内还继续运转到 1959 年。

战后的美国，手中掌握了从德国获得的技术资料，将煤炭液化技术的开发列入了政府的工业化发展计划之内。1949 年，美国矿业局建立了煤炭处理量为 50～60t/d 中试装置，至 1952 年取得了试验结果。在此基础上，美国矿业局制定了煤炭液化的发展计划，规划建设 2 座煤直接液化厂，其中之一在怀俄明州的 Rock Springs，其设计规模为每天处理煤 14000t，设计产品主要是汽油和苯、甲苯、二甲苯、苯酚、甲酚等化学品，但不生产柴油。另外，美国的碳化物和碳化学公司（CCC 公司，后来并入联合碳化物公司）从 1935 年开始就研究煤炭直接液化技术，到 20 世纪 50 年代初发展到 300t/d 的试验规模。该公司采用短停留时间（4～5min，而德国工艺是 1h），目的是试图生产各种芳香烃类化学品，由于液体产品成分十分复杂，虽然在实验室分离出了 129 种化合物，但中试装置仅分离出有市场价值的萘和焦油酸两种产品，从而意味短停留时间工艺的失败。而美国政府庞大的煤液化工业化计划也受到了以国家石油委员会为代表的石油工业界的强烈反对，原因是当时正值中东石油的大开发之际，廉价的石油冲击了煤炭液化的经济性。美国矿业局的煤液化工业化计划宣告中止。战后的日本以及前苏联、英国、澳大利亚等国也曾开展过煤炭液化的基础研究和工艺开发研究，但规模均比较小。

20 世纪 60 年代是石油、天然气大发展的时期，世界迎来了流体能源的时代，煤炭液化的技术开发成了被人们遗忘的角落，只有美国在 1960 年成立了煤炭研究办公室（OCR）一直支持一些公司和研究机构从事以气化、液化为重点的煤炭加工利用的研究。

20 世纪 70 年代初，由于全球能源出现危机，促使煤炭液化技术的研究开发形成了一个新高潮。各工业发达国家又研究开发了一批煤直接液化的新工艺，比如德国 IGOR 工艺（装置规模 200t/天）、美国 HTI 工艺（装置规模 600t/天）、日本 NEDOL 工艺（装置规模 150t/天）及俄罗斯国家矿物研究院开发的 CT 技术工艺等。尽管国际上已进行大型中间实验的各种煤直接液化工艺至今还没有工业化生产厂，但围绕改进这些工艺的应用基础研究却始终不断。表 3-1 为主要发达国家煤炭直接液化技术开发情况，从表中可看出，与德国旧工艺相比，现在的新工艺反应条件大大缓和，液化油产率也大有提高，因此煤液化的经济性也大有改善。

我国从 20 世纪 70 年代末开始煤直接液化技术的开发，30 年来，科研人员引进了一些国外的技术设置，并对我国上百个煤种进行了大量的直接液化试验研究，筛选出了 15 种适合于液化的煤，其液化燃油收率达 50% 以上。目前，我国的煤直接液化技术已经完全成熟，煤炭科学研究总院建成了具有国内先进水平，日处理能力为 100kg 煤直接液化、油品提质加工、催化剂开发等试验工艺装置，取得了大批科研成果。经过多年筹备，2005 年 4 月，神华煤炭直接液化制油项目在内蒙古打下了核心装置第一桩，标志着此项目已进入实质性建设阶段，项目总建设规模为年产油品 500 余万吨，分二期建设，其中一期工程由三条主生产线组成，包括煤液化、煤制氢、溶剂加氢、加氢改质、催化剂制备等 14 套主要生产装置。一期工程总投资 245 亿元，建成投产后，每年用煤 970 万吨，可生产各种油品 320 万吨，其中汽油 50 万吨、柴油 215 万吨、液化气 31 万吨，苯、混合二甲苯等 24 万吨。据报道，神华煤制油 108 万吨油品第一条生产线 2007 年底全面建成，2008 年底投产运行。二期工程将于 2010 年投产，建成后将年产各种油品 280 万吨。该项工程的实施，是将我国丰富的煤炭能源转变成相对紧缺的石油能源的一条新途径，并对我国能源结构的调整，国民经济的昌盛繁荣等产生重要的促进作用。

表 3-1　各国煤炭直接液化技术开发情况表

国名	装置名称	处理能力/(t/d)	试验时间	地　点	开发机构	试验煤种
美国	SRC Ⅰ/Ⅱ	50	1974~1981	Fort Lewis	Gulf	Illinois 烟煤 Wyoming 次烟煤
	SRC	6	1974~1992	Wilsonville	EPRI Catalytic Inc	高硫烟煤 次烟煤
	EDS	250	1979~1983	Bayton	Exxon	Illinois 烟煤 Wyoming 次烟煤 Texas 褐煤
	H-COAL	600	1979~1982	Catlettsburg	HRI	Illinois 烟煤 Wyoming 次烟煤
德国	IGOR	200	1981~1987	Bottrop	RAG/VEBA	鲁尔烟煤
	PYROSOL	6	1977~1988	Saar	SAAR Coal	烟煤
日本	NEDOL	150	1992~1999	日本鹿岛	NEDO	烟煤
	BCL	50	1986~1990	澳大利亚	NEDO	褐煤
英国	LSE	2.5	1988~1992	Point of Ayr	British Coal	次烟煤
前苏联	ST-5	5	1986~1990	图拉布	ИГИ	褐煤

为配合神华煤直接液化示范工程的建设，国内科研机构进行了大量加氢液化和液化油提质加工研究试验，得到了优质汽油柴油样品。目前正在开发具有自主知识产权的 CDCL 煤直接液化新工艺，已取得了突破性进展。

综上所述，煤直接液化工艺开发大致经历以下 3 个阶段。

① 第二次世界大战前及二战期间，以德国为首的，因军事上需要，开发和建设以压力为 70.0MPa 的高温高压加氢液化工艺的生产装置，是煤液化首次工业化阶段。

② 1973 年中东石油危机以后，以美国、德国为代表的工业发达国家重新关注煤液化技术研究与开发，主要目标是开发新工艺，为合成石油工业补充天然石油的不足奠定基础。在德国老工艺基础上，改进液固分离和提高催化剂活性，降低了反应压力（从 70.0MPa 降至 30.0~20.0MPa），改进的结果能够为大幅度降低合成液体燃料的成本创造了条件。到 20 世纪 80 年代初，开发了许多煤直接液化新工艺，一些工艺如美国的氢-煤法、德国新工艺，都完成每天数百吨的中试，技术基本成熟，进入可工业化阶段，但终因石油价格下跌，煤液化产品的成本仍高于石油产品，尚缺乏竞争性，未能实现工业化。

③ 进入 20 世纪 90 年代中后期，以中国、日本为代表的亚洲国家，由于石油资源严重缺乏，积极开发煤液化技术，特点是以高分散催化剂为核心，液化反应压力在 20.0MPa 左右，日本完成 150t/d 的工业示范试验，中国完成三套不同工艺的每年百万吨以上液化油产品的工业生产装置的可行性研究报告，目前 100 万吨油的工业生产示范装置已初具规模。

二、煤间接液化技术发展现状

煤的间接液化技术是由德国 Fischer 和 Tropsch 等人于 1923 年研制并开发的，他们在 10~13.3MPa 和 447~567℃的条件下使用加碱的铁屑作催化剂成功得到直链烃类，接着进一步开发了一种 $Co-ThO_2-MgO-$硅藻土催化剂，降低了反应温度和压力，为工业化奠定了基础。1934 年鲁尔化学公司与 H. Trop-sch 签订了合作协议，建成 250kg/d 的中试装置并顺利运转。1936 年该公司建成第一个间接液化厂，产量 $7×10^4 t/a$，到 1944 年德国总共有 9 套生产装置，总生产能力 $57.4×10^4 t/a$。在同一时期，日本、法国和中国也有 6 套这样的装置，规模为 $34×$

10^4t/a。因此二战前全世界煤间接液化厂的总规模为 $91.4×10^4$t/a（见表 3-2）。

表 3-2 第一代费托合成生产装置

国　　家	公司地点	生产能力/(万吨/a)	小计/(万吨/a)
德国 1936~1940	Brabag	7	
	Wintershall	9	
	Essener Steinkohle	8	
	Rheinpreussen	7.5	
	Ruhrchemie	7.2	
	Krupp	6.0	
	Hoesch	4.7	
	Viktor	4.0	
	Schaffgotsch	4.0	57.4
法国 1937	Kuhlmann	3.0	3.0
日本 1938~1942	Kalilawa	10.0	
	Amalasaki	7.0	
	Rumei	5.0	
	Miike	4.0	26.0
中国 1937	锦州	5.0	5.0
合计			91.4

　　目前世界上煤间接液化的典型技术是南非 Sasol 公司的 F-T 合成技术。二战结束后，由于石油跌价，煤价上涨，煤制合成油成本高，难以与石油竞争，因此，合成油厂先后关闭或改建，唯有南非，早在 1927 年就注意到依赖进口液体燃料的严重性，基于本国不产石油和天然气，当地有丰富的煤炭资源却不适合直接液化（灰分高，挥发分却低），开始寻找煤基合成液体燃料的新途径。1939 年南非当局首先购买了德国 F-T 合成技术在南非的使用权，在 20 世纪 50 年代初，成立了 Sasol 公司，1955 年建成了第一座煤炭间接液化厂 Sasol-Ⅰ号煤液化厂，主要生产汽油、石蜡等产品，日产汽油 6000 桶，1980 年至 1982 年，Sasol 公司又相继建成了规模更大 Sasol-Ⅱ厂和 Sasol-Ⅲ厂，日产 5 万桶汽油及大量其他化工原料，1995 年其 Sasol-Ⅱ、Ⅲ号煤液化厂又通过工艺技术改进，日产汽油 15 万桶，占南非车用燃料需求量的 60%，Sasol 公司已成为世界上最大的煤化工联合企业。此外，荷兰 Shell 公司的固定床（SMDS）技术、美国 Mobil 公司的甲醇制汽油（MTG）合成技术等都已商业化。

　　我国煤间接液化项目也处在积极地开发实施阶段。20 世纪 50 年代初，我国就开始了煤的间接液化工艺的开发，曾在锦州运行过 500t/年的煤间接液化工厂。1990 年初，中国科学院山西煤化所在代县化肥厂进行了煤间接液化半工业化试验取得成功。通过多年的工艺技术与催化剂开发研究，中科院山西煤化所已将 4t 多煤合成 1t 汽、柴油，液化成本 20 美元/桶左右。山西省于 2005 年 4 月与中科院签署了"发展山西煤间接液化合成油产业的框架协议"，此协议计划在今后 5~10 年，在朔州和大同几个大煤田之间建成一个几万吨煤基合成油为核心的、多联产特大型企业集团。目前，煤间接液化千吨级规模在山西煤化所试验基地建成试车，未来几年间，山西大同、陕西神木拟兴建百万吨级合成油项目（即煤炭间接液化）。我国已经具备了建设万吨级规模生产装置的技术储备，在关键技术、催化剂的研究开发方面拥有了自主的知识产权。

三、煤炭液化技术的发展前景

　　20 世纪上半叶，煤炭直接液化和间接液化首先在德国实现工业化，那是战争的推动，

20世纪下半叶，煤间接液化在南非取得成功主要是政治的原因。而今煤液化正在中国以更大规模实现工业化则是发展的需要。2004年中国已取代日本成为仅次于美国的第二大原油进口国，对国外原油过大的依赖将影响中国国家安全和社会稳定。中国有丰富的煤炭资源，因此"以煤代油"和"以煤制油"自然就势不可挡的提到议事日程，成为保证油品长期和稳定供应的一条路径。

尽管国内外在煤液化工艺开发方面已做了大量工作，但仍有许多问题尚待解决，如如何使反应条件温和化、操作工艺简易化和产品高附加值化等。

先进的煤液化工艺应是在低污染和低消耗的条件下使煤尽可能多地转化为洁净、高热值的液体燃料和高附加值的化工原料。目前国内外所开发的煤液化工艺反应温度大约在450℃左右，在该温度下生成气体小分子和聚合物大分子的反应仍很激烈，目的产物的选择性难以提高且维持高温能耗较大，因较多地气体小分子生成而导致氢耗量增加，由于未能解决催化剂的回收问题，不得不使用廉价、低活性的"可弃型"催化剂，而使用该类催化剂时对煤液化的促进效果不大，丢弃时还会造成环境污染，通常以富含芳香族化合物的馏分作为溶剂，由于该类溶剂在催化剂表面的强烈吸附作用，也降低催化剂的活性。采用高性能（高活性、高选择性、抗毒和抗积炭性及常使用寿命等）的催化剂和适宜的溶剂（既具有优良的溶煤能力，又不抑制催化反应，且易回收循环使用），可望在降低反应温度的同时提高目的产物的收率，需要重点解决的是催化剂的回收问题。

通过煤液化获取化学品应是煤液化研究和工艺开发的最终发展方向，从获取化学品的角度而言，更有必要从分子水平上了解煤的结构，以设计适宜的反应条件对煤的大分子进行裂解，使所得煤液体组分不至于过分复杂，便于分离精制。同时，以从煤液化产品中分离的芳香族化合物为原料合成其他产品的技术已应用于高新技术领域，因此，开发先进的煤液化工艺，对发展高新技术也具有重要影响，对此，还需做大量的工作。

煤液化是涉及煤化学、有机化学、物理化学和化学工程等多学科的系统工程，深入开展煤液化的基础研究不仅对开发先进的煤液化工艺具有重要的指导意义，而且可以促进相关学科的发展。尽快使煤液化产业化以解决我国液体燃料日益短缺的问题，是我国许多煤液化研究者的共同心愿，尚需在基础研究和工艺开发方面做深入和细致的研究工作，解决尚存在的各种问题，早日实现产业化。

第二节 煤液化技术综合评价

煤的液化工艺有两大类：煤直接液化和间接液化。已接近工业化的煤直接液化技术有：德国IGOR工艺，美国HTI工艺，日本NEDOL工艺；已商业化的煤间接液化技术有：南非Sasol固定床高温工艺，浆态床低温工艺，流化床高温工艺，壳牌公司固定床工艺。直接液化和间接液化工艺选择都受到原料煤质、压力、温度、催化剂等的影响。另外目标产品、加工提质要求、投资规模也有影响。因此在选择煤液化工艺时，要根据具体条件选择最适合的工艺技术。

一、煤液化技术分析
1. 煤液化工艺
（1）煤液化工艺的选择
① 根据煤质选择液化工艺是一条必须遵守的原则，只有这样才能获得好的经济效益。

② 根据市场需求确定煤液化目标产品，根据目标产品选择煤液化工艺是第二条必须遵守的原则。各种液化工艺粗级产品分布见表3-3，液化合成油馏分的组成与性质见表3-4。

表 3-3　各种液化工艺产品分布比较表　　　　　单位：%

项目名称	直接液化		间接液化（均为未提质加工的油）				
	IGOR	HTI	固定床	循环流化床	浆态床	SMDS	MTG
CH_4			2	10	3.2	3.9	
C_2H_6	15.9	5.29	1.8	4			1.4
C_2H_4			0.1	4	1.6	0.2	
C_3H_6		2.32	2.7	12	2.7	2.5	0.2
C_3H_8	7.6		2.8	2	3.1	1.8	5.5
C_4H_8		1.84	1.7	9	2.9	3.0	1.1
C_4H_{10}	32.9		18	2	1.3	1.5	11.9
$C_5 \sim C_{11}$ 汽油		19.98	14	40	18	17.5	79.9
$C_{11} \sim C_{18}$ 柴油	43.9	171~343℃ 36.16	52	7	19.2	21.7	
$C_{18} \sim C_{100}$ 重质油和蜡		343~454℃ 8.21 / 454~524℃ 1.4	3.2	4	45.1	47.9	
含氧化合物				6	2.9		

表 3-4　直接液化和间接液化合成油馏分组成与性质　　　　　单位：%

生成物	直接液化馏分油		间接液化馏分油（浆态床）		生成物	直接液化馏分油		间接液化馏分油（浆态床）	
	汽油	柴油	汽油	柴油		汽油	柴油	汽油	柴油
烷烃	16.2	1	60	65	沥青烯		8		0
烯烃	5.5		31	25	合计	100	100	100	100
环烷烃	55.5	7	1	1	辛烷值（无铅）	80.3			35~40
芳烃	18.6	60	0	0	十六烷值		<20		65~70
极性化合物	4.2	24	8	7					

由表3-3可知，煤直接液化的目标产品主要是柴油、汽油或石脑油；间接液化的目标产品为：

• 固定床液化工艺主要产品是汽油和重质柴油；

• 循环流化床液化工艺主要产品是汽油、烯烃（乙烯、丙烯、丁烯），乙烯、丙烯是最有价值的基本有机化工原料，为综合加工利用，建大型煤化工、石油化工厂创造了条件；

• 浆态床液化工艺主要产品是柴油、蜡；

• SMDS中间馏分固定床工艺主要为汽油、石脑油，粗油不裂解可得到柴油和蜡（括号中的数字为不裂解时产率）。

由表3-4可以看出：

• 直接液化馏分油的汽油辛烷值高达80，而柴油十六烷值不到20，要达到柴油十六烷值45~50的指标，必须设加 H_2 裂化装置提质，这将增加投资，增加动力消耗和降低柴油收率，最终增加了产品成本；

• 间接液化馏分油，汽油辛烷值仅35~40，十六烷值高达70；由于汽油中烯烃很高，是最好的乙烯原料油，与其通过重整提高辛烷值还不如将它直接销售给乙烯工厂；

• 由于直接液化馏分油辛烷值高，十六烷值低，而间接液化辛烷值低，十六烷值高。若两种工艺结合，馏分油互配，可以省去加 H_2 裂化提高十六烷值装置，也有可能省去重整提高辛烷值，这样大大降低投资和消耗，提高工厂经济效益。

(2) 煤直接液化工艺 虽然开发煤直接液化工艺很多，但近几年比较成熟、深受人们关注、能提供工业化、尤其是中国倾向于采用具有代表性的直接液化工艺主要是德国的 IGOR 工艺、日本的 NEDOL 工艺和美国 HTI 工艺，以及中国神华优化改进的又称为神华煤直接液化工艺。

① 德国 IGOR 工艺。20 世纪 70 年代，德国鲁尔煤炭公司与 VEBA 石油公司和 DMT 矿冶及检测技术公司合作，开发出了比德国原工艺先进的新工艺，随后液化和加氢精制联合在一起，就称为 IGOR 工艺。其主要特点是：反应条件较苛刻（温度 470℃，压力 30MPa）；催化剂使用炼铝工业的废渣（赤泥）+硫；液化反应和液化油加氢精制在一个高压系统内进行，可一次得到杂原子含量极低的液化精制油（该液化油经过蒸馏就可以得到十六烷值大于 45 的柴油，汽油馏分再经重整即可得到高辛烷值汽油）；循环溶剂是加氢油，供氢性能好，煤液化转化率高。自 1976 年以来，该工艺在 DMT 的 0.2t/d 试验装置上进行了长期运转试验，并设计建设了 200t/d 的大型中试厂，经过五年半的试验运转，取得了工程放大的设计数据，开展了大型商业化厂的基础设计。

IGOR 技术生产柴油、汽油工艺流程简单，装置少。由于液化压力高，与 HTI, NEDOL 工艺相比投资要增加些，但压力从 17MPa 增加到 30MPa，投资增加有限。然而液化强度（空速）IGOR 比 HTI 大一倍，生产同样的油，液化反应设备可缩小一倍，所以同样规模条件下 IGOR 工艺液化反应部分的投资只可能比 HTI 低。从提质加 H_2 产出合格油品来评价，IGOR 由于在线提质加 H_2，工艺过程大大简化，省去了加 H_2 稳定，加 H_2 裂化等装置，因此单位液体产品可降低投资 5%～10%。IGOR 工艺选用赤泥为催化剂、价廉，但增加了原料入反应器灰分，这些灰排出时，由于没有溶剂脱灰装置，油损失大，降低了工厂的经济效益。

IGOR 技术是德国在 20 世纪 40 年代生产 400 万吨液化油的基础上，再经过技术开发及新建 200t/d 中试装置连续运行所取得的数据放大的，建设大型煤液化工厂技术风险较小。

② 日本 NEDOL 工艺。日本在 20 世纪 80 年代初专门成立了日本新能源产业技术综合开发机构 NEDO，负责阳光计划的实施。在 NEDO 的组织下，经过十几家大公司的合作，开发出了称为 NEDOL 的烟煤直接液化工艺。NEDOL 工艺在 1t/d PSU 装置试验成功的基础上，于 1996 年在日本鹿岛设计建设了 150t/d 规模的中试厂。至 1998 年，该中试厂已完成了运转两个印尼煤和一个日本煤的试验，取得了工程放大设计参数。中国黑龙江依兰煤采用日本 NEDOL 工艺进行了煤炭直接液化试验研究。

③ 美国 HTI 工艺。HRI 工艺是在美国早期 H-Coal 工艺的基础上发展而来的。H-Coal 工艺是 HRI 的前身 HRI 公司从沸腾床重油加氢裂化工艺（H-Oil）演变而来。HTI 在 H-Coal 工艺的基础上，改进成两段催化液化工艺，又采用了近十年未开发的悬浮床反应器以及 HRI 的专利铁基催化剂（CelCat^{TM}），形成了 HTI 工艺（新工艺名称为 HTI Coal Process^{TM}）。

HTI 工艺外循环全返混悬浮床反应器克服了催化剂沉淀的难题，为使用高活性催化剂，防止催化剂沉淀，反应器大型化提供了条件。由于 IGOR、HTI 反应器已很大，再扩大将受到大件运输等限制，对于中国远离海岸江河的产煤山区，这个优点并不突出。溶剂脱灰增加了油回收率，这是 HTI 的一大优点，特别对含灰稍大，催化剂选用赤泥的工艺尤其重要。

HTI、NEDOL 技术由于没有工业性生产装置运行经验，特别是 HTI 全循环返混反应器仅仅是试验室成果，放大约 1000 倍到生产装置，其成熟可靠性需实践来证明。

④ 中国神华工艺。1998 年，神华集团公司柠条塔煤和上湾煤采用美国 HTI 工艺完成了煤直接液化 HTI 连续小试装置的试验研究。中国神华工艺是在 HTI 的基础上结合其他新工艺的优点，优化的一种适合神华煤的一种先进煤直接液化工艺，从 2002 年底开始，在 0.1t/d 装置上试验 9 次，运行了 207 天，表现出良好的结果，6t/d 的中试装置于 2004 年 8 月开车，100 万吨/a 油品的一期工程于 2008 年投入生产。上述代表性四种工艺的主要特征见表 3-5。

表 3-5　煤直接液化四种主要工艺特征

工艺名称	HTI	IGOR	NEDOL	中国神华工艺
反应器类型	悬浮床	鼓泡床	鼓泡床	悬浮床
操作温度/℃	440~450	470	465	455
操作压力/MPa	17	30	18	19
空速/[t/(m³·h)]	0.24	0.6	0.36	0.702
催化剂及用量	GelCat™0.5%	炼铝赤泥 3%~5%	天然黄铁矿 3%~4%	人工合成(Fe)1.0%
固液分离方法	临界容积萃取	减压蒸馏	减压蒸馏	减压蒸馏
在线加氢	有或无	有	无	部分
循环溶液加氢	部分	在线	离线	部分
试验煤	神华煤	先锋褐煤	神华煤	神华煤
转化率(daf 煤)/%	93.5	97.5	89.7	91.7
生成水(daf 煤)/%	13.8	28.6	7.3	11.7
C_6＋油(daf 煤)/%	67.2	58.6	52.8	61.4
残渣(daf 煤)/%	13.4	11.7	28.1	14.7
氢耗(daf 煤)/%	8.7	11.2	6.1	5.6

（3）煤间接液化工艺　已工业化的煤间接液化 F-T 工艺有南非 Sasol 的浆态床、流化床、固定床工艺和 Shell 的固定床工艺。F-T 工艺自 20 世纪 40 年代开发至今技术不断发展与进步，原料有煤和天然气，南非有世界上最大的 F-T 合成油工厂，年加工煤约 4000 万吨（包括燃料煤）。Shell 公司在马来西亚利用天然气制合成气，用 F-T 工艺建成年产 50 万吨油工厂。各种间接液化工艺技术比较见表 3-6 所示。

表 3-6　SMDS 固定床、浆态床、流化床间接液化技术比较

名　称	SMDS 固定床	浆态床	流化床(SAS)
压力/MPa	2.0~4.0	2.5~3.0	2.5
温度/℃	200~240	250	350
H_2/CO	2.0	1.0~1.5	2.0
循环气/原料气摩尔比	2~3	0~2	2.0
CO 转化率/%	95	90	88
床层特性	气-固两相管壳式，沸水移热产中压蒸汽	气-固-液三相鼓泡床，沸水移热产中压蒸汽	气-固两相，固定床流化床结合，沸水移热产中压蒸汽
催化剂	钴系催化剂可再生	铁系催化剂(一次性)	铁系催化剂(一次性)
目标产品	汽油、煤油	柴油	汽油和烯烃类
装置大型化	难	易	较难
工艺成熟性	成熟	成熟	成熟

① SMDS 中间馏分工艺的特点。SMDS 采用钴催化剂，催化剂价贵，但强度好，可再生，寿命长；管壳式反应器操作温度易控制传热性能好，但解决不了大型化问题；中间馏分

工艺包括以下两种。

· 设两段反应器首先将合成气合成重质烃。

· 重质烃脱除丙烷以下（C^{-4}）物质。然后将重质油裂化、异构化并加 H_2 蒸馏得石脑油、煤油、汽油三种产品，其质量比为：汽油 60%，煤油 25%，石脑油 15%。

SMDS 工艺流程简单，油品全是中间馏分，没有重质馏分，废水易处理。该法适合于中型煤制汽油装置的建设。

② Sasol 浆态床工艺的特点。铁系催化剂价廉易得，强度低、寿命短；三相（固、液、气）鼓泡悬浮床反应器内均布沸腾水管，传热传质好，易移走反应热，反应温度易控制。床层纵、径向温差小，创造了良好的生油热力学条件；粗油提质简单。目标产品为高质量柴油和适宜生产乙烯的石脑油；浆态床反应器单台生产能力大，适宜大型煤制油装置建设；由于催化剂很细且寿命短，催化剂在线分离难度大，且难免在排出废催化剂中混入新加入的催化剂。

③ 固定流化床（SAS）工艺的特点。固定流化床工艺是有限的气-固相低速流化过程。亦即催化剂限制在一径向床层中，气流速度始终控制在低速流化状态。床层孔隙率较一般流化床或循环流化床低。由于催化剂处于激烈的混合状态，加强了传热与传质。它兼有固定床和流化床优点，克服了循环流化床催化剂利用率低，催化剂磨损等缺陷；采用融铁系催化剂。催化剂不能再生，易粉碎，因此反应器出口设过滤器。反应温度较高，选择性较差；合成的粗油产品分布不集中，气态烃、烯烃较多，目标产品为汽油、烯烃；合成粗油提质加工流程工艺复杂。烯烃回收后可得附加值高的化工产品，有利于综合利用，适宜建特大型多联产综合性工厂包括炼油、化工、供热、发电等。

2. 催化剂

煤炭科学研究总院北京煤化工分院等单位对我国的硫铁矿、钛铁矿、铝厂赤泥、钨矿渣、铂矿飞灰、高炉飞灰等数十种天然矿物进行了活性筛选，从中选出若干种活性较高的催化剂，达到或超过了合成硫化铁的催化活性指标。

目前正在进行高分散铁系催化剂（人工合成）的研制，已完成实验室阶段研究，并在神华小型连续装置上进行了考察，表现出优良的催化效果，催化活性达到了世界先进水平。

3. 煤液化粗油提质加工的研究

利用国产催化剂进行了煤液化粗油的提质加工研究。经加氢精制、加氢裂化和重整等工艺的组合，成功地将液化粗油加工成合格的汽油、柴油和航空煤油。

二、煤液化经济分析

目前，煤液化技术实现商业化应用的主要制约因素是其经济上与石油的竞争能力。随着石油勘探与开采成本的日益提高和世界石油价格的不断上涨，煤液化技术在特定地区实现商业化应用在经济上已经具有较强的竞争能力。权威机构曾预测当石油价格达到 25 美元/桶，煤炭液化在经济上就有了竞争力。美国能源部通过对几个起步工厂的初步经济分析后指出，如果煤炭液化厂与现有的工厂建在一起，可节约投资，降低液化成本，使生产的液体燃料价格可以达到相当于石油价格 19～23 美元/桶。煤液化成本高的主要原因是一次投资大、煤炭价格高，但是煤液化技术仍有很大的研究和发展潜力，还能进一步降低成本。美国能源部计划在 2010 年后开始建设独立的煤炭直接液化生产厂。从能源战略上考虑，煤液化技术受到世界各工业发达国家的高度重视。

南非 Sasol 公司是全球唯一具有煤制油商业化经验的公司，其对煤制油项目的经济性分析具有相当的权威性。该公司在 2006 年预计，煤制油（间接液化）的盈亏平衡点是国际原油价格保持在 45 美元/桶。由于全球性的通货膨胀影响，预计煤制油项目的盈亏平衡点将上升到 50 美元/桶以上。2007 年，国际能源署、美国能源部等机构，预测未来 20 年内国际平均油价将保持在 60 美元/桶（按照 2006 年美元的购买力）左右。因此，从长远来看，煤制油项目的毛利率将有望保持在 30% 左右的水平（假设煤制油产品的销售价格能够和国际成品油价格接轨）。

由于我国没有一个工业化的工厂运营，目前拟建设项目也未完成外商报价和工程设计，无法做出准确评价。所列表 3-7 中的技术经济指标仅供参考。

表 3-7　煤液化吨液体产品经济技术指标比较

名　　称	煤直接液化		煤间接液化	
	云南 IGOR	神华 HTI	SMDS	平顶山浆态床
液体产品/(万 t/a)	99.81	247.6	15	70.98
主要产品/(万 t/a)	汽油 35.24 柴油 53.04 其他 11.53	柴油 177.56 汽油 19.54 苯、甲苯、二甲苯等 50.5	汽油 12 石脑油 3	石脑油 20.4 柴油 47.58 其他 3
原料煤（折标煤）/t	原料煤 1.77 气化用煤 1.00	液化 2.03 制 H_2 0.28	3.08	2.8
燃料煤（折标煤）/t	（包括在气化煤中）	0.26	0.456	0.45
天然气（折标煤）/t		0.226		
电(110V)/(kW·h)	501	596	452	276
新鲜水/t	15.6	5.4	32.0	21.6
投资/元	8216	6210.5	10000	7466.6

三、煤液化技术综合评价

近年来国内外对由合成气制取烃类液体燃料技术的研究十分活跃，研究开发的领域主要集中在高活性、高选择性的廉价催化剂，提高产品的选择性；低温低压合成反应及高效大型化反应器的开发，降低消耗降低成本的技术措施等方面。煤炭液化由于采用的原料不同、要求得到的产品不同，对工艺技术和催化剂就会有不同的选择，应根据目标产品和经济效益综合分析后择优选定。

1. 技术选择

煤液化技术如前所述，间接法已有 Sasol 的 F-T 合成技术、Mobil 的 MTG 技术和 Shell 的 SMOS 技术成功地应用于工业生产，经多年生产实践和不断改进，技术上已达到相当成熟先进的程度，其中南非 Sasol 以煤为原料的液化技术较适用于中国的情况。直接液化法虽然有美国、德国、俄罗斯、日本等国的多种技术选择，但至今仍处于小试或中试阶段，还没有一套工业装置运行，工程放大风险较大，短期难以实现工业化生产。从技术角度讲，当前建厂采用间接法风险较小。但南非间接法专利费很贵，因此应加快中国自有技术的开发工作，为早日实现产业化创造条件。

与煤液化配套的煤气化制合成气，制氢技术和合成油的精炼改质技术，均有多种先进成熟的技术供选择。如已工业化的煤气化技术有 SCGP，Texaco，Prenflo，HTW，CFB 和灰熔聚流化床等。合成油精炼改质技术与一般炼油厂的技术基本一样，中国有成熟的技术可以利用。因此，煤液化合成油难点和技术关键在于合成反应器和加氢反应器以及相应的催化剂的开发方面。

2. 经济评价

煤液化的经济评价影响因素较多，与液化方法、产品方案、建厂条件、原料价格关系密切，因此不能一概而论。主要影响因素如下。

（1）原料价格 煤制合成气生产成本约占合成油总成本的 70%～75%，而合成气成本主要取决于原料煤的价格和气化技术选择。煤的价格不同，在合成油成本中占的比例也不同。南非 Sasol 合成油能盈利，其中煤价低（8 美元/t）是主要因素。在中国煤炭价格最好在 80 元/t 以下煤制油才能有效益。采用 MTG 技术生产汽油，原料天然气费用约占甲醇生产成本的 75%，占汽油生产费用的 65%，可见汽油生产成本主要取决于原料天然气的价格。一般认为天然气价格低于 0.35 元/m³（标）采用 MTG 技术才是经济的，在中国很难供应价格这样低的天然气。

（2）产品方案 普遍认为产品多样化和可调性有利于提高合成油厂的经济效益和对市场变化的适应性。Sasol 煤液化厂油并重进行深度加工，可以生产 130 多种产品，可根据市场情况通过改变催化剂和操作条件，利用同一装置生产不同产品。但产品多，生产装置多，投资就大。这也是存在问题之一。新西兰 MTG 甲醇转化汽油装置对甲醇和汽油产量进行调节，哪种产品效益好就多产哪种产品。

（3）生产规模 一般认为生产规模越大，吨产品投资少，生产成本低。因此要求合成油规模大型化。Sasol 认为间接法经济规模为 $(100\sim200)\times10^4$ t/a，再小则不经济。而以天然气为原料的 MTG 和 Shell 技术产品规模应大于 50×10^4 t/a。俄罗斯专家认为直接液化产品规模应大于 100×10^4 t/a，日本三井东压化学公司以生产规模为 400×10^4 t/a 对各种煤液化技术进行分析和评价。中国煤液化可行性研究的规模多数为 $(250\sim300)\times10^4$ t/a。由此可见 100×10^4 t/a 是最小经济规模。

（4）建厂条件

① 煤液化耗煤量大，吨产品耗煤 3～4t，因此工厂应尽可能靠近煤矿建厂，减少短途运输，降低原煤成本。

② 煤液化耗水量大，吨产品耗水 3～6t，水源要充足。

③ 运输量大，交通运输要方便。

3. 环境问题

环境是关系到可持续发展的大问题，必须给予高度重视。煤气中含硫和灰尘可采用精细脱除技术予以去除，低温甲醇洗可使煤气中硫含量降到小于 0.1mg/m³，并回收硫黄产品；CO_2 可考虑作为气化剂加以利用，也可生产食品级 CO_2 或干冰，尽可能减少 CO_2 放空量；废水经生化处理后回收利用，尽可能做到零排放；北方干旱地区建厂可采用空冷技术，减少新鲜水用量。灰渣作无害化处理，或加工成建材综合利用。总之工厂要尽力做到无害化生产，保护好生态环境。

4. 综合条件

通过技术经济论述，国内外专家综合出以下条件作为建设煤液化厂的基本条件。

① 产品规模大于 200×10^4 t/a。

② 进厂原煤价格在 80 元/t 以下，宜在煤矿区就近建厂。

③ 自有资本金应占总投资的 50%～60%，降低财务费用。

④ 采用先进成熟的技术和设备。

⑤ 产品工厂成本 18～20 美元/桶，大于 25 美元/桶则无竞争力。

第三节　液化用煤种的选择

一、煤炭液化对煤质的要求

煤的液化是当前煤化工的热点，但不是什么煤都可以直接进行液化的。煤的不同液化方法对煤炭质量的要求各不相同，选出适合液化的煤种，对我国煤液化采用何种工艺有重要意义。

1.煤炭直接液化对煤质的基本要求

煤炭直接液化对原料煤的品种有一定要求，选择加氢液化原料煤时，主要考察以下指标。

① 以原料煤有机质为基准的转化率和油产率要高。

② 煤转化为低分子产物的速度快，可用达到一定转化率所需的反应时间来衡量。

③ 氢耗量要少，可用氢利用率（单位氢耗量获得的液化油量）来衡量。这是因为煤加氢液化消耗的氢气成本一般占煤加氢液化产物总成本的30%左右。

煤加氢液化一般在180～450℃加压下分段进行的，煤化程度低的煤，H/C原子比高，加氢容易，但生成的气体和水分也多，煤化程度高的煤，H/C原子比低，加氢困难，表3-8是一些燃料的H/C的原子比值。

表 3-8　一些燃料的 H/C 原子比值

燃　料	H/C原子比	燃　料	H/C原子比
甲烷	4.0	石油原油	1.8
天然气	3.5	褐煤	0.7
丁烷	2.5	中挥发分烟煤	0.7
汽油	1.9	无烟煤	0.3

选择适宜直接液化的煤种一般应考虑满足下述条件。

① 煤中的灰分要低，一般小于5%，一般原煤中灰难达此指标，因此原煤要进行洗选，生产出精煤进行液化。煤的灰分高，严重影响油的产率和系统的正常操作。煤的灰分组成也对液化过程有影响，灰中的 Fe、Co、Mn 等元素有利于液化，对液化起催化作用，而灰中的 Si、Ae、Ca、Mg 等元素则不利于液化，它们易产生结垢，影响传热和不利于正常操作，也易使管道系统堵塞、磨损，降低设备的使用寿命。

② 煤的可磨性要好。应选择易磨或中等难磨的煤作为原料，最好哈氏可磨性系数大于50 以上。因为煤的直接液化要先把煤磨成200目左右的煤粉，并把它干燥到水分小于2%，配制成油煤浆，再经高温、高压，加氢反应。如果可磨性不好，能耗高，设备机械磨损严重，配件、材料消耗大，能耗高，维修频繁，增加生产成本。同时，要求煤的水分要低，水分高，不利于磨矿，不利于制油煤浆，加大了投资和生产成本。

③ 煤中的氢含量越高越好（大于5%），氧的含量越低越好，它可以减少加氢的供气量，也可以减少生成的废水，提高经济效益。

④ 煤中的硫分和氮等杂原子含量越低越好，以降低油品加工提质的费用。

⑤ 煤直接液化工艺要求将煤磨成200目左右细粉，并将水分干燥到小于2%，因此煤含水越低越经济，投资和能耗越低。

⑥ 煤岩的组成也是液化的一项主要指标。镜质组成分越高煤液化性能越好，一般镜质组成分达90%以上为好；丝质组含量高的煤液化活性差。因此能用于直接液化的煤，一般

是褐煤、长焰煤等年轻煤种，例如，云南先锋煤镜质组成高达97%，煤转化率高达97%，神华煤丝质组成分达70%，镜质组<30%，因此煤转化率89%左右。

研究人员通过用高压釜对华北、东北、华东、西北、西南的十几个省、自治区的气煤、长焰煤、不黏煤、弱黏煤和褐煤进行液化性能测试，并在处理能力为0.1t/d煤的连续液化试验装置上进行液化性能评价和工艺条件优选。试验结果表明，煤的直接加氢液化适宜采用$w_{daf}(C)=68\%\sim85\%$，$w_{daf}(H)\geqslant4.5\%$、$A_d<6\%$、C/H的质量比不大于16的挥发分高、活性组分高、灰分低的煤。此外，变质程度较低的高硫烟煤也是液化的良好原料。

2. 间接液化对煤质的要求

煤的间接液化的中间产物是水煤气，水煤气中CO和H_2含量的高低直接影响合成反应的进行，CO和H_2的含量越高，合成反应速率越快，合成油产率越高。所以，为了得到合格的原料气，一般采用弱黏结或不黏结性煤进行气化。

煤间接液化对煤质的要求相对要低些。

① 煤的灰分要低于15%。煤的灰分越低越有利于气化，也有利于液化。

② 煤的可磨性要好，水分要低。不论采用那种气化工艺，制粉是一个重要环节。

③ 用水煤浆制气的工艺，要求煤的成浆性能要好。水煤浆的固体浓度应在60%以上。

④ 煤的灰熔点要求。固定床气化要求煤的灰熔点温度越高越好，一般ST不小于1250℃；流化床气化要求煤的灰熔点温度ST小于1300℃。虽然间接液化对煤的适应性广一些，不同的煤要选择不同的气化方法，但是对原煤进行洗选加工、降低灰分和硫分是必要的。

3. 低温干馏对煤质的要求

煤的干馏若以制取液体油为目的，多采用低温干馏。为获取较大的油收率，低温干馏的原料煤应是不黏结煤或弱黏结煤、含油率高的褐煤和高挥发分烟煤。具体指标为：

$T_{ar,ad}>7\%$，$A_d<10\%$，$w_d(S_t)<3\%$，抗碎强度高，热稳定性好，弱黏或不黏结。

总之，能用于直接液化的煤一般为褐煤、长焰煤等年轻煤，但这几类煤也不是都能用于直接液化，因此直接液化对煤质是十分挑剔的；间接液化对煤适应性广，原则上所有煤都能气化制合成气。

二、液化用煤种的选择

煤液化的反应性与所用煤种关系很大。由于人们尚无法了解煤中有机质各组分确切的分子结构，对包括煤液化在内的煤转化的反应性，从煤质角度的评价，基本上停留在煤的工业分析、元素分析和煤岩显微组分含量分析的水平上。

一般说来，除无烟煤不能液化外，其他煤均可不同程度地液化。煤炭加氢液化的难度随煤的变质程度的增加而增加，即泥炭<年轻褐煤<褐煤<高挥发分烟煤<低挥发分烟煤。从制取液体燃料的角度出发，适宜加氢液化原料是高挥发分烟煤和褐煤。

同一煤化程度的煤，由于形成煤的原始植物种类和成分的不同，成煤阶段地质条件和沉积环境的不同，导致煤岩组成特别是煤的显微组分也有所不同，其加氢液化的难度也不同。研究证实，煤中惰性组分（主要是丝质组分）在通常的液化反应条件下很难加氢液化，而镜质组分和壳质组分较容易加氢液化，所以直接液化选择的煤应尽可能选择是惰性组分含量低的煤，一般以低于20%为好。

综上所述，根据适宜液化的煤种的性质指标，利用中国煤的直接液化试验结构，回归出以下的经验方程。

$$转化率(\%)=0.6240-0.1856x_1+0.2079x_2+0.2920x_3-0.4048x_4$$
$$油产率(\%)=0.4427+0.2879x_1+0.5799x_2-0.4139x_3-0.7392x_4$$

式中　x_1——挥发分，%；

　　　x_2——活性组分［镜质组、半镜质组和壳质组］，%（体积分数）；

　　　x_3——H/C 原子比；

　　　x_4——O/C 原子比。

根据煤质分析数据，利用上述方程可以计算出转化率和油收率的预测值，如果煤的转化率计算值大于 90%，油产率计算值大于 50%，则可认为这个煤是适宜直接液化的煤种。

选择直接液化煤种时还有一个重要因素是反应煤中矿物质含量和煤的灰分如何。煤中矿物质对液化效率也有影响，一般认为煤中含有的 Fe、S、Cl 等元素具有催化作用，而含有的碱金属（K、Na）和碱土金属（Ca）对某些催化剂起毒化作用。矿物质含量高，灰分高使反应设备的非生产负荷增加，灰渣易磨损设备，又因分离困难而造成油收率的减少，因此加氢液化原料煤的灰分较低为好，一般认为液化用原料煤的灰分应小于 10%。煤经风化、氧化后会降低液体油收率。

煤中挥发分的高低是煤阶高低的一种表征指标，越年轻的煤挥发分越高、越易液化，通常选择挥发分大于 35% 的煤作为直接液化煤种。另外，变质程度低的煤 H/C 原子比相对较高，易于加氢液化，并且 H/C 原子比越高，液化时消耗的氢越少，通常 H/C 原子比大于 0.8 的煤作为直接液化用煤。还有煤的氧含量高，直接液化中氢耗量就大，水产率就高，油产率相对偏低。所以，从制取油的角度出发，适宜的加氢液化原料是高挥发分烟煤和老年褐煤。20 世纪 80~90 年代，煤炭科学研究总院北京煤化学研究所首先利用高压釜对我国适宜液化的煤种进行了液化特性普查评价试验，普查试验的煤种包括中国东北、华北、华东、西北和西南地区的年轻烟煤和褐煤 120 多种，优选出 15 种煤作为中国具有开发前途和工业化前景的候选煤炭资源。这 15 种煤的液化试验结果见表 3-9。

表 3-9　15 种中国煤在 0.1t/d 装置上的试验结果

煤样	反应温度/℃	反应压力/MPa	氢耗量/%	转化率/%	水产率/%	产气率/%	油产率/%	氢利用率/%
山东兖州	450	25	5.36	93.84	9.97	12.77	67.58	12.61
山东滕县	450	25	5.56	94.33	10.46	13.47	67.02	12.05
山东龙口	450	25	5.24	94.16	15.69	15.66	66.37	12.67
陕西神木	450	25	5.46	88.02	11.05	12.90	60.74	11.12
吉林海河口	450	25	5.90	94.00	13.60	16.85	66.54	11.27
辽宁沈北	450	25	6.75	96.13	16.74	15.93	68.04	10.08
辽宁阜新	450	25	5.50	95.91	14.04	14.90	62.05	11.28
辽宁抚顺	450	25	5.05	93.64	11.51	18.72	62.84	12.44
内蒙古海拉尔	440	25	5.31	97.17	16.37	16.63	59.25	11.16
内蒙古元宝山	440	25	5.63	94.18	14.91	16.42	62.49	11.10
内蒙古胜利	440	25	5.72	97.02	20.00	17.87	62.34	10.90
黑龙江依兰	450	25	5.90	94.79	12.33	16.90	62.60	10.61
黑龙江双鸭山	450	25	5.12	93.27	9.24	16.05	60.53	11.82
甘肃天祝	450	25	6.61	96.17	11.43	14.50	69.62	10.84
云南先锋	440	25	6.22	97.62	19.37	16.83	60.44	9.72

多年来，人们在液化用煤种的选择方面做了不懈的工作，但迄今尚未建立煤的组成和物理性质等与液化特性的良好对应关系，根本原因在于煤的不均异性和煤结构的复杂性。目前研究表明，选择液化煤种的大致原则是 H/C 原子比较高、挥发分较高、镜质组和壳质组含

量较高、无机矿物质含量较低。

选择出具有良好液化性能的煤种不仅可以得到高的转化率和油收率，还可以使反应在较温和的条件下进行，从而降低操作费用即降低生产成本。在现已探明的中国煤炭资源中，约12.5％为褐煤，29％是不黏煤、长焰煤和弱黏煤，还有13％的气煤，即低变质程度的年轻煤占总储量的一半以上，它们主要分布在中国的东北、西北、华东和西南地区。近年来，几个储量大且质量较高的褐煤和长焰煤田相继探明并投入开发。可见，在中国可供选择的直接液化煤炭资源是极其丰富的。

三、煤种液化特性评价试验

由于煤炭直接液化对原料煤有一定的要求，在根据煤质分析数据选择某种原料煤后还需对其作液化特性的评价试验。评价试验一般先做高压釜试验，再做连续装置试验。

1. 用高压釜评价和选择直接液化用煤

（1）对高压釜的技术要求　容积 200～500mL，耐压 30MPa，温度 470℃。预先标定高压釜的全部死容积。

（2）操作条件　试验用氢气纯度要求≥99％；溶剂∶煤＝3∶1；反应温度 400～450℃；恒温时间 30～60min；氢初压 7～10MPa；电磁搅拌转速 500r/min；升温速度：根据加热功率大小控制在 3～5℃/min；恒温时温度波动范围为±2℃；操作条件根据煤样性质不同可以有所变动。

（3）煤样准备　按国家标准缩制煤样，将粒度小于 3mm 的缩制试样研磨到粒度小于0.169mm（80 目），然后将煤样在温度为 70～85℃的真空下干燥到水分小于 3％，装入磨口煤样瓶，存放在干燥器中，供试验时使用。

（4）操作方法　按比例准确称取煤样和溶剂及催化剂，加入高压釜内，搅拌均匀。用脱脂棉将高压釜口接触面擦净，然后装好釜盖。先用氮气清除釜内空气 2 次，再用氢气清除釜内残余氮气 5 次。随后充入反应用氢气至所需初压。检查是否漏气，确认不漏气后接通冷却搅拌装置用的水管，接通电源，开动搅拌，进行升温。加热到反应温度时，恒温所需反应时间，停止加热，自行冷却至 250℃后终止搅拌，切断电源。

（5）采样　高压釜内反应物于次日取出。取出前记下采样时高压釜内的压力和温度，然后对气体取样做色谱分析。打开釜盖（对于沸程较高的溶剂，可以在出釜前预热到 60℃后开盖），用脱脂棉擦干釜盖下面的水分，称重记下生成水量。将反应液体倒入已称重的烧杯中，并用已知质量的脱脂棉擦净沾在釜内壁和搅拌桨上的残油，将沾有液化油的脱脂棉也放入烧杯中。称重，计算出反应釜内液体及固体的总量。

（6）反应物的分析　将烧杯内的反应物全部定量移到索氏萃取器的滤纸筒内，依次用己烷、甲苯、四氢呋喃（THF）回流萃取，时间一般为每种溶剂各 48h，直至滤液清亮为止。每种溶剂萃取后均需取出滤纸筒，在真空下干燥至恒重，计算可溶物的量。最后，在四氢呋喃萃取及恒重后，把带有脱脂棉及滤渣的滤纸筒按煤炭灰分的测定方法测定灰分质量（脱脂棉及滤纸筒的灰分质量因比煤的灰分质量小几个数量级，可忽略不计）。

其中，可溶于正己烷的轻质液化产物称为油，不溶于正己烷而溶于甲苯的物质称为沥青烯，不溶于苯而溶于四氢呋喃的重质煤液化产物称为前沥青烯，不溶于四氢呋喃或吡啶的物质称为残渣。

（7）试验结果计算

① 气体产率计算。利用高压釜的死容积减去釜内液化油及残渣的体积（假设液化油和

残渣混合物的密度为 $1g/cm^3$）得到取样前的釜内气体的体积，在利用当时的压力、温度计算到标准状态下气体的体积，再利用气体成分分析数据，计算出各气体组分的量，再把氢气以外的气体总量除以无水无灰基煤即为气体产率。

即，气体产量＝气体各组分量之和/无水无灰煤

② 水产率的计算。利用氧的元素平衡计算水产率，假设液化油中的氧可以忽略，煤中氧减去气体中氧即为产生水中的氧。即

$$水产率＝[（煤中氧-气体中氧）\times 18/16]/无水无灰煤$$

③ 煤转化率的计算。

$$转化率＝1-（THF 不溶物-灰）/无水无灰煤$$

④ 沥青烯产率的计算。

$$沥青烯产率＝己烷不溶甲苯可溶物/无水无灰煤$$

⑤ 前沥青烯产率的计算。

$$前沥青烯产率＝甲苯不可溶 THF 可溶物/无水无灰煤$$

⑥ 氢耗量的计算。

$$氢耗量＝（反应前氢气量-反应后氢气量）/无水无灰煤$$

⑦ 液化油产率的计算。

$$油产率＝C+F-（A+B+D+E）$$

式中　A——气产率；

　　　B——水产率；

　　　C——转化率；

　　　D——沥青烯产率；

　　　E——前沥青烯产率；

　　　F——氢耗量。

2. 用 0.1t/d 小型连续试验装置评价和选择直接液化用煤

中国煤炭科学研究总院北京煤化学研究所建设了一套主要用于评价液化用煤的 0.1t/d 小型连续试验装置。自 1982 年 12 月建成和试运行后，又经过几次大的改造工程，形成了完善的试验系统，工艺流程如图 3-1 所示。

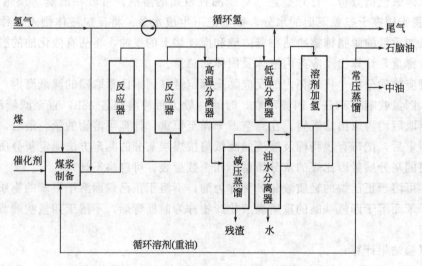

图 3-1　0.1t/a 煤液化试验装置工艺流程示意

(1) 试验方法 按图 3-1 所示，试验方法是将煤、催化剂和循环溶剂等按规定的配比加入煤浆制备罐，一般在不高于 80℃、有机械搅拌和循环泵送条件下制备煤浆，制备时间一般为 3~4h，制备好的煤浆送入煤浆计量罐，再以 8~10kg/h 流量经高压煤浆泵依次送入煤浆预热器和反应器。用于参加液化反应的氢气由新鲜氢气和循环氢气两部分组成，气体流量一般选气液比 1000 左右，经过氢气预热器至 250℃后，汇同煤浆进入煤浆预热器，煤浆预热器出口温度达 400℃，然后进入反应器，反应停留时间 1~2h。由反应器流出的气-液-固三相反应产物进入 350~380℃的高温分离器，分离出重质液化油和固体物。轻质油、水和气体进入冷凝冷却器，水冷至 40℃后流入低温分离器，分离出轻质油、水和气体产物。高温分离器排出的物料经固液分离（减压闪蒸）分出重质油作为配煤浆的循环溶剂。为了使循环溶剂替换成试验煤样自身产生的重质油，循环次数必须达到 10 次以上。低阶烟煤和褐煤的标准试验条件见表 3-10。

表 3-10 低阶烟煤和褐煤的标准试验条件

项　　目	低阶烟煤	褐　　煤
煤浆浓度（干基煤）/%	40	40
催化剂	$w(Fe)=3\%$（干煤）	$w(Fe)=3\%$（干煤）
助催化剂	S/Fe 的原子比为 0.8	S/Fe 的原子比为 0.8
新鲜氢气流量/(m³/h)	5	5
循环氢气流量/(m³/h)	5	5
反应压力/MPa	17	17
反应温度/℃	450	440
煤浆流量/(kg/h)	10	10
氢气预热器温度/℃	250	250
煤浆预热器温度/℃	400	400
高温分离器温度/℃	380	380
煤浆制备罐温度/℃	80	80
煤浆计量罐温度/℃	80	80
气体冷凝器温度/℃	40	40

试验时，以溶剂的每一次循环为时间阶段，进行一次进出物料的质量平衡，每次物料平衡必须达到 97%以上才能说明试验数据是可靠的。

(2) 连续装置试验样品的分析 试验尾气作气体组分的色谱分析，高温分离器油与高压釜一样作系列溶剂萃取分析，此外，还对液化油进行蒸馏分析。

(3) 试验数据的处理 气产率、氢耗量根据新氢流量、尾气流量及成分分析数据计算；煤的转化率、沥青烯、前沥青烯等产率和液化油产率的计算与高压釜的计算方法相同，水产率根据实际收集到的水减去投入原料煤中的水得到。另外，蒸馏油收率根据实际产出的液化油数量和参考蒸馏分析的结果计算。

第四节　煤液化基本原理

煤炭液化过程是一个复杂的化学反应过程，是将煤通过一系列化学加工，转化为液体燃料及其他化学品的过程。

一、煤炭液化方法

煤的液化分为直接液化、间接液化和煤的部分液化。

煤的直接液化也称为加氢液化，是指在高温、高压、催化剂和溶剂作用下，煤进行裂解、加氢等反应，从而直接转化为相对分子质量较小的液态烃和化工原料的过程。由于供氢方法和加氢深度的不同，有不同的直接液化方法，如高压加氢法、溶剂精炼煤法、水煤浆生产法等。加氢液化产物称为人造石油，可进一步加工成各种液体燃料，如洁净优质汽油、柴油和航空燃料等。

煤的间接液化即水煤气合成法，是指首先将煤气化制成合成气（主要为 CO 和 H_2），然后通过催化剂作用将合成气合成燃料油和其他化学产品的过程。

煤的部分液化即低温干馏法，是指煤在较低温度下（500～600℃）隔绝空气加热，使煤中部分大分子裂解为石油产品（轻油、焦油等）、半焦、化工产品、干馏煤气等的过程。煤低温干馏的大量产物是半焦，少量的产物是油和气。

二、煤炭液化主要产品

煤炭液化主要产品为汽油、柴油、航空煤油、石脑油以及 LPG、乙烯等重要化工原料，副产品有硬蜡、氨、醇、酮、焦油、硫黄、煤气等。间接液化的产品可以通过选择不同的催化剂而加以调节，既可以生产油品，又可以根据市场需要加以调节，生产上百种高附加值、价格高、市场紧缺的化工产品。

煤炭间接液化得到的汽油、柴油等均为优质产品，其中硫、氮含量均远低于商品油标准，质量可达到甚至超过商品油标准。汽油、柴油和航空煤油的主要用途是作发动机燃料；LPG 可作为民用及工业燃料、发动机燃料；乙烯、丙烯是生产聚乙烯和聚丙烯或其他聚合物的重要化工原料。

三、煤炭液化的功能

根据煤炭与石油化学结构和性质的区别，要把固体的煤转化成液体的油，煤炭液化必须具备以下 4 大功能：

① 将煤炭的大分子结构分解成小分子；

② 提高煤炭的 H/C 原子比，以达到石油的 H/C 原子比水平；

③ 脱除煤炭中氧、氮、硫等杂原子，使液化油的质量达到石油产品的标准；

④ 脱除煤炭中无机矿物质。

四、煤炭液化的基本原理

煤主要是由 C、H 元素所组成，如果能够创造适宜的条件，使煤的相对分子质量变小，提高产物的 H/C 原子比，那么就有可能使煤转化为液体燃料油。为了将煤中有机质高分子化合物变成低分子化合物，就必须切断煤化学结构中的 C—C 化学键，切断这些化学键就必须供给一定的能量，如热能。同时，为了提高 H/C 原子比，必须向煤中加入足够的氢。

煤结构单元之间的桥键在加热到 250℃ 以上时，就有一些弱键开始断裂，随着温度的进一步升高，键能较高的桥键也会断裂。桥键的断裂产生了以结构单元为基础的自由基碎片，自由基的特点是本身不带电荷却在某个碳原子上（桥键断裂处）拥有未配对电子，非常不稳定，在高压氢气环境和有溶剂分子分隔的条件下，它会被加氢而生成稳定的低分子产物（液体的油和水及少量的气体）。如果外界不向煤中加入充分的氢，在没有高压氢气环境和没有溶剂分子分隔的条件下，这些自由基碎片只能靠自身的氢发生再分配作用，生成很少量 H/C 原子比较高、相对分子质量较小的物质—油和气，同时自由基又会相互结合而生成较大的分子，绝大部分自由基碎片则发生缩合反应而生成 H/C 原子比更低的物质—半焦或焦炭。也就是说，煤在热分解的同时，不可避免的发生缩合反应，这样就不可能将煤的有机质全部或绝大部分转化为液体油，如果外部能供给充分的氢，使热解过程中断裂下来的自由基碎片立刻与氢反应结合，生成稳定的、H/C 原子比较高、相对分子质量较小的物质，这样就可能在较大程度上抑制缩合反应，使煤中有机质全部或绝大部分转化为液体油。在实际煤炭直接液化的工艺中，煤炭分子结构单元之间的桥键断裂和自由基稳定的步骤是在高温（450℃左右）、高压（17～30MPa）氢气环境下的反应器内实现的。

煤炭液化的反应历程描述如下。

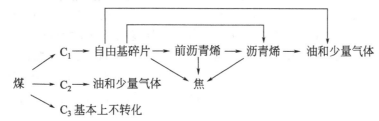

其中：C_1 表示煤有机质的主体，C_2 表示存在于煤中的低分子化合物，C_3 表示惰性成分。此历程并不包括所有反应。

在煤加氢转化过程中，催化剂扮演了重要角色。钴、钌、钯、铂、铑等过渡金属配合物都是煤和煤衍生物的催化剂。目前常用的催化剂是载在多孔氧化铝表面上用硫化物处理过的钼酸钴，对于煤裂解的各种产物的加氢非常有效，并且在含有杂原子的煤衍生物液体中寿命相当长。

煤炭经过加氢液化后剩余的无机矿物质和少量未反应煤还是固体状态，可应用各种不同的固液分离方法把固体从液化油中分离出去，常用减压蒸馏、加压过滤、离心沉降、溶剂萃取等固液分离方法进行分离。

煤炭经过加氢液化产生的液化油含有较多的芳香烃，并含有较多的氧、氮、硫等的杂原子，必须再经过一次提质加工才能得到合格的汽油、柴油等产品。液化油提质加工的过程还需进一步加氢，通过加氢脱除杂原子，进一步提高 H/C 原子比，把芳香烃转化成环烷烃甚至链烷烃。

总之，煤直接液化过程是将煤预先粉碎到 0.15mm 以下的粒度，再与溶剂（煤液化自身产生的重质油）配成煤浆，并在一定温度（约 450℃）和高压下加氢，使大分子变成小分子的过程。

第五节 煤液化工艺与其他煤转化工艺的对比

迄今为止所开发的煤转化工艺基本属热转化工艺，包括煤的燃烧、气化、高温干馏、低温干馏和液化。表 3-11 比较了在处理同量煤的情况下这些煤转化工艺所需的设备投资、对所需煤种的局限性、操作条件、转化过程的污染程度和产品情况。

表 3-11 几种典型的煤转化工艺的比较

项目	燃烧	气化	高温干馏	低温干馏	液化
设备投资	小	较大	较大	较小	大
煤种局限性	小	较小	较大	较小	大
反应温度/℃	750～1100	800～1400	900～1200	550～650	400～450
反应压力	常压或中压	常压或中压	常压	常压	高压
污染程度	严重	较轻	较严重	较严重	轻
产品	热能、电能	煤气	焦炭、煤气、焦油	半焦、焦油	液体燃料、化学品

燃烧是最简单的煤转化工艺，具有设备投资小和可用煤种范围大的优点，但燃烧过程中排放的 CO、CO_2、SO_x、NO_x 和烟尘会造成严重的环境污染，且煤的直接燃烧热效率很低。通过燃前（主要是煤的洗选）、燃中（如用石灰石脱硫）和燃后（主要是烟气净化）处理可以减少 SO_x、NO_x 和烟尘的排放量，但相对于低附加值的热能和电能而言，处理成本较高，且通常对 CO、CO_2 的排放无能为力。

煤的气化即煤在高温下与气化剂（空气、氧气、水蒸气或氢气）反应使煤中有机质转化为 CO、CH_4 和 H_2 的过程。煤的气化工艺一般比燃烧复杂，设备投资较大，对所用煤种也有一定的限制，一般要求使用不黏煤。产生的 CO、CH_4 和 H_2 可作为燃料气和合成气。但作为燃料气利用，面临天然气的强有力的竞争，后者无论在价格方面还是在洁净程度方面都具有明显的优势。作为合成气利用其本身的附加值并不高，而用于合成高附加值产品往往需要很长的合成路线。

高温干馏工艺与钢铁工业有着密切地联系，所得主要产品焦炭是钢铁工业的重要原料，副产物焦油（高温焦油）的产率一般占原料煤的 $3\%\sim8\%$（其中 60% 左右为焦油沥青），是芳香族化合物特别是稠环芳香族化合物的重要乃至主要来源。但随着世界范围内钢铁工业的萎缩和高炉喷煤技术的大规模推广应用，对焦炭的需求量呈下降趋势，副产物焦油的产量只能随着焦炭产量的减少而减少。另外，高温干馏工艺对环境造成的较严重污染也限制了其进一步的发展。

通过低温干馏可以生产产率高达 30% 的焦油（低温焦油）。但低温焦油中含有较多的苯族烃和酚类，组成一般比高温焦油复杂。半焦是低温干馏的主要产品，通过低温干馏过程中的热解反应可以使煤中的硫以硫化氢、硫氧化碳、二硫化碳等形式逸出，从而使半焦作为较洁净的固体燃料利用。

如果仅就反应温度而言，煤液化堪称最温和的煤转化工艺。但由于需要使用高压氢气，且液相加氢裂解所用催化剂难以回收利用，加之煤液化工艺对煤种的要求也比较苛刻，因此，使通过煤液化获取燃料油的成本居高不下。

复习思考题

1.什么是煤炭液化技术？什么是煤炭直接液化和煤炭间接液化？

2.煤液化对煤质有哪些要求？

3.煤直接液化工艺开发经历了哪几个阶段？

4.已工业化的煤液化技术主要有哪些？

5.煤液化主要产品有哪些？煤液化油馏分组成主要有哪些？

6.建设煤液化厂的应具备哪些基本条件？

7.选择适宜直接液化的煤种一般应考虑满足哪些条件？

8.比较固定流化床、Sasol 浆态床及 SMDS 中间馏分工艺的特点。

9.简述煤液化基本原理及反应历程。

第四章

煤直接液化生产技术

煤的直接液化即加氢液化，是指在高温、高压、催化剂和溶剂作用下，将煤进行裂解、加氢等反应，从而直接转化为相对分子质量较小的液态烃和化工原料的过程。由于供氢方法和加氢深度的不同，有不同的直接液化方法，如高压加氢法、溶剂精炼煤法、水煤浆生产法等。加氢液化产物称为人造石油，可进一步加工成各种液体燃料，如洁净优质汽油、柴油和航空燃料等。

煤的直接液化工艺过程示意如图 4-1 所示。

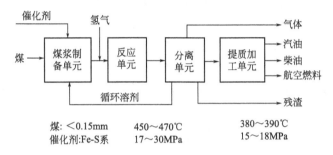

图 4-1　煤的直接液化工艺过程示意

煤炭直接液化的工艺特点如下。

① 液化油收率高，例如采用 HTI 工艺，我国神华煤的油收率可高达 63%～68%。

② 煤消耗量小，如我国西部某直接液化项目，生产 1t 液化油，需消耗原料洗精煤 2.4t 左右（包括 23.3% 气化制氢用原料煤，不计燃料煤）。

③ 馏分油以汽、柴油为主，目标产品的选择性相对较高。

④ 油煤浆进料，设备体积小，投资低，运行费用低。

⑤ 制氢方法有多种选择，无需完全依赖于煤的气化。

⑥ 反应条件相对较苛刻，如德国老工艺液化压力甚至高达 70MPa，现代工艺如 IGOR、HTI、NEDOL 等液化压力也达到 17～30MPa，液化温度 430～470℃。

⑦ 出液化反应器的产物组成较复杂，液、固两相混合物由于黏度较高，分离相对困难。

⑧ 氢耗量大，一般在 6%～10%，工艺过程中不仅补充大量新氢，还需要循环油作供氢溶剂，使装置的生产能力降低。

第一节　煤直接液化机理

煤和石油都是由古代生物在特定的地质条件下，经过漫长的地质化学演变而成的。煤与石油主要都是由 C、H、O 等元素组成，两者的根本区别在于：煤的氢含量和 H/C 原子比比石油低，氧含量比石油高；煤的相对分子质量大，有的甚至大于 1000，而石油的相对分子质量在数十至数百之间，汽油的平均相对分子质量约为 110；煤的化学结构复杂，它的基本结构单元是以缩合芳环为主体的带有侧链和官能团的大分子，而石油则为烷烃、环烷烃和芳烃的混合物。煤还含有相当数量的以细分散组分的形式存在的无机矿物质和吸附水，煤也含有数量不定的杂原子（氧、氮、硫）、碱金属和微量元素。因此，通过加氢改变煤的分子结构和 H/C 原子比，同时脱除杂原子，煤就可以液化变成油。

一、煤加氢液化的反应机理

前已述及，在煤加氢液化过程中，氢不能直接与煤分子反应使煤裂解，而是煤分子本身受热分解生成不稳定的自由基裂解碎片，此时，若有足够的氢存在，自由基就能得到饱和而稳定下来，如果没有足够的氢，则自由基之间相互结合转变为不溶性的焦。所以，在煤的初级液化阶段，煤有机质热解和供氢是两个十分重要的反应。

大量研究证明，煤在一定温度、压力下的加氢液化过程基本分为三大步骤。首先，当温度升至 300℃以上时，煤受热分解，即煤的大分子结构中较弱的桥键开始断裂，打碎了煤的分子结构，从而产生大量的以结构单元分子为基体的自由基碎片，自由基的相对分子质量在数百范围内；第二步，在具有供氢能力的溶剂环境和较高氢气压力的条件下，自由基被加氢得到稳定，成为沥青烯及液化油的分子。能与自由基结合的氢并非是分子氢（H_2），而应是氢自由基，即氢原子，或者是活化氢分子；第三步，沥青烯及液化油分子被继续加氢裂化生成更小的分子。所以，煤液化过程中，溶剂及催化剂起着非常重要的作用。

煤在加氢液化过程中的化学反应极其复杂，它是一系列顺序反应和平行反应的综合，主要发生下列四类化学反应。

(1) 煤热裂解反应　煤在加氢液化过程中，加热到一定温度（300℃左右）时，煤的化学结构中键能最弱的部位开始断裂呈自由基碎片。

$$煤 \xrightarrow{\text{热裂解}} 自由基碎片\Sigma R\cdot$$

随着温度的升高，煤中一些键能较弱和较高的部位也相继断裂呈自由基碎片。主要反应可用以下方程式表示。

$$R-CH_2-CH_2-R' \longrightarrow R-CH_2\cdot + R'-CH_2\cdot$$
$$R-CH_2\cdot + R'-CH_2\cdot + (H_2-2H) \longrightarrow R-CH_3 + R'-CH_3$$

研究表明，煤结构中苯基醚 C—O 键、C—S 键和连接芳环 C—C 键的解离能较小，容易断裂；芳香核中的 C—C 键和次乙基苯环之间相连结构的 C—C 键解离能大，难于断裂；侧链上的 C—O 键、C—S 键和 C—C 键比较容易断裂。图 4-2 示意煤分子模型结构中易发生热解断裂的桥键（含碳 83% 的高挥发性烟煤，化学示性式：$C_{100}H_{79}O_7NS$，结构式中"$\Longrightarrow$"代表分子模型中连接煤结构单元其他部分的桥键；"▼"代表煤结构单元中的弱化学键）。表 4-1 列出了部分模拟物的典型化合键的解离能。

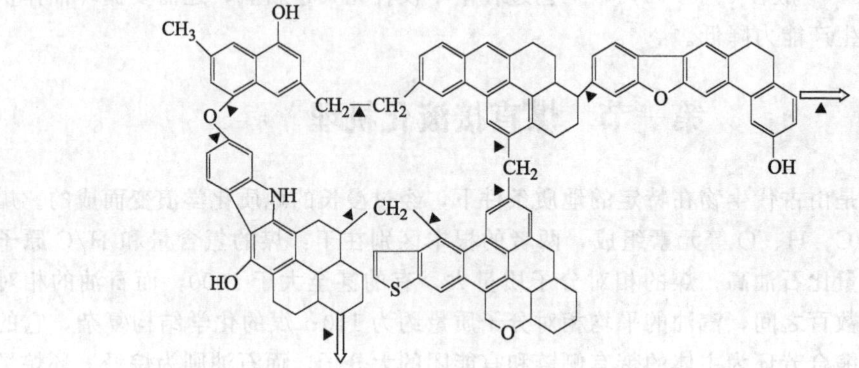

图 4-2　煤分子模型化学结构（基本单元）

表 4-1 几种模拟物的典型化和键解离能

化 合 物	键解离能/(kJ/mol)	化 合 物	键解离能/(kJ/mol)
	2.98×10^5	$C_6H_5CH_2—CH_3$ $C_6H_5CH_2—CH_2CH_2C_6H_5$ $C_6H_5CH_2—OCH_3$	301 289 276
$C_6H_5—C_6H_5$	431	$C_6H_5CH_2—OCH_2C_6H_5$	234
$RCH_2CH_2—CH_2CH_2R$	347	$C_6H_5—CH_2—OC_6H_5$	213
$C_6H_5—CH_2C_6H_5$	339	$C_6H_5CH_2—SCH_3$	213
$RCH_2—OCH_2R$	335	$CH_3CH_2CH_2—CH_2CH_2CH_3$	159

奥尔洛夫研究指出,稠环芳烃在加氢裂解时,其裂解反应是分阶段进行的,即芳环先氢化后裂解,反应历程为

化学键断裂处用氢来弥补,化学键断裂必须在适当的阶段就应停止,如果切断进行得过分,生成气体太多,如果切断进行得不足,液体油产率较低,所以必须严格控制反应条件。

图 4-3 为煤热解产生自由基以及溶剂向自由基供氢、溶剂和前沥青烯、沥青烯催化加氢的过程。

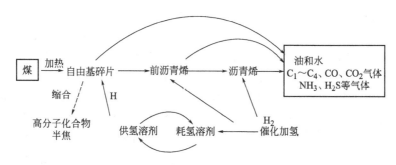

图 4-3 煤液化自由基产生和反应的过程

(2) 加氢反应 在加氢液化过程中,由于供给充足的氢,煤热解的自由基碎片与氢结合,生成稳定的低分子,反应如下。

$$\Sigma R \cdot + H \longrightarrow \Sigma RH$$

此外,煤结构中某些 C=C 双键也可能被氧化。

煤加氢液化过程中一般都有溶剂作介质,溶剂的供氢性能对反应影响很大。反应初期使自由基稳定的氢主要来自溶剂,具有供氢能力的溶剂主要部分是四氢化萘、9,10-二氢菲和四氢喹啉。

四氢化萘 $\xrightarrow[+4H]{-4H}$

四氢喹啉 $\xrightarrow[+4H]{-4H}$

9,10-二氢菲 $\xrightarrow[+2H]{-2H}$

此外，供给自由基的氢还来自以下几个方面：

① 溶解于溶剂中的氢在催化剂作用下变为活性氢；

② 化学反应生成的氢，如 $CO+H_2O \longrightarrow CO_2+H_2$；

③ 煤本身提供的氢（煤分子内部重排、部分结构裂解或缩聚放出的氢）。

当液化反应温度提高、裂解反应加剧时，需要有相应的供氢速率相配合，否则有结焦危险。提高供氢能力的主要措施有：

① 增加溶剂的供氢性能；

② 提高液化系统氢气压力；

③ 使用高活性催化剂；

④ 在气相中保持一定的 H_2S 浓度等。

加氢反应关系着煤热解自由基碎片的稳定和油收率高低，如果不能很好地加氢，那么自由基碎片就可能缩合生成半焦，其油收率降低。影响煤加氢难易程度的因素是煤本身稠环芳烃结构，稠环芳烃结构越密和相对分子质量越大，加氢越难，煤呈固态也阻碍与氢相互作用。烃类的相对加氢速率随催化剂和反应温度的不同而异，烯烃加氢速率远比芳烃大，一些多环芳烃比单环芳烃的加氢速率快，芳环上取代基对芳环的加氢速率有影响，加氢液化中一些溶剂同样也发生加氢反应，如四氢萘溶剂在反应中，它能供给煤质变化时所需要的氢原子，它本身变成萘，萘又能与系统中的氢反应生成甲氢萘。

（3）脱氧、硫、氮杂原子反应　加氢液化过程，煤结构中的一些氧、硫、氮也产生断裂，分别生成 H_2O（或 CO_2、CO）、H_2S 和 NH_3 气体而脱除。煤中杂原子脱除的难易程度与其存在形式有关，一般侧链上的杂原子较环上的杂原子容易脱除。

煤结构中的氧主要以醚基（—O—）、羟基（—OH）、羧基（—COOH）、羰基（—CO）和醌基和杂环等形式存在。醚基、羧基、羰基、醌基和脂肪醚等在较缓和的条件下就能断裂脱去，羟基则不能，一般不会被破坏，需要在比较苛刻的条件下（如高活性催化剂作用）才能脱去，芳香醚与杂环氧一样不易脱除。从煤加氢液化的转化率与脱氧率之间的关系（图 4-4）可以看出，脱氧率在 $0 \sim 60\%$ 范围内，煤的转化率与脱氧率成直线关系，当脱氧为 60% 时，煤的转化率达 90% 以上。可见煤中有 40% 左右的氧比较稳定。

煤结构中的硫以硫醚、硫醇和噻吩等形式存在。加氢液化过程中，脱硫和脱氧一项比较容易进行，脱硫率一般在 $40\% \sim 50\%$。

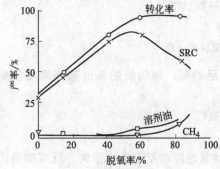

图 4-4　煤加氢液化转化率及产品产率与脱氧率的关系

煤中的氮大多存在于杂环中，少数为氨基，与脱硫和脱氧相比，脱氮要困难得多，一般需要激烈的反应条件和有催化剂存在时才能进行，而且是先被氢化后再进行脱氮，耗氢量大。

（4）缩合反应　在加氢液化过程中，由于温度过高或供氢不足，煤热解的自由基碎片或反应物分子会发生缩合反应，生成相对分子质量更大产物。

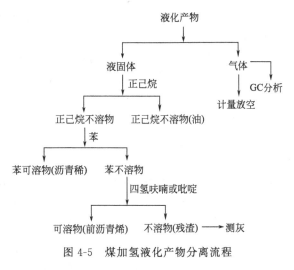

缩合反应将使液化产率降低，是煤加氢液化中不希望进行的反应。为了提高液化产率，必须严格控制反应条件和采取有效措施，抑制缩合反应加速裂解、加氢反应，常采用下列措施来防止结焦：

① 提高系统的氢分压；

② 提高供氢溶剂的浓度；

③ 反应温度不要太高；

④ 降低循环油中沥青烯含量；

⑤ 缩短反应时间。

二、煤加氢液化的反应产物

煤加氢液化后所得的并非是单一的产物，而是组成十分复杂的气、液、固三相共存的混合物。按照各步产物在不同溶剂中的溶解度的不同，需对液、固相产物进行分离。液固产物组成复杂，要先用溶剂进行分离，通常所用的溶剂有正己烷（或环己烷）、甲苯（或苯）和四氢呋喃 THF（或吡啶）。可溶于正己烷或环己烷的轻质液化产物称为油，其相对分子质量大约在 300 以下；不溶于正己烷或环己烷而溶于苯的物质称为沥青烯（asphal-tene），类似石油沥青质的重质煤液化产物，其平均相对分子质量约为 500；不溶于苯而溶于四氢呋喃（或吡啶）的重质煤液化产物称为前沥青烯（preasphaltene），其平均相对分子质量约 1000，杂原子含量较高；不溶于四氢呋喃或吡啶的物质称为残渣，它是由未转化的煤、矿物质和外加催化剂组成。煤加氢液化产物分离流程如图 4-5 所示。

图 4-5　煤加氢液化产物分离流程

液化产物产率计算公式如下。

$$油产率 = \frac{正己烷可溶物质量}{原料煤质量（daf）} \times 100\% \tag{4-1}$$

$$沥青稀产率 = \frac{苯可溶而正己烷不溶物的质量}{原料煤质量（daf）} \times 100\% \tag{4-2}$$

$$前沥青稀产率 = \frac{吡啶（或\ THF）可溶而苯不溶物的质量}{原料煤质量（daf）} \times 100\% \tag{4-3}$$

$$煤液化转化率=\frac{干煤质量-吡啶(或\ THF、苯)不溶物的质量}{原料煤质量(daf)}\times100\% \tag{4-4}$$

用蒸馏法分离，沸点＜200℃部分为轻油或石脑油，沸点200～325℃部分为中油。它们的组成见表4-2。由表可知，轻油中含有较多的酚，轻油的中性油中苯族烃含量较高，经重整可比原油的石脑油得到更多的苯类，中油中含有较多的萘系和蒽系化合物，另外还含有较多的酚类与喹啉类化合物。

表 4-2　煤液化轻油和中油的组成举例

馏　　分		含量/%	主　要　成　分
轻油	酸性油	20.0	90％为苯酚和甲酚、10％为二甲酚
	碱性油	0.5	吡啶及同系物、苯胺
	中性油	79.5	芳烃40％、烯烃5％、环烷烃55％
中油	酸性油	15	二甲酚、三甲酚、乙基酚、萘酚
	碱性油	5	喹啉、异喹啉
	中性油	80	2～3环芳烃69％、环烷烃30％、烷烃1％

煤液化中生成的气体主要包括两部分：一是含杂原子的气体，如 H_2O、H_2S、NH_3、CO_2 和 CO 等；二是气态烃，C_1～C_3（有时包括 C_4）。气体产率与煤种和工艺条件有关，生成气态烃要消耗大量的氢，所以气态烃产率增加会导致氢耗量提高。

三、煤加氢液化的影响因素

煤加氢液化反应是十分复杂的化学反应，影响加氢液化反应的因素很多，主要有原料煤、溶剂、耗氢量与工艺参数和催化剂等因素，本节主要讨论原料煤、溶剂、氢耗量与工艺参数对煤加氢液化的影响，催化剂因素将在后面讨论。

1. 原料煤性质

选择加氢液化原料煤，主要考虑以下 3 个指标：
① 干燥无灰基原料煤的液体油收率高；
② 煤转化为低分子产物的速率，即转化的难易度；
③ 氢耗量。

煤中有机质元素组成是评价原料煤加氢液化性能的重要指标。F. Bergius 研究指出，含碳量低于 85％的煤几乎可以进行液化，煤化度越低，液化反应速率越快。就腐殖煤而言，煤加氢液化难易顺序为低挥发分烟煤、中等挥发分烟煤、高挥发分烟煤、褐煤、年轻褐煤、泥炭。无烟煤很难液化，一般不作加氢液化原料。另外，腐泥煤比腐殖煤容易加氢液化。表4-3 列出煤化程度与加氢液化转化率间的关系。如图 4-6 所示为液化产物的产率与煤的 100H/C 原子比的关系。

表 4-3　煤化程度与其加氢液化转化率的关系

煤　　种	液体收率/%	气体收率/%	总转化率/%
中等挥发分烟煤	62	28	90
高挥发分烟煤 A	71.5	20	91.5
高挥发分烟煤 B	74	17	91
高挥发分烟煤 C	73	21.5	94.5
次烟煤 B	66.5	26	92.5
次烟煤 C	58	29	87
褐煤	57	30	87
泥炭	44	40	84

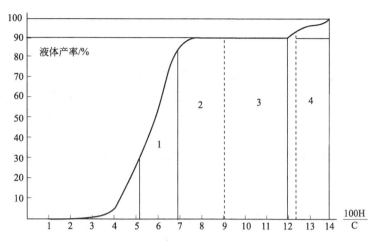

图 4-6 煤液化产物的产率与其 100H/C 原子比关系

1—烟煤，100H/C=5.4~6.2，V_{daf}<37%；2—烟煤和褐煤，100H/C=6.6~9.0，V_{daf}<37%~50%；

3—藻煤和页岩 100H/C=9~2.5，V_{daf}>50%；4—石油油料，100H/C>12.5%

除煤的煤化程度外，煤的化学组成和岩相组成对煤液化也有很大影响。从研究多环芳烃的加氢速度可知，多环芳烃比单环芳烃加氢较快，其中多环链状烃（如蒽）比角状烃或中心状烃加氢更快；杂环化合物比碳环化合物容易加氢，因为环中存在的杂原子破坏了环的对称性，通常先在杂环中加氢。煤的化学组成中自由氢的含量与加氢液化过程中所消耗的氢气数量呈反比关系。所谓自由氢是指原料分解时分配到作为液态和加氢产物（如烃类、含硫化合物、含氧化合物和含氮化合物）中的那一部分氢。从煤的岩相组分来看，镜煤和亮煤最易液化，其次为暗煤，最难液化的组分是丝炭（见表 4-4），因而丝炭含量高的煤不易用作加氢液化的原料。

表 4-4 煤的岩相组分的元素组成和液化转化率的关系

岩相组分	元素组成/%			H/C 原子比	加氢液化转化率/%
	C	H	O		
丝炭	93	2.9	0.6	0.37	11.7
暗煤	85.4	4.7	8.1	0.66	59.8
亮煤	83.0	5.8	8.8	0.84	93.0
镜煤	81.5	5.6	8.3	0.82	98

此外，煤的风化与氧化对加氢液化有害，对新开采的煤进行液化，其转化率比在空气中存放一段时间后的煤进行液化要高 20%。

2. 煤液化溶剂

（1）溶剂的分类 在一定条件下，许多有机溶剂都能溶解一定量的煤。根据溶解效率和溶解温度可将溶剂分为以下 5 类。

① 非特效溶剂：在 100℃ 温度下能溶解微量煤的溶剂，如乙醇、苯、乙醚、氯仿、甲醇和丙酮等。

② 特效溶剂：在 200℃ 温度下能溶解 20%~40% 煤的溶剂，如吡啶、带有或不带有芳烃或羟基取代基的低脂肪胺和其他杂环碱。

③ 降解溶剂：在 400℃ 温度下能萃取煤高达 90% 以上的一类溶剂，如菲、联苯等。降解溶剂的特点如下。

- 萃取后的溶剂几乎能全部从该液中回收；
- 降解溶剂的作用依赖于热作用；
- 产生聚合作用；
- 某些降解溶剂菲、萘等能起到氢传递或氢穿梭的作用。

④ 反应性溶剂：在400℃高温下，主要靠与煤质起化学反应而溶解煤，也称活性溶剂，如酚、四氢喹啉等。活性溶剂的萃取与热降解和氢传递反应有关，这些溶剂能够把氢供到煤或碎片上，或起传氢作用。

⑤ 气体溶剂：在超临界条件下，利用某些低沸点溶剂在超临界状态下萃取煤。

（2）溶剂的作用　煤炭加氢液化所用溶剂的作用主要是热溶解煤、溶解氢气、供氢和传递氢作用、溶剂直接与煤质反应等。

① 热溶解煤。使用溶剂是为了让固体煤呈分子状态或自由基碎片分散于溶剂中，同时将氢气溶解，以提高煤和固体催化剂、氢气的接触性能，加速加氢反应和提高液化效率。

② 溶解氢气。为了提高煤、固体催化剂和氢气的接触，外部供给的氢气必须溶解在溶剂中，以利于加氢反应进行。

③ 供氢和传递氢作用。有些溶剂除热溶解煤和氢气外，还具有供氢和传递氢作用。如四氢萘作溶剂，具有供给煤质变化时所需要的氢原子，本身变成萘，而萘又可以从系统中取得氢而变成四氢萘。溶剂的供氢作用可促进煤热解的自由基碎片稳定化，提高煤液化的转化率，同时减少煤液化过程中的氢耗量。

④ 溶剂直接与煤质反应。煤热解时桥键打开，生成自由基碎片，有些溶剂被结合到自由基碎片上形成稳定低分子，如用 ^{14}C-菲对煤进行抽提，有3.4%～6.6%的 ^{14}C-菲移到抽提物中。

⑤ 其他作用。在液化过程中溶剂能使煤质受热均匀，防止局部过热；溶剂和煤制成煤糊有利于泵的输送。此外，在工业生产时，溶剂的来源和价格也直接影响液化产品的成本。

3. 氢耗量

氢耗量的大小与煤的转化率和产品分布密切相关，见图4-7及表4-5。由图可见氢耗量低时，煤的转化率低，产品主要是沥青，各种油的产率随氢耗量增加而增加，同时气体的产率也有所增加。

由表4-5可见，因工艺、原料煤和产品的不同，氢耗也不同。一般产品重时氢耗低，氢耗大多在5%左右。煤直接液化消耗的氢有40%～70%转入 C_1～C_3 气体烃，另外25%～40%用于脱杂原子，而转入产品油中的氢是不多的。脱杂原子和转入产品油中的氢是必须过程，对提高产品质量有利，故降低氢耗的潜力要放在气态烃上。降低气态烃产率的措施有：

① 缩短糊相加氢的反应时间，例如SRC-I工艺中，若停留时间从40min缩短到4min，气体产率由8.2%降为1.3%，氢耗量从2.9%降为1.6%；

② 适当降低煤的转化率，例如转化率达80%后，再提高不仅费时而且耗氢多；

③ 选用高活性催化剂；

④ 采用后文介绍的分段加氢法。

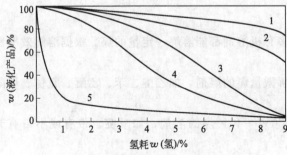

图4-7　煤液化的产品分部和氢耗量的关系
1—气体；2—汽油；3—中油；4—重油；5—沥青

表 4-5　几种煤直接液化工工艺的氢耗的分布

项　目			H-Coal		SRC-Ⅰ	SRC-Ⅱ	EDS
			燃料油	合成油			
原料煤			伊利诺斯 6 号煤		肯塔基 9 号煤	肯塔基 9 号煤	伊利诺斯 6 号煤
氢耗/%			3.97	6.1	2.3	5.67	4.61
氢耗 分布/%	脱杂原子		39.3	26.6	36.5	25.6	32.8
	$C_1 \sim C_3$		48.1	45.7	70.4	62.2	40.1
	C_4 以上油		12.6	27.7	−6.9	12.2	27.1

4. 工艺参数

反应温度、压力和停留时间是煤加氢液化的主要工艺参数，对煤液化反应影响较大。

（1）反应温度　反应温度是煤加氢液化的一个非常重要的条件，煤加热到最合适的反应温度，可以获得理想的转化率和油收率。

在氢压、催化剂、溶剂存在条件下，加热煤糊会发生一系列的变化。首先煤发生膨胀，局部溶解，此时不消耗氢，说明煤尚未开始加氢液化。随着温度升高，煤发生解聚、分解、加氢转化等反应，未溶解的煤继续热溶解，转化率和氢耗量同时增加，且随温度上升而升高，当温度升到最佳值范围（420～450℃）时，煤的转化率和油收率达到最高，并于达到最高点后在较小的高温区间持平。温度再升高，分解反应超过加氢反应，综合反应也随之加强，因此转化率和油收率减少，然后由于发生聚合、结焦，气体产率和半焦产率增加，对液化不利，转化率下降。反应温度对煤加氢液化转化的影响规律见图 4-8。

反应温度在液化过程中是一个重要的工艺参数。随着反应温度的升高，氢传递及加氢反应速率也随之加快，因而 THF 转化率、油产率、气体产率和氢耗量也随之增加，沥青烯和前沥青烯的产率下降，转化率和油产率的增加、沥青烯和气体产率的减少是有利的。但反应温度并非越高越好，若温度偏高，可使部分反应生成物产生缩合或裂解生成气体产物，造成气体产率增加，有可能会出现结焦，严重影响液化过程的正常进行。所以，根据煤种特点选择合适的液化反应温度是至关重要的。

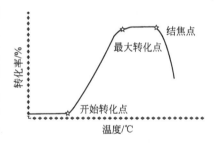

图 4-8　温度对转化率的影响

（2）反应压力　氢在煤浆中的溶解度随压力增加而增加。由于煤液化温度较高，采用较高的压力才有足够的氢分压，因此，采用高压的目的主要在于加快加氢反应速率。

煤在催化剂存在下的液相加氢速率与催化剂表面直接接触的液体层中的氢气浓度有关。研究表明，提高氢气压力有利于氢气在催化剂表面吸附，有利于氢气向催化剂孔隙深处扩散，使催化剂活性表面得到充分利用，因此催化剂的活性和利用效率在高压下比低压时高。压力提高，煤液化过程中的加氢速率就加快，阻止了煤热解生成的低分子组分裂解或聚合成半焦的反应，使低分子物质稳定，从而提高油收率；提高压力，还可使液化过程采用较高的反应温度，例如，在较低压力下，反应温度超过 440℃ 时转化率下降，而在较高压力下，反应温度超过 470℃，转化率才下降。但是，氢压提高，对高压设备的投资、能量消耗和氢耗量都要增加，产品成本相应提高，所以应根据原料煤性质、催化剂活性和操作温度，选择合适的氢压。一般压力控制在 20MPa 以下是可行的。

（3）停留时间　在适合的反应温度和足够氢供应下进行煤加氢液化，随着反应时间的延长，液化率开始增加很快，以后逐渐减慢，而沥青烯和油收率相应增加，并依次出现最高点；气体产率开始很少，随反应时间的延长，后来增加很快，同时氢耗量也随之增加，煤加氢液化转化率与反应时间的关系如表 4-6 所示。

表 4-6 煤加氢液化转化率与反应时间的关系

反应温度/℃	反应时间/min	转化率/%	沥青烯/%	油/%
410	0	33	31	2
	10	55	40	14
	30	64	46	18
	60	74	47	26
	120	76	48	27
435	0	46	41	5
	10	66	40	26
	30	79	50	28
	60	79	39	36
455	0	47	32	15
	10	67	43	23
	30	73	51	20
	60	77	44	26

从生产角度出发，一般要求反应时间越短越好，因为反应时间短意味着空速高、处理量高，不过合适的反应时间与煤种、催化剂、反应温度、压力、溶剂以及对产品的质量要求等因素有关，应通过实验来确定。

近年来开发的短接触时间液化新工艺显示出很多优点，如短接触时间 SRC 工艺，氢耗量比一般 SRC 工艺减少 1.3%，转化率虽降低（4%），但因气体产率减少（6.9%），SRC 产物产率增加 24%。

第二节 煤直接液化催化剂

一、催化剂的作用

催化剂在煤液化过程中起着极其重要的作用，是影响煤液化成本的关键因素之一，催化剂之所以能加速化学反应进行，是因为它能降低反应所需的活化能，如图 4-9 所示。

首先，催化剂要能够活化反应物，加速加氢反应速率，提高煤炭液化的转化率和油收率。煤炭加氢液化是煤热解呈自由基碎片、再加氢稳定呈较低分子物的过程。对于系统中供给足够的氢气时，由于分子氢的键合能较高，难以直接与煤热解产生的自由基碎片产生反应，因此，需要通过催化剂的催化作用，降低氢分子的键合能使之活化，从而加速加氢反应。

其次，催化剂要能够促进溶剂的再氢化和氢源与煤之间的氢传递。催化剂的首要作用是使溶剂氢化，在供氢溶剂液化中的主要作用是促进溶剂的再氢化，维持或增大氢化芳烃化合物的含量和供体的活性，有利于氢源与煤之间的氢传递，提高液化反应速率。

再次，催化剂要具有选择性。

煤的加氢液化反应很复杂，其中包括热裂解、加氢、脱氧、氮、硫等杂原子、异构化、缩合反应等。为提高油收率和油品质量，减少残渣和气体产率，要求催化剂能加速前四个反应，抑制缩

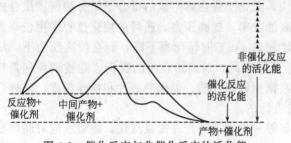

图 4-9 催化反应与非催化反应的活化能

合反应。目前工业上使用的催化剂不能同时具有良好的裂解、加氢、脱氧、氮、硫等杂原子及异构化性能，因此必须根据加工工艺目的不同来选择相适应的催化剂。

二、加氢液化催化剂的选择

对由煤制取液化油过程中所用催化剂的基本要求是使煤中桥键断裂和芳环加氢的活性高、催化剂成本低且用量少，对可弃型催化剂而言还要求弃用后不造成环境污染。

对煤的加氢液化有催化作用的物质种类很多，第二次世界大战前德国染料公司与英国皇家化学公司对煤加氢催化剂进行了广泛的筛选，几乎对周期表中所有的元素都进行了实验，仅没有用稀土元素。美国矿务局后来对澜系稀土元素做了补充试验，发现它们对煤的液化没有明显的活性。Bergius 在开始开发煤高压加氢工艺时不使用催化剂，则循环油中沥青烯含量很高，黏度很大，操作发生困难，把反应压力提高到 70.0MPa 还是不行，后来用钼酸铵和氧化铁作催化剂才使这一工艺得以实施。因为煤中含有许多易使催化剂中毒的组分，他又把加氢过程分为两个阶段，第一段液相或糊相加氢，第二段气相加氢，这样才使煤加氢生产发动机燃料的工艺实现了工业化。对于不用催化剂的工艺，如供氢溶剂法，但实际情况是溶剂采用 Co/Mo 催化剂，煤加氢时虽然没有外加催化剂，但所用的煤含 4% 左右的硫，且主要以黄铁矿形式存在，而黄铁矿也是一种活性较好的加氢催化剂。

催化剂的活性主要取决于金属的种类、比表面积和载体等。一般认为 Fe、Ni、Co、Mo、Ti 和 W 等过渡金属对氢化反应具有活性。这是由于催化剂通过对氢分子的化学吸附形成化学吸附键，致使被吸附分子的电子或几何结构发生变化从而提高了化学反应活性。太强或太弱的吸附都对催化作用不利，只有中等强度的化学吸附才能达到最大的催化活性，从这个意义上讲，过渡金属的化学反应性是很理想的。由于这些过渡金属原子或是未结合电子或是有空余的杂化轨道，当被吸附的分子接近金属表面时，它们就与吸附分子形成化学吸附键，受化学吸附键的作用，氢分子分解成带游离基的活性氢原子，活性氢原子可以直接与自由基结合成为稳定的低分子油品，如在煤炭液化反应常用的催化剂中 FeS_2 等可与氢分子形成化学吸附键。活性氢原子也可以和溶剂分子结合使溶剂氢化，氢化溶剂再向自由基供氢。由此可见，在煤液化反应中，正是催化剂的作用产生了活性氢原子，又通过溶剂为媒介实现了氢的间接转移，使各种液化反应得以顺利地进行。

三、煤加氢液化催化剂种类

煤加氢液化催化剂种类很多，有工业价值的催化剂主要有以下几种。

① 金属催化剂，主要为钴、钼、镍、钨等，多用重油加氢催化剂。

② 铁系催化剂，含氧化铁的矿物或铁盐，也包括煤中含有的含铁矿物。

③ 金属卤化物催化剂，如 $SnCl_2$，$ZnCl_2$ 等是活性很好的加氢催化剂，但由于回收和腐蚀方面的困难还没有正式用于工业生产。

$Co-Mo/Al_2O_3$，$Ni-Mo/Al_2O_3$ 和（NH_4）$_2MoO_4$ 等催化剂，活性高，用量少，但是这种催化剂因价格高，必须再生反复使用；Fe_2O_3、FeS_2、$FeSO_4$ 等铁系催化剂，活性低，用量较多，但来源广且便宜，可不用再生，称之为"廉价可弃催化剂"；氧化铁和硫黄或硫化钠组成的铁硫系催化剂，也具有较高的活性，在煤加氢液化反应条件下，硫黄转变成 H_2S，它使氧化铁转变成活性较高的硫化铁，具有供氢和传递氢的作用。

1. 廉价可弃性催化剂（赤泥、天然硫铁矿、冶金飞灰、高铁煤矸石等）

这种催化剂因价格便宜，在液化过程中一般只使用一次，在煤浆中它与煤和溶剂一起进入反应系统，再随反应产物排出，经固液分离后与未转化的煤和灰分一起以残渣形式排出液化装置。最常用的可弃性催化剂是含有硫化铁或氧化铁的矿物或冶金废渣，如天然黄铁矿主要含有 FeS_2，高炉飞灰主要含有 Fe_2O_3，炼铝工业中排出的赤泥主要含有 Fe_2O_3。

　　铁系催化剂价格低廉，但活性稍差。经过研究发现铁催化剂与其他某些催化剂混合使用，对煤加氢液化的催化有促进作用，其催化活性见表 4-7 所示。为了开发中国煤液化催化剂矿业资源，找到高活性、可替代的廉价可弃性催化剂，中国煤炭科学研究总院北京煤化所的研究人员在小型高压釜中，对中国硫铁矿、钛铁矿、铝厂赤泥、钨矿渣、黄铁矿、炼钢飞灰等进行了筛选评价试验，部分催化剂的高压釜试验结果见表 4-8。试验发现，除了磁铁矿（表中未列）以外，其他含铁矿物和含铁废渣均有催化活性，活性的高低取决于含铁量。液化转化率提高 4%～13%，油产率提高 3.9%～15%。同时，还发现铁矿石粒度从 100 目减小到 200 目，煤转化率提高 5% 左右，油、气产率也增加。因此，减小铁系催化剂的粒度，增加分散度是改善活性的措施之一。

表 4-7　铁催化剂与其他催化剂混合使用的催化活性

催化剂及用量（占煤的质量分数）		反应条件	油收率/%	转化率/%
Fe_2O_3	6%	415℃，60min		66
NaOH	6%	H_2 初压 4136.8kPa		60
Fe_2O_3+NaOH	6%	CO 初压 4136.8kPa		80
Fe_2O_3+NaCl	6%	煤∶蒽油∶水＝33∶67∶15		78
Fe	1%	13789kPa，44℃，33min	25	85.6
Mo	0.02%	13789kPa，44℃，36.5min	21.7	86.8
1% Fe+0.02%Mo		13789kPa，44℃，37.2min	36.3	90.7
Fe_2O_3	2.5%			76.4
2.29%Fe_2O_3+0.21% TiO_2		H_2 初压 9653kPa		91.7
TiO_2	2.5%	450℃，120min		66.8

表 4-8　不同催化剂的液化活性评价试验

催化剂名称	氢耗量/%	转化率/%	前沥青烯/%	沥青烯/%	水产率/%	气产率/%	油产率/%
无催化剂	5.0	79.1	7.8	20.3	11.8	14.8	29.4
赤铁矿	5.0	93.2	1.0	16.9	10.6	16.7	53.0
铁精矿	5.3	96.6	0.5	14.8	10.8	16.8	59.0
铁精矿（细）	5.3	97.5	0.7	10.1	11.5	13.0	67.2
黄铁矿	5.3	95.3	0.6	10.4	11.6	16.1	55.7
煤中伴生黄铁矿	5.4	93.9	0.4	11.4	11.0	15.2	61.3
伴生黄铁矿（细）	5.4	98.0	0.6	9.7	12.1	12.4	68.7
镍铜原矿	5.0	85.8	5.0	22.0	10.3	17.5	36.0
镍铜精矿	4.8	89.5	5.7	18.6	10.2	17.7	42.0
炼镍闪速炉炉渣	5.4	92.5	0.2	15.0	11.3	14.4	57.0
辉钼矿	5.5	92.0	1.3	17.0	11.0	18.2	50.0
钼灰	6.0	99.6	0.1	2.0	12.8	13.1	77.6
轻稀土矿	5.5	89.3	1.3	18.1	9.5	16.7	48.9
钛精矿	5.5	93.0	0.6	14.4	10.7	16.5	56.3
硫钴矿	5.6	96.5	2.0	14.0	10.2	17.5	58.3
合成硫化铁	5.9	97.6	0.4	8.4	12.0	12.5	70.0

表中试验条件：试验用煤为依兰煤：溶剂/煤＝2/1，催化剂/煤＝3％，另加助催化剂硫为催化剂的1/4（黄铁矿和合成硫化铁未加），反应温度450℃，氢初压10MPa，反应时间1h。表中除铁精矿（细）、伴生黄铁矿（细）和合成硫化铁的粒径为1μm以外，其余均为小于74μm（200目）。

同时，研究人员以含铁矿物和有色金属冶炼废渣为研究对象在小型高压釜中，使用依兰煤，脱晶蒽油为溶剂，在氢压10MPa，反应温度450℃条件下，初步评选出5种催化活性较好的廉价矿物，它们与日本合成的FeS_2及空白实验结果对比见表4-9。从表中数据可见，依兰煤在无催化剂条件下液化效率很差，THF转化率为79.1％，油产率只有29.4％。加入了5种天然催化剂之后，THF转化率都达到了90％以上，油产率超过55％。当催化剂粒度粉碎到约$1.0×10^{-3}$mm时，催化效果明显提高，与小于$6.2×10^{-2}$mm粒度相比油产率提高了6％～14％，其中天然黄铁矿和铁精矿的催化效果均达到或超过了合成FeS_2的液化指标。在高压釜实验的基础上，优选其中一、二种催化剂，单独或复配之后在0.1t/d连续液化装置上运转，结果不论是油产率还是实际蒸馏的油收率都达到或超过了合成FeS_2的指标。这些研究结果为建设煤液化生产厂优先选用来源广、价廉、催化活性高的可弃性催化剂提供了科学依据。

表 4-9 不同廉价催化剂液化性能对比实验结果

催 化 剂	催化剂用量 (daf)/%	催化剂粒度 /mm	THF 转化率 (daf)/%	油产率 (daf)/%
闪速炉渣	3	≤$6.2×10^{-2}$	92.5	57.0
闪速炉渣	3	约$1.0×10^{-3}$	96.2	63.6
铁矿	3	≤$6.2×10^{-2}$	96.6	59.0
铁矿	3	约$1.0×10^{-3}$	97.5	67.0
天然黄铁矿	3	≤$6.2×10^{-2}$	95.3	55.7
天然黄铁矿	3	约$1.0×10^{-3}$	98.5	70.0
伴生黄铁矿	3	≤$6.2×10^{-2}$	93.6	61.3
伴生黄铁矿	3	约$1.0×10^{-3}$	98.0	68.7
铁精矿	3	≤$6.2×10^{-2}$	97.6	61.7
铁精矿	3	约$1.0×10^{-3}$	98.7	72.5
合成硫化铁	3	约$1.0×10^{-3}$	97.4	70.0
空白试验	3	0	79.1	29.4

2. 高价可再生催化剂（Mo，Ni-Mo 等）

这种催化剂一般是以多孔氧化铝或分子筛为载体，以钼和镍为活性组分的颗粒状催化剂，它的活性很高，可在反应器内停留比较长的时间。随着使用时间的延长，它的活性会不断下降，所以必须不断地排出失活后的催化剂，同时补充新的催化剂。从反应器排出的使用过的催化剂经过再生（主要是除去表面的积炭和重新活化），或者重新制备，再加入反应器内。由于煤的直接液化反应器是在高温高压下操作，催化剂的加入和排出必须有一套技术难度较高的进料、出料装置。

前苏联可燃矿物研究院将高活性钼催化剂以钼酸铵水溶液的油包水乳化形式加入到煤浆之中，随煤浆一起进入反应器，最后废催化剂留在残渣中一起排出液化装置，他们研究开发了一种从液化残渣中回收钼的方法，据报道，钼的回收率可超过90％。

美国的 H-Coal 工艺采用了石油加氢的载体 Mo-Ni 催化剂，在特殊的带有底部循环泵的反应器内，因液相流速较高而使催化剂颗粒悬浮在煤浆中，又不至于随煤浆流入后续的高温分离器中，这种催化剂的活性很高，但在煤液化反应体系中活性降低很快。H-Coal 工艺设计了一套新催化剂在线高压加入和废催化剂在线排出装置，使反应器内的催化剂保持相对较高的活性，排出的废催化剂可去再生重复使用，但再生次数也有一定限度。

3. 超细高分散铁系催化剂

多年来，在许多煤直接液化工艺中，使用的常规铁系催化剂（如 Fe_2O_3 和 FeS_2 等）的粒度一般在数微米到数十微米范围，加入量高达干煤的 3%，由于分散不好，催化效果受到限制。20 世纪 80 年代以来，人们发现如果把催化剂磨得更细，在煤浆中分散得更好些，不但可以改善液化效率，减少催化剂用量，而且液化残渣以及残渣中夹带的油分也会下降，可以达到改善工艺条件、减少设备磨损、降低产品成本和减少环境污染的多重目的。

研究表明，将天然粗粒黄铁矿（粒径小于 $74\mu m$）在 N_2 保护下干法研磨或在油中搅拌磨至约 $1\mu m$，液化油收率可提高 7%～10%，因此减小铁系催化剂的粒度、增加分散度是改善活性的措施之一。然而，靠机械研磨来降低催化剂的粒径，达到微米级已经是极限，为了使催化剂的粒度更小，近年来美国、日本和中国的煤液化专家先后开发了纳米级粒度、高分散的铁系催化剂；用铁盐的水溶液处理液化原料煤粉，再通过化学反应就地生成高分散催化剂粒子。通常使用的方法是用硫酸铁或硝酸铁溶剂处理煤粉并和氨水反应制成 FeOOH，再添加硫，分步制备煤浆；还有一种方法是把铁系催化剂先制成纳米级（10～100nm）粒子，加入煤浆使其高度分散。

制备纳米级催化剂材料的方法较多，如逆向胶束法，即在介质油中加入铁盐水溶液再加入少量表面活性剂，使其形成油包水型微乳液，然后再加入沉淀剂。还有的方法是将铁盐溶液喷入高温的氢氧焰中，形成纳米级铁的氧化物。我国煤炭科学研究总院也开发了一种纳米级铁系煤液化催化剂，其活性达到了国外同类催化剂的水平，并已获得了中国发明专利（ZL 99 103015·X）。研究结果表明，纳米级铁系催化剂的用量可以由原来的 3% 左右降到 0.7% 左右，减少了煤浆中带入的无机物含量，有助于提高反应器容积利用率和减少残渣量，从而提高了液化油收率。

4. 金属卤化物催化剂

W. Kawa 等比较仔细地对比研究了多种金属卤化物催化剂对煤炭加氢液化的作用，试验结果显示，ZnI_2、$ZnBr_2$ 及 $ZnCl_2$ 的效果最好，其产物中苯不溶物很少，分别为 10%、10% 和 12%；同时轻油产率最大，分别为 55%、56% 和 45%；重质油也少，分别为 5%、8% 和 16%；而没有催化剂时，沥青烯产率为 28%，加入大量催化剂后，沥青烯产率都大大减少，即使效率最差的 $SnI2$，沥青烯也减少了一半，降低至 14%。然而，使用少量卤化物催化剂（添加量为 1%）时，则 $SnCl_2$ 的效果较好。

在煤炭加氢液化过程中，$ZnCl_2$ 与煤热解放出的 H_2S 和 NH_3 发生下列化学反应，变成含有 ZnS、$ZnCl_2 \cdot NH_3$ 和 $ZnCl_2 \cdot NH_4Cl$ 等复杂化合物，并夹带煤中残炭和矿物质，给催化剂回收带来困难。

$$ZnCl_2 + H_2S \longrightarrow ZnS + 2HCl$$
$$ZnCl_2 + xNH_3 \longrightarrow ZnCl_2 \cdot xNH_3$$
$$ZnCl_2 \cdot yNH_3 + yHCl \longrightarrow ZnCl_2 \cdot yNH_4Cl$$

因此，使用过的熔融 $ZnCl_2$ 催化剂需要用空气燃烧使之再生，循环使用。

使用卤化物作催化剂有两种方式：一种是使用很少量催化剂，将催化剂浸渍到煤上，如美国犹他大学化工系 W. H. Wiser 等在研究煤液化时，曾加入 5% 的 $ZnCl_2$ 溶液，在 500℃ 或更高温度下进行非常短时间的煤加氢液化反应；另一种作用卤化物催化剂的方式是使用大量的催化剂，熔融金属卤化物，催化剂与煤的质量比可高达 1。

金属卤化物催化剂开发主要集中于 $ZnCl_2$，与其他卤化物相比 $ZnCl_2$ 具有下列优点：

① 价格比较便宜，比较容易得到；

② 活性适宜于煤的液化，活性太高的 $AlCl_3$ 所得产物主要是气态烃类，液体很少；而活性低的 Sn 和 Hg 的卤化物，产物主要是重质油，$ZnCl_2$ 活性适中，产物中汽油馏分较多，重质油也在燃料油范围内；

③ 对于煤炭加氢液化过程中产生的水解反应，与其他金属卤化物相比，比较稳定；

④ 容易回收。

使用卤化物催化剂的重大难题是腐蚀性严重，至今尚未很好地解决。同时，需要注意的是，卤化物与 Na 或 K 起作用，所以煤中若含有多量 Na 或 K 时，则会使催化剂损失增大，所以，通常金属卤化物催化剂不适用于褐煤加氢液化。

5. 助催化剂

不管是铁系一次性可弃催化剂还是钼、镍系可再生性催化剂，它们的活性形态都是硫化物。但在加入反应系统之前，有的催化剂是呈氧化物形态，所以还必须转化成硫化物形态。铁系催化剂的氧化物转化方式是加入元素硫或硫化物与煤浆一起进入反应系统，在反应条件下元素硫或硫化物先被氢化为硫化氢，硫化氢再把铁的氧化物转化为硫化物；钼镍系载体催化剂是先在使用之前用硫化氢预硫化，使钼和镍的氧化物转化成硫化物，然后再使用。为了在反应时维持催化剂的活性，气相反应物料主要是氢气，但必须保持一定的硫化氢浓度，以防止硫化物催化剂被氢气还原成金属态。

硫是煤直接液化的助催化剂，有些煤本身含有较高的硫，就可以少加或不加助催化剂。煤中的有机硫在液化反应过程中形成的硫化氢，同样是助催化剂，所以低阶高硫煤是适用于直接液化的。换句话说，煤的直接液化适用于加工低阶高硫煤。此外，少量 Ni，Co，Mo 作为 Fe 的助催化剂可以起协同作用。

总之，目前世界上煤直接液化催化剂正向着高活性、高分散、低加入量与复合型方向发展，如美国 HTI 公司的胶体铁催化剂，在 30kg/d 的两段液化工艺试验中，催化剂加入量为 0.1%～0.5% 的 Fe 和 0.005%～0.01% 的 Mo，仅为传统催化剂常规加入量的 1/5～1/10。

第三节　煤直接液化工艺

从 1913 年德国科学家 F. Bergius 发明了在高温高压下将煤加氢液化生产液体燃料，并获得专利后，各种煤加氢液化方法不断出现，实验室开发煤炭液化方法不下百种，按其产品和过程特点可分为不同的液化工艺。

按煤液化的目标产物分类大致有以下几种。

① 生产洁净的固体燃料（SRC）、重质燃料油，替代直接燃煤和石油，供发电锅炉等使用。

② 生产汽油、柴油等发动机燃料，替代石油。

③ 脱灰、脱硫作为生产电极等碳素制品的原料，也可用作炼焦配煤的黏结组分。

④ 生产化工原料，如芳烃等。

按过程工艺特点分类大致有以下几种。

① 煤直接催化加氢液化工艺。

② 煤加氢抽提液化工艺。

③ 煤热解和氢解液化工艺。

④ 煤油混合共加氢液化工艺。

⑤ 超临界萃取工艺。

受两次世界石油危机的影响，美国、德国、英国、日本和前苏联等国家重新重视煤炭直接液化的新技术开发工作，纷纷组织了一批科研开发机构及企业开展了大量的研究开发工作，相继开发了多种工艺，其中最具代表性的工艺有以下几种。

(1) 溶剂精制煤工艺（SRC） 是由美国煤炭研究局（OCR）于 1962 年与 Spencev 化学公司联合开发的煤直接加氢液化工艺，最初是为了洁净利用美国高硫煤而开发的一种生产以重质燃料油为目的的煤液化转化技术。该技术不使用催化剂，反应条件比较温和，利用煤自身的黄铁矿将煤转化为低灰低硫的常温下为固体的 SRC-Ⅰ。在此基础上后来又改进工艺，采用增加残渣循环，减压蒸馏方法进行固液分离，获得常温下也是液体的重质燃料油，即 SRC-Ⅱ。

(2) 供氢溶剂法（EDS） 是美国埃克森研究和工程公司于 1966 年首先开发使用供氢溶剂的煤液化工艺。在液化反应组分中也不加催化剂，从而避免了煤中矿物质对催化剂的毒害作用，延长了高性能活性催化剂的使用寿命。其与 SRC 法的区别是对循环溶剂单独进行催化加氢，从而提高了溶剂的供氢能力，液化油率提高，主要产品是轻质油和中质油。

(3) 氢煤法（H-Coal） 是由美国碳氢化合物公司（HRI）在氢油法（H-Oil）工艺基础上开发的与 SRC 法和 EDS 法完全不同的氢煤法（H-Coal）工艺，它采用高活性催化剂和沸腾床反应器，使得液化转化率和液体收率都有很大的提高，并且提高了液化粗油的品质，液化油中的杂原子含量也降低了。

(4) 德国 IGOR 工艺 是由德国环保与原材料回收公司与德国矿冶技术检测有限公司（DMT）在德国老工艺的基础上开发的煤加氢液化与加氢精制一体化联合工艺，原料煤经该工艺过程液化后，可直接得到加氢裂解及催化重整工艺处理的合格原料，从而改变了以往煤加氢液化制备合成油还需再单独进行加氢精制工艺处理的传统煤液化模式。后来 IGOR 工艺又将煤浆相加氢和液化粗油加氢精制串联，既简化工艺，又可获得杂原子含量很低的精制油，代表着煤直接液化技术的发展方向。

(5) 俄罗斯低压加氢液体工艺 是由前苏联国家科学院、国家可燃物研究所和图拉煤业公司共同开发的工艺，利用黄煤和煤焦油加氢液化的生产经验和丰富的褐煤资源，采用煤浆相加氢应用高活性铜系催化剂的工艺，从而降低了加氢反应压力，提高了油品收率。

(6) 煤催化两段液化（CTSL）工艺 是由美国碳氢化合物公司 HRI 于 1982 年开发的煤液化工艺，其特点是：煤液化的第一阶段和第二阶段都装有高活性的加氢和加氢裂解催化剂，两段反应器既分开又紧密相连，可以单独控制各自的反应条件，使煤的液化始终处于最佳操作状态，该工艺的煤液化油收率较高，达到 80％左右，成本却比一段煤液化工艺降低 17％，从而使煤液化工艺技术性和经济性很好地结合起来，油品质量得到了明显的改善和提高。

(7) 煤的 HTI 工艺 是在借鉴两段催化液化法和 H-Coal 法的基础上发展起来的，采用了近年来开发的悬浮床反应器和用少量的 HTI 拥有专利的铁基催化剂，其特点是反应条件比较温和，在高温分离器后面串联在线加氢固定床反应器，对液化油进行加氢精制；固液分离则采用临界溶剂萃取的方法，从液化残渣中最大限度回收重质油，因此大幅度提高了液化油收率。

(8) 日本 NEDOL 煤液化工艺 是由日本新能源技术综合开发机构（NEDO）于 20 世纪 80 年代初开发的烟煤液化工艺。它吸收了美国 EDS 工艺与德国新工艺的技术经验，将制备煤浆用的循环溶剂进行预加氢处理,以提高溶剂的供氢能力。液化反应后的固-液混合物则采用真空闪蒸方法进行分离,简化了工艺过程,易于放大生产规模。煤液化反应过程中使用了价格低廉的黄铁矿等铁基催化剂,也降低了煤液化成本,同时也可使煤液化反应在较缓和的条件下进行,所产液化油的质量高于美国 EDS 工艺,操作压力低于德国煤液化新工艺。

(9) 煤共处理工艺　它包括煤/油共处理和煤/废塑料共处理两种,煤/油共处理工艺是将原料煤与石油重油、油沙沥青或者石油渣油等重质油料一起进行加氢液化制油的工艺过程,这实际上是石油炼制工业中重油产品的深加工技术与煤直接液化技术的有机结合与发展;煤/废塑料共处理工艺则是将原料煤与废旧塑料和废旧橡胶等有机高分子废料一起进行加氢液化制油的工艺过程。煤共处理工艺的原理是基于重质油或者废旧塑料和橡胶中富氢组成,可以作为液化过程中的活性氢供体,并以此来稳定煤热解产生的自由基"碎片",该工艺可明显降低氢溶剂和氢气的消耗量,不仅可以使煤和渣油或废旧塑料同时得到加工,还可以提高液化原料的转化率,液化油产率和液化油产品的质量。因此,煤共处理工艺比煤单独加氢液化具有更大的发展前景。

(10) 神华煤液化工艺　是由神华集团研制开发的溶剂全加氢煤液化工艺,它是将美国HTI工艺和日本 TOP-NEDOL 工艺的优点相结合,以改善煤液化装置的平衡运行,将煤浆与催化剂混合后进入到煤液化反应器中,经两级反应煤转化为轻质油品,经过高低压闪蒸处理后,经减压塔分馏出最重的组分,残渣内含 50% 的固体颗粒物,其余的所有煤液化全馏分油一并进入到稳定加氢装置中进行处理,产物进入分馏塔分馏得到轻、中、重三个馏分,全部的重馏分和少量的中馏分混合后循环回煤液化装置配煤浆,轻馏分和大部分的小馏分则需进一步处理。稳定加氢装置则采用 IFP 公司的 T-STAR 工艺,其特点是可在线转换催化剂,并采用了对进料限制相对宽松的沸腾床反应器。产品为油品(石脑油、柴油、航空煤油)和化工产品(石蜡,聚丙烯等)相结合。

一、煤直接催化加氢液化工艺

典型的煤直接加氢液化工艺包括:氢气制备;煤浆相(油煤浆)制备;加氢液化反应;油品加工等"先并后串"四个步骤。

氢气制备是加氢液化的重要环节,可以采用煤气化、天然气转化及水电解等手段,但大规模制氢通常采用煤气化及天然气转化。液化过程中,将煤、催化剂和循环油制成的煤浆,与制得的氢气混合送入反应器,在液化反应器内,煤首先发生热解反应,生成自由基"碎片",不稳定的自由基"碎片"再与氢在催化剂存在条件下结合,形成相对分子质量比煤低得多的初级加氢产物。出反应器的产物构成十分复杂,包括气、液、固三相,气相的主要成分是氢气,分离后循环返回反应器重新参加反应;固相为未反应的煤、矿物质及催化剂;液相则为轻油(粗汽油)、中油等馏分油及重油。液相馏分油经提质加工(如加氢精制、加氢裂化和重整)得到合格的汽油、柴油和航空煤油等产品,重质的液固淤浆经进一步分离得到循环重油和残渣。

1. 德国煤直接加氢液化老工艺(IG 法)

德国是世界上第一家拥有煤直接加氢液化工业化生产经验的国家。德国的煤直接加氢液化老工艺是世界其他国家开发同类工艺的基础。

IG 法是由德国人柏吉乌斯(Bergius)在 1913 年发明的,由德国燃料公司I. G. Farbenindustrie 在 1927 年建成的第一套生产装置,所以也称 IG 工艺。IG 法采用烟煤、褐煤为原料，加氢液化制取发动机燃料。该工艺过程分为两段，第一段为煤糊相加氢，将固体煤初步转化为粗汽油和中油，为气相裂解加氢提供原料，工艺流程如图4-10所示。

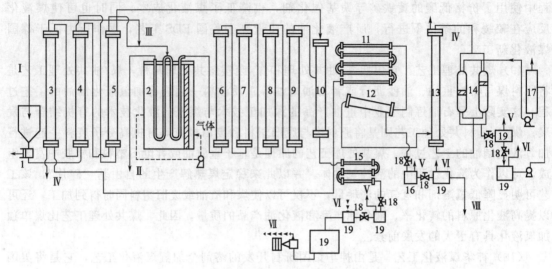

图 4-10 煤的液相加氢装置

1—具有液压传动的煤糊泵；2—管式加热炉；3,4,5—管束式换热器；6,7,8,9—反应塔；10—高温分离器；

11—高压产品冷却器；12—产品（冷却）分离器；13—洗涤塔；14—膨胀机；15—残渣冷却器；

16—残渣罐；17—泡罩塔；18—减压阀；19—中间罐物料流

Ⅰ—稀煤糊；Ⅱ—浓煤糊；Ⅲ—循环气；Ⅳ—吸收油；Ⅴ—加氢所得贫气；

Ⅵ—加氢所得富气；Ⅶ—去加工的残渣；Ⅷ—去精馏的加氢物

第二段为气相裂解加氢，将前段的中间产物加氢裂解为汽油，工艺流程如图4-11所示。

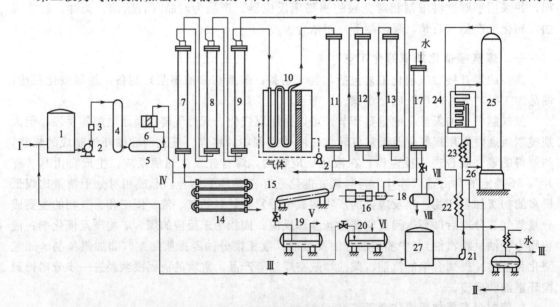

图 4-11 气相加氢过程的汽油化装置的流程图

1—罐；2—离心泵；3—计量器；4—硫化氢饱和塔；5—过滤器；6—高压泵；7,8,9—高压换热器；

10—对流式管炉；11,12,13—反应塔；14—高温冷却器；15—产品分离器；16—循环泵；

17—洗涤塔；18,19,20—罐；21—泵；22,23—换热器；24—管式炉；25—精馏塔；26—泵；27—中间罐

物料流：Ⅰ—来自预加氢装置；Ⅱ—去精制和稳定的汽油；Ⅲ—二次汽油化的循环油；

Ⅳ—新鲜循环气（98%Hz）；Ⅴ—贫气；Ⅵ—富气；Ⅶ—加氢气；Ⅷ—排水

由备煤、干燥工序来的煤与催化剂和循环油一起在球磨机内湿磨制成煤糊后用高压泵输送并与氢气混合后送入热交换器，与从高温分离器顶部出来的热油气换热，随后送入预热器预热到450℃，再进入4个串联的加氢反应器。反应后的物料先进入高温分离器，气体和油蒸气与重质糊状物料（包括重质油和未反应的煤、催化剂等）在此分离，前者经过热交换器后再到冷分离器分出气体和油，气体的主要成分为氢气，经洗涤除去烃类化合物后作为循环气再返回到反应系统，从冷分离器底部获得的油经蒸馏得到粗汽油、中油和重油。

高温分离器底部排出的重质糊状物料经离心过滤分离为重质油和残渣，离心分离重质油与蒸馏重油混合后作为循环溶剂油返回煤糊制备系统，制备煤糊；残渣采用干馏方法得到焦油和半焦。

蒸馏得到的粗汽油和中油作为气相加氢原料，从罐中泵出，通过初步计量器、硫或硫化氢饱和塔和过滤器后与循环气混合后进入顺次排列的高压换热器换热，再进入管式气体加热炉预热。从加热炉出来的原料蒸气混合物进入3个或4个顺次排列的固定床催化加氢反应塔。催化加氢装置的操作压力为32.5MPa，反应温度维持在360～460℃范围内。

从反应塔13出来的加氢产物蒸气送至换热器，换热后的产品气进入高压冷却器14，冷却后再进入产品分离器15，用循环泵16从分离器抽出气体，气体通过洗涤塔后作为循环气又返回系统。从分离器得到的加氢产物进入中间罐27，然后由泵21送入精馏装置。从精馏装置得到的汽油为主要产品，塔底残油返回作为加氢原料。

德国煤直接加氢液化老工艺使用的催化剂种类汇总于表4-10。煤糊加氢主要采用拜尔赤泥、硫化亚铁和硫化钠，后者的作用是中和原料煤中的氯，以防止在加氢过程中生成HCl引起设备腐蚀。

表 4-10　德国煤直接加复液化老工艺使用的催化剂种类

阶　　段	原料	反应压力/MPa	催　化　剂
糊相	烟煤 烟煤 褐煤	70 30 30 或 70	≥1.5％$FeSO_4 \cdot 7H_2O$＋0.3％Na_2S 6％赤泥＋0.06％草酸锡＋1.15％NH_4Cl 6％赤泥或其他含铁化合物
液相	焦油	20 或 30	钼、铁载于活性炭上，0.3％～1.5％
气相	中油	70	0.6％Mo，2％Cr，5％Zn 和 5％S 载于 HF 洗过的白土
气相(二段)预后	中油	30 30	27％WS_2，3％NiS，70％Al_2O_3 10％WS_2，90％IIF 洗过的白土

2. 德国直接液化新工艺（IGOR 工艺）

煤液化粗油（合成原油）中含有大量的多核芳烃、含氮杂环、有机碱以及苯酚类等化合物，它们对人体健康和生产操作环境都有较大的危害。而且，煤液化粗油不具备洁净燃料油应具有的一切特性和要求，无论用作加氢裂解、重整原料还是直接作为市场燃料都必须深度加氢精制。它们在储存运输过程中，甚至在短时间内储存也都会生成黑色沉积物，对油品提质加工催化剂有毒性。为此，德国一直在探讨改进现有工艺技术途径，设法降低合成原油的沸点范围和杂原子含量，生产饱和的煤液化粗油等。德国鲁尔煤矿公司和威巴石油公司合作，把战前的 IG 老工艺发展为 IG 新工艺，即开发将煤液化粗油的加氢精制、饱和等过程与煤糊相加氢液化过程结合成一体的新工艺技术，称为煤液化粗油精制联合工艺（IGOR）。该工艺于1981年在德国 Bottrop 建立了200t/d 工业试验装置，于1987年结束试验，共用煤16万吨，其工艺流程见图4-12。

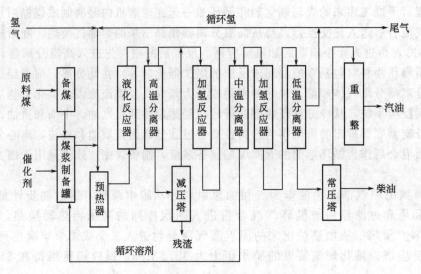

图 4-12 德国 IGOR 工艺流程

(1) 工艺流程 将粒度<0.2mm 的煤粉和铁催化剂 (2%) 与循环溶剂按 1:1.2 比例混合,与 H_2 一起依次进入煤浆预热器和液化反应器,于压力 30MPa 和温度 485℃下进行加氢裂化。反应后的物料进高温分离器,在此,重质物料与气体及轻质油蒸气分离,由高温分离器下部减压阀排出的重质物料(包括所有固体物——未转化的煤、灰和催化剂以及高沸点组分)经减压闪蒸分出残渣和闪蒸油,闪蒸油又通过高压泵打入系统与高温分离器分出的气体及轻油一起进入第一固定床加氢反应器,在此进一步加氢后进入中温分离器,中温分离器分出的重质油作为循环溶剂,气体和轻质油蒸气进入第二固定床加氢反应器又一次加氢,再通过低温分离器分出提质后的轻质油产品,气体再经循环氢压机加压后循环使用。为了使循环气体中的 H_2 浓度保持在所需要的水平,要补充一定数量的新鲜 H_2。液化油在此工艺经两步催化加氢,已完成提质加工过程。油中的 N 和 S 含量降到 10^{-5} 数量级。此产品可直接蒸馏得到直馏汽油和柴油,汽油只要再经重整就可获得高辛烷值产品,柴油只需加入少量添加剂即可得到合格产品。

(2) 工艺特点 与老工艺相比,德国 IGOR 工艺改进的主要内容如下。

① 液化残渣的固液分离由过滤改为减压蒸馏,设备处理能力增大,操作简单,蒸馏残渣在高温下仍可用泵输送。

② 循环油由重油改为中油与催化加氢重油混合油,不含固体,也基本上不含沥青烯,煤浆黏度大大降低,溶剂的供氢能力增强,反应压力由 70MPa 降至 30MPa,反应条件相对缓和些。

③ 液化残渣不再采用低温干馏,而直接送去气化制氢。

④ 把煤的糊相加氢与循环溶剂加氢和液化油提质加工串联在一套高压系统中,避免了分离流程物料降温降压又升温升压带来的能量损失,并且在固定床催化剂上还能把 CO_2 和 CO 甲烷化,使碳的损失量降到最低限度。

⑤ 煤浆固体浓度大于 50%,煤处理能力大,反应器供料空速可达 0.6kg/(L·h)(daf 煤)。

经过这样的改进,油收率增加,产品质量提高,过程氢耗降低,总的液化厂投资可节约 20%左右,能量效率也有较大提高,热效率超过 60%。表 4-11 为以德国烟煤为原料的 IGOR 工艺的物料平衡数据。

表 4-11　IGOR 工艺的物料平衡

输入(质量分数)/%		产出(质量分数)/%	
煤(daf)	100	产品油	54.8
灰(d)	4.6	$C_5 +$ 气体烃	5.5
水分	4.2	$C_1 \sim C_4$ 气体烃	16.9
催化剂	1.2	CO_x	10.0
Na_2S	0.4	H_2S	0.9
H_2	10.6	NH_3	0.8
		生成水	6.5
		煤中水	4.6
		闪蒸残渣	21.0
总量	121.0	总量	121.0

中国云南先锋褐煤在德国 IGOR 工艺装置上试验,在煤浆浓度为 50%,液化反应温度为 455℃,反应压力为 30MPa 和反应器空速为 0.5t/(m³·h) 的条件下可得到 53% 的油收率,油品中氮和硫的含量分别为 2mg/kg 和 17mg/kg。柴油馏分的十六烷值可达到 48.8,而汽油馏分经过重整可得到满足 90 号无铅汽油标准的要求。

3. 氢-煤法(H-Coal)

氢-煤法是 1963 年由美国戴诺莱伦公司所属碳氢研究公司(HRI)开发的煤加氢液化工艺。其工艺基础是对重油进行催化加氢裂解的氢油法(H-Oil),以褐煤、次烟煤或烟煤为原料,生产合成原油或低硫燃料油。合成原油可进一步加工提质成运输用燃料,低硫燃料油作锅炉燃料。

(1)工艺流程　氢煤法工艺流程如图 4-13 所示。

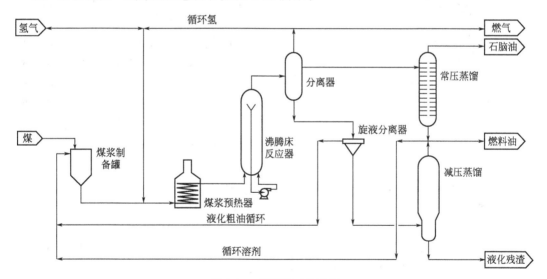

图 4-13　氢煤法工艺流程

将磨碎粒度小于 60 目的煤粉干燥后与液化粗循环油和循环溶剂混合,制成煤浆,经过煤浆泵把煤浆增压至 20MPa,与压缩氢气混合送入预热器预热到 350~400℃后,进入沸腾床催化反应器(反应温度 425~455℃,反应压力 20MPa),采用加氢活性良好的镍-钼或钴-钼氧化铝载体(Ni/Co-Mo/Al₂O₃)柱状催化剂,利用溶剂和氢气由下向上的流动,使反应器的催化剂保持沸腾状态。反应器底部设有高压油循环泵,不断地抽出部分物料进行循环,造成反应器内的循环流动,促使物料在反应器内呈沸腾状态。为了保证催化剂的活性,在反

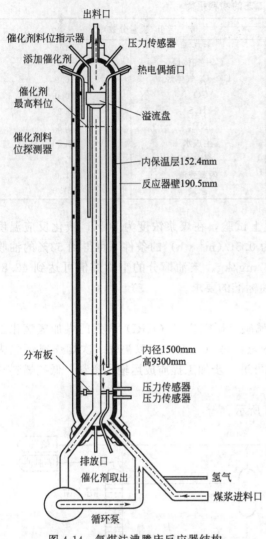

催化剂料位指示器
压力传感器
添加催化剂
热电偶插口
催化剂最高料位
溢流盘
催化剂料位探测器
出料口
内保温层152.4mm
反应器壁190.5mm
分布板
内径1500mm
高9300mm
压力传感器
压力传感器
排放口
催化剂取出
氢气
煤浆进料口
循环泵

图 4-14 氢煤法沸腾床反应器结构

应中连续抽出 2% 的催化剂进行再生，并同时补充等量的新催化剂。由液化反应器顶部排出的液化产物经过冷却、气液分离后分成气相、不含固体的液相和含固体的液相。气相凝结出液体产物，分出的富氢气体返回到反应器与新鲜氢一起进入煤浆预热器进行循环利用；凝结的液体产物进入常压蒸馏塔，经常压蒸馏得到轻油和重油，轻油作为液化粗油产品，重油作为循环溶剂返回制浆系统；含有未反应煤及煤中矿物质固体的液体物料出反应器后直接进入旋液分离器，分离成高固体液化粗油和低固体液化粗油。低固体液化粗油作为循环溶剂的一部分返回煤浆制备单元，以尽量减少新鲜煤制浆所需馏分油的用量，另一方面，由于液化粗油返回反应器，可以使粗油中的重质油进一步分解为低沸点产物，提高了油收率。固体液化粗油进入减压蒸馏装置，分离成重质油和液化残渣，重油返回制浆系统，残渣送气化制氢，作为系统氢源，这个方法可以在较低煤进料量的条件下操作获得尽可能多的馏分油。

（2）工艺特点

① 氢煤法的最大特点是使用沸腾床三相反应器（如图 4-14 所示）和钴-钼加氢催化剂。反应器内的中心循环管及泵组成的循环流动，使反应系统具有等温、物料分布均衡、高效传质和高活性催化剂特性，可使反应过程处于最佳状态，有利于加氢液化反应顺利进行，所得产品质量好，有 H-Oil 工业化的经验。

② 反应器内温度保持在 450～460℃、压力为 20MPa。

③ 残渣作气化原料制氢气，有效地利用残渣中的有机物，使液化过程的总效率提高。

④ 氢煤法已完成煤处理量为 200～600t/d 的中间试验运行考验，并完成 50000bbl/d（桶/天）（1bbl＝158.987L）规模生产装置的概念设计。20 世纪 80 年代中期石油价格下降，工业示范装置搁浅，但 HRI 并没有放弃该技术的开发，至 20 世纪 80 年代末，他们又开发了两个反应器串联工艺，为了与原来的工艺有所区别，HRI 把它称为 CTSL 工艺，即两段催化加氢液化工艺，再后来又演变为 HTI 工艺（中国神华集团煤直接液化工艺基础版本）。

⑤ 此法对制取洁净的锅炉燃料和合成原油也是有效的。

4. 煤两段催化剂液化—CTSL 工艺

煤液化过程实质分成两个阶段：

① 热解抽提，煤转化为中间产物前沥青烯和沥青烯；

② 中间产物转化成可蒸馏的油。

这两个阶段的反应性质明显不同，前者速率快，耗氢少，催化剂的影响小，而后者则相反。前面介绍的一段法工艺中都将这二个阶段放在同

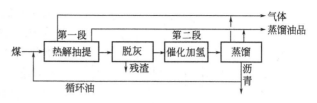

图 4-15 两段集成液化法的原则流程

一反应器中进行，工艺虽简单，但不能兼顾两个阶段的优化条件。于是提出了两段液化的设想，即先进行热解抽提，然后脱灰，再对初级液化产物加氢得到蒸馏油。两段法的原则流程如图 4-15 所示，第一段热解抽提条件与 SRC-Ⅰ基本相同，脱灰可采用反溶剂法或临界溶剂抽提法；第二段催化加氢可用 H-Coal 法中的流化床反应器或固定床反应器。CTSL 工艺是目前最先进的煤直接液化技术，是由美国氢化合物公司（HRI）和威尔逊维尔煤直接液化中试厂在 H-Coal 试验基础上，共同研究开发的。此工艺在 H-Coal 工艺基础上增加一套反应器，固液分离采用临界溶剂脱灰装置（CSD），比减压蒸馏回收更多的重质油，CTSL 工艺流程及流程示意图见图 4-16 及图 4-17。

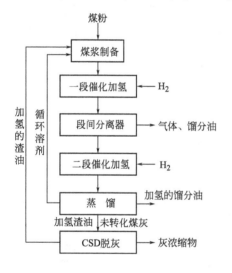

图 4-16 CTSL 工艺流程

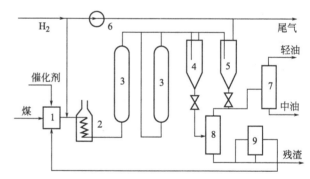

图 4-17 CTSL 工艺流程示意

1—煤浆配制；2—加热炉；3—反应器；4—高温分离器；
5—低温分离器；6—循环压缩机；7—常压蒸馏；
8—减压蒸馏；9—临界溶剂脱灰

CTSL 工艺的特点如下。

① 两个沸腾床催化反应器紧密连接，中间只有一个段间分离器，缩短了一段反应产物在两段间的停留时间，可减少缩合反应，有利于提高馏分油产率。

② 两段加氢都使用高活性的 Ni/Mo 等催化剂，使更多的渣油转化为粗柴油馏分。

③ 部分含固体物溶剂循环，不但减少 Kerr-McGee 装置的物料量，而且使灰浓缩物带出的能量损失大大减少（22%减少到 15%）。

④ 采用 Kerr-McGee 的临界溶剂脱灰技术，脱除液化产物中的矿物和未转化的煤。

Kerr-McGee 工艺流程见图 4-18，来自蒸馏塔底的残渣在混合器中与超临界状态溶剂混合，进入第一沉淀槽，矿物质和未转化的煤集中在下层重流动相，液化产物被溶剂萃取集中

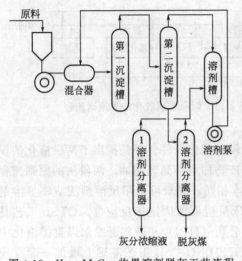

图 4-18　Kerr-McGee 临界溶剂脱灰工艺流程

在上层轻流动相。重流动相进入分离器分处溶剂，灰分浓缩物从器底排出，轻流动相由槽顶排出，经加热后进入第二沉淀槽，由于温度升高，溶剂密度降低，液化煤从溶剂中析出，溶剂从顶部排出进入溶剂槽，返回系统循环使用。液化煤进入分离器分出夹带的溶剂，制得脱灰液化煤。这种脱灰方法效率高，分离的液化油灰分含量仅 0.1％左右，液化煤的回收率高达 80％左右；

CTSL 工艺与 H-Coal 工艺相比，首先是提高了煤的转化率和液化油的产率，尤其是液化油产率从 50％增加到 60％以上，同时液化油性质也有所改善，氮、硫等杂原子含量减少 50％，H-Coal、CTSL 和 HTI 工艺参数及产品产率如表 4-12 所示。

表 4-12　H-Coal、CTSL 和 HTI 工艺参数及产品产率

工艺名称	H-Coal	CTSL	HTI
原料煤	伊里诺斯	伊里诺斯	神华液化原料煤
$w(C)(daf)/\%$	78.1	78.8	79.51
$w(H)(daf)/\%$	5.5	5.1	4.71
$w(N)(daf)/\%$	1.3	1.3	0.94
$w(S)(daf)/\%$	3.5	3.8	0.39
$w(O)(daf)/\%$	11.6	10.6	14.47
挥发分(质量)(daf)/%	43.2	42.7	40.9
灰分(质量)(d)/%	10.5	10.6	8.5
操作条件			
温度/℃	454	442/400	440/450
压力/MPa	21	17	17
催化剂	Co Mo	NiMo/NiMo	胶体 Fe/Mo
产品收率(质量)(daf 煤)/%			
$C_1 \sim C_3$	12.5	15.69	7.61
$C_4 \sim$ 轻油	20.9	15.34	20.82
中油	32.5	31.34	36.16
重油		16.21	9.61
残渣	28.0	12.19	13.4
无机气体和水	12.0	15.69	15.8(水 13.8)
氢耗/%	5.9	6.42	7.1

5. HTI 工艺

HTI 工艺是在 H-Coal 工艺和 CTSL 工艺基础上，由 Hydrocarbon 技术公司（HTI）根据商业化的用于改善重质油性能，采用近十年开发的悬浮床反应器和 HTI 研发的胶体铁基催化剂而专门开发一种煤加氢液化工艺。根据 H-Coal 液化工艺，美国于 1980 年在肯塔基州的 Catlettsburg 建造了一座 200t/d 的中试厂，该试验厂一直生产到 1983 年。随后，美国设计了一座可进行商业化生产的液化厂，建在肯塔基州的 Breckinridge。美国能源部资助的大部分液化项目是以 H-Coal 液化工艺为基础的，该工艺也被有效地应用到催化两段液化（CTSL）工艺中。HTI 工艺流程示意见图 4-19。

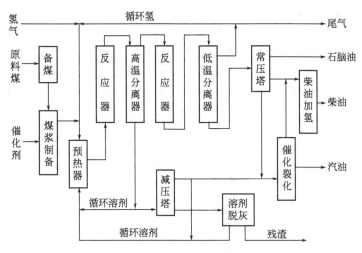

图 4-19　美国 HTI 工艺流程

该工艺的主要技术特征如下。

① 用胶态 Fe 催化剂替代 Ni/Mo 催化剂，降低催化剂成本，同时胶态 Fe 催化剂比常规铁系催化剂活性明显提高，催化剂用量少，相对可以减少固体残渣夹带的油量。

② 采用外循环全返混三相鼓泡床反应器，强化传热、传质，提高反应器处理能力。

③ 与德国 IGOR 工艺类似，对液化粗油进行在线加氢精制，进一步提高了馏分油品质。

④ 反应条件相对温和，反应温度 440～4500℃，反应压力为 17MPa，油产率高，氢耗低。

⑤ 固液分离采用 Lumus 公司的溶剂萃取脱灰，使油收率提高约 5%。

HTI 液化试验数据以及与 H-Coal 和 CTSL 的试验数据对比见表 4-12。

二、溶剂萃取法

溶剂萃取法（Pott-Broche 法）是由德国人 A. Pott 和 H. Broche 在 1927 年开发的，所以也称 Pott-Broche 法，其工艺流程如图 4-20 所示。经干燥和粉碎的煤与循环剂（中油）以

1：2 比例混合，煤浆在 10～15MPa 压力下，进入萃取器进行萃取，萃取温度为 430℃。萃取器为循环烟道气加热的直立式管式炉。萃取器出来的反应物降压至 0.8MPa，在 150℃温度下用陶质过滤器过滤，滤

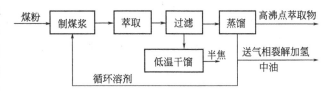

图 4-20　Pott-Broche 加压萃取工艺流程

饼进行干馏，滤液经蒸馏分离得到中油和高沸点萃取物。60% 中油作循环剂，循环前必须加氢处理。40% 中油送汽油裂解加氢制取汽油。

高沸点萃取物是一种硬而易碎的沥青状物质，软化点约 220℃，灰分为 0.15%～0.2% 可做低硫燃料或用于生产电极炭，加氢后可制得汽油、中油和重油。整个工艺对煤有机质的萃取率达 75%～80%，但该工艺具有过滤困难，反应管内容易结焦，煤浆在预热过程中传热不良等缺点。

三、煤炭溶剂萃取加氢液化

这类方法是在 Pott-Broche 溶剂抽提液化法基础上发展起来的，代表性的工艺有美国的溶剂精炼煤法、埃克森供氢溶剂法和日本的 NEDOL 工艺。

1. 溶剂精炼煤法（SRC Process）

溶剂精炼煤（Solvent Refining of Coal）法简称 SRC 法，是现代煤液化方法中较简单的一种方法，是在较高的压力和温度下将煤用供氢溶剂萃取加氢，生产清洁的低硫、低灰的固体燃料和液体燃料，生产过程中除煤中所含的矿物质以外，不用其他催化剂。通常根据产品形态不同又分为 SRC-Ⅰ 和 SRC-Ⅱ 工艺：以生产低灰、低硫的清洁固体燃料为主要产物的工艺称为 SRC-Ⅰ 工艺，以生产液体燃料为主要产物的工艺则称 SRC-Ⅱ 工艺。

（1）SRC-Ⅰ 工艺 1960 年美国煤炭研究局组织开始 SRC 研究工作，20 世纪 60 年代后期和 70 年代初期对该工艺进行进一步开发，同时设计了一个 50t/d 的试验装置，这一装置由 Rust Engineering 建于华盛顿州刘易斯堡，并由 Gulf 从 1974 年开始操作。SRC-Ⅰ 法工艺流程如图 4-21 所示。

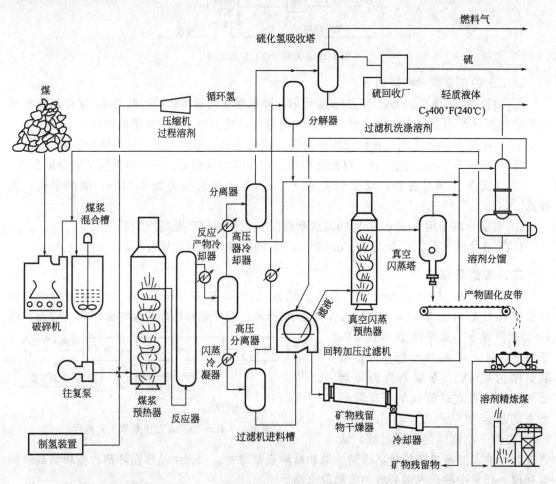

图 4-21　SRC-Ⅰ法工艺流程

① 工艺流程。将磨碎（<0.3mm）、干燥（水分<2%）的干煤粉与过程溶剂（煤加氢产物中回收得到的蒸馏馏分，该溶剂除作为制浆介质之外，在煤溶解过程中起供氢作用，即作为供氢体。）混合制成煤浆，煤与溶剂质量比为 1.5∶3。煤浆用高压泵加压到系统压力后与压缩氢气混合，在预热器中加热到接近所要求的反应温度后喷入反应器。进料在预热器内的停留时间比反应器内短，总反应时间为 20～60min。煤、溶剂和氢气送入反应器中进行溶解和抽提加氢液化反应，已溶解的部分煤发生加氢裂解，有机硫反应生成硫化氢，将大分子

煤裂解，反应温度一般为400～450℃，压力为10～14MPa，停留时间30～60min，不添加催化剂。反应器是个中间空心的圆筒体，反应过程虽是放热反应，但由于氢化程度浅，反应热较小，反应温度容易控制，不需要采取特殊措施。

反应产物离开反应器后，进入反应产物冷却器冷却到260～340℃，进入高压分离器进行气与液固分离，分离出的气体再经过高压气冷却器冷却到65℃左右，分出冷凝物水和轻质油。不凝气体经洗涤脱除气态烃、H_2S、CO_2等，得富氢气后返回系统作为氢源循环使用。自高压分离器底部排出的固液混合物主要是含有过程溶剂、重质产物、未反应煤和灰的料流，经闪蒸得到的塔底产物送至压两个回转预涂层过滤机过滤，滤饼为未转化的煤和灰，作气化原料制氢气。滤液送到减压精馏塔回收洗涤溶剂、过程溶剂和减压残留物，减压残留物即为溶剂精炼煤的产物。液体SRC从塔底抽出，在水冷的不锈钢带上冷却固化为固体SRC产品。滤饼再送到水平转窑蒸出制浆用油。

② 工艺特点。SRC-Ⅰ工艺的主要产品是固体SRC，产率达60%左右，此外还有少部分液体燃料和气态烃等，煤的转化率达90%～95%，脱硫效果较好，煤中无机硫可全部脱除，有机硫脱除60%～70%。该工艺的主要特点：不用外加催化剂，利用煤灰自身催化作用；反应条件温和，反应温度400～450℃，反应压力为1014MPa；氢耗量低，约2%左右。表4-13为SRC-Ⅰ部分中试试验结果。

表 4-13　SRC-Ⅰ工艺的中试试验结果

试验编号	2	3	5	6	7	8	9
进煤量(daf)/[kg/(h·m³)]	464.5	1204.6	1563.4	1577.8	1582.6	1276.7	1457.7
溶剂/煤(质量比)(d)	1.57	1.65	1.60	1.59	1.59	1.55	1.54
进氢量/(m³/t)	0.59	0.51	0.40	0.37	0.37	0.48	0.42
溶解器压力/MPa	10.27	10.31	10.26	10.22	10.07	10.23	10.19
溶解器出口温度/℃	453	466	454	466	454	452	459
消耗氢/%(干煤)	2.7	2.1	2.0	2.0	1.9	2.4	2.1
产品SRC中硫含量/%							
平均	0.57	0.72	0.88	0.78	0.77	0.66	0.70
高	0.69	0.86	0.92	0.86	0.94	0.70	0.76
低	0.40	0.63	0.82	0.69	0.62	0.61	0.64
产物分布和产率(质量)(干煤)/%							
C_1	2.3	2.8	1.3	2.2	1.4	1.4	2.1
C_2	1.5	1.6	0.8	1.3	1.0	1.0	1.2
C_3	1.2	1.6	0.6	1.0	0.9	0.9	1.1
C_4	0.5	2.0	0.2	0.4	0.4	0.4	0.5
CO	0.2	0.1	0.0	0.1	0.0	0.0	0.1
CO_2	1.1	1.2	0.9	1.1	1.0	0.8	1.0
H_2S	1.3	2.6	1.1	1.3	1.8	1.4	1.3
H_2O	5.3	7.3	6.8	5.3	5.0	5.3	4.6
轻油	10.2	16.2	2.2	6.8	4.2	11.2	6.3
洗涤溶剂	11.4	−3.1	6.7	2.6	5.5	−1.6	3.4
过程溶剂	−3.9	−3.9	−1.5	−2.6	−0.4	3.6	0.7
SRC	57.6	59.8	67.3	65.9	65.6	63.0	64.2
矿物质残留物	14.1	16.2	15.6	16.7	15.5	14.9	15.6

(2) SRC-Ⅱ工艺　SRC-Ⅱ法是在SRC-Ⅰ法工艺基础上发展起来的，该工艺的特点是将气液分离器排出的含固体煤溶浆循环作溶剂，因此也称循环SRC法。按流程和产品结构不同，SRC-Ⅱ法可分为循环SRC-Ⅱ（固体）法、循环SRC-Ⅱ（联合产品）法、循环SRC-Ⅱ（液体）法三种，通常将SRC-Ⅱ（液体）法简称SRC-Ⅱ法。其工艺流程见图4-22所示。

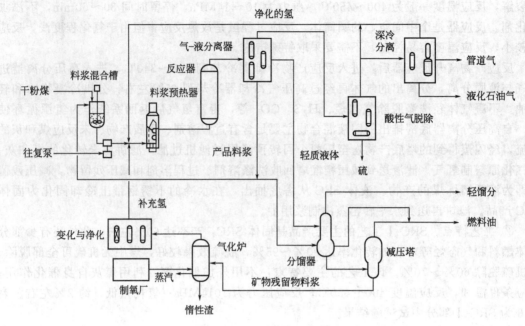

图 4-22　SRC-Ⅱ法工艺流程

① 工艺流程。经粉碎和干燥后的煤与循环溶剂混合制浆。煤浆混合物用泵加压到大约 14MPa，再与氢一起预热到约 371～399℃后送入反应器，由反应热将反应物温度升高到 440～466℃。为了控制反应温度，从反应器不同位置喷入冷氢。

溶解器流出物分成蒸气和液相两部分。顶部蒸气流经过一组换热器和分离器予以冷却。冷凝液在分馏工序进行蒸馏。气相产物经过脱除硫化氢、二氧化碳和气态烃后，富氢气返回系统与新鲜氢一起进入反应器。冷凝液在分馏工序进行蒸馏；气相产物经过脱除硫化氢、二氧化碳和气态烃后，富氢气返回系统与新鲜氢一起进入反应器。

含固体的液相产物用作 SRC-Ⅱ法的溶剂，这一料流的一部分返回用于煤油浆制备。制得的液相产物在产物分馏系统中蒸馏，以回收低硫燃料油产物，馏出物的一部分也返回用于煤浆制备。来自减压塔的不可蒸馏残留物含有未转化的煤和灰，用于气化制氢。

② 工艺特点。SRC-Ⅱ工艺的主要特点：气液分离器底部分出的热淤浆一部分循环返回制煤浆，另一部分进减压蒸馏。部分淤浆进行循环，一是延长中间产物在反应器内的停留时间，增加反应深度，二是矿物含有硫铁矿，提高了反应器内硫铁矿浓度，相对而言添加了催化剂，有利于加氢反应，增加液体油产率；用减压蒸馏替代残渣过滤分离，省去过滤、脱灰和产物固化等工序；产品以油为主，氢耗量比 SRC-Ⅰ高一倍。表 4-14 为 SRC-Ⅱ工艺的试验结果。

表 4-14　SRC-Ⅱ法的产品产率

项　目	产品产率(daf 煤)/%	项　目	产品产率(daf 煤)/%
C_1～C_4 气态烃	16.6	未溶解煤	3.7
总液体油	43.7	灰	9.9
其中 C_5～195℃	11.4	H_2S	2.3
195～250℃	9.5	$CO+CO_2+NH_3$	1.1
250～454℃	22.8	H_2O	7.2
SRC(>454℃)	20.2	合计	104.7
		氢耗量(质量)	4.7

2. 埃克森供氢溶剂法（EDS法）

埃克森供氢溶剂（Exxon Donor Solvent，简称EDS）法是埃克森研究工程公司（Exxon Research and Engineering Company，ER&E）从1966年开始进行研究的煤液化技术。EDS煤液化法的技术可行性已由小型连续中试装置得到证实：在1970年之前，运行了一个0.5t/d全流程液化中试装置；1975年6月投入运行了一个1.0t/d的中试装置；1976年进行的实验室和工程研究进一步肯定了EDS法的可靠性，认为它适应煤种范围宽，并发现了几处可能进行的工艺改进，后来建设并完成250t/d的中试装置运转试验，为工业化生产积累了经验。

EDS煤液化的成本与其他煤液化方法得到的类似质量的液体产品的成本相同或者更低，其工艺流程如图4-23所示。

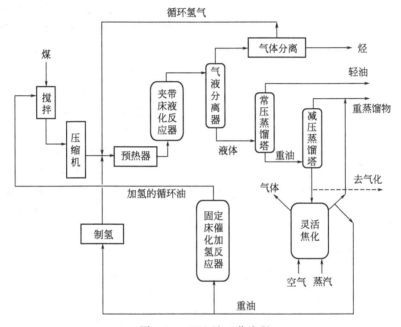

图4-23　EDS法工艺流程

（1）工艺流程　将原料煤破碎、干燥后与供氢溶剂混合制成煤浆，煤浆与氢气混合后预热到430℃，送入液化反应器，在反应器内由下向上活塞式流动，进行萃取加氢液化反应，反应温度430~480℃、压力10~14MPa，停留时间30~45min。供氢溶剂的作用是使煤分散在煤浆中并把煤流态化输送通过反应系统，并提供活性氢对煤进行加氢反应。液化反应器出来的产物送入气液分离器，在此烃类和氢气从液相中分出，气体经洗涤、分离获得富氢气循环利用，气态烃通过水蒸气重整制氢气，供反应系统使用。液相产物进入常压蒸馏塔，蒸出轻油，塔底产物进入减压蒸馏塔分离出轻质燃料油、重质燃料油和石脑油产品。部分轻质燃料油用催化剂加氢后制成再生供氢溶剂，供制浆循环油。减压蒸馏塔的残渣浆液送入灵活焦化器，将残渣浆液中的有机物转化为液体产品和低热值煤气，也可将残渣气化制取氢气，提高了碳的转化率。部分重油（200~450℃）送固定床催化反应器进行加氢，提高供氢能力，作为循环供氢溶剂。

（2）工艺特点

① 在一次液化段，在分子氢和富氢供氢体溶剂存在的条件下，煤在非催化剂作用下加氢液化，由于使用了经过专门加氢的溶剂，增加了煤液化产物中的轻馏分产率和过程操作稳

定性。

② 供氢体溶剂是从液化产物中分出的切割馏分，并且经过催化加氢恢复了其供氢能力。使溶剂加氢和煤加氢液化分开进行，避免了重质油、未反应煤和矿物质与高活性的 Ni/Mo 催化剂直接接触，可提高催化剂的使用寿命。

③ 全部含有固体的产物通过蒸馏段，分离为气体燃料、石脑油、其他馏出物和含固体的减压塔底产物，且减压塔底产物在灵活焦化装置中进行焦化气化，液体产率可增加 5%～10%。

④ 液化反应条件比较温和，反应温度 430～470℃，压力为 11～16MPa。

⑤ 灵活焦化（Flexicoking）是一种一体化的循环流化床焦化气化反应装置，如图 4-24 所示。Exxon 的灵活焦化在 0.3MPa 压力下操作，残渣从焦化器上部进入，底部通入水蒸气，焦化温度在 485～650℃范围，焦化产生的焦油从顶部排出。剩下的半焦进入气化器与通入的水蒸气和空气反应，气化温度 815～950℃，煤气由气化器顶导出。部分高温灰返回焦化器作热载体，其余灰渣从气化器外排。过程氢气部分来自灵活焦化的煤气，另一部分可由液化系统得到的气态烃经过蒸汽转化制得。

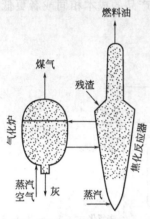

图 4-24　灵活焦化装置

EDS 供氢溶剂法的液化煤种主要是烟煤。液化烟煤时，C_1～C_4 气体烃产率为 22%，馏分中石脑油占 37%，中质油（180～340℃）占 37%。埃克森公司于 1985 年完成日处理煤 250t 的中试试验，当采用部分残渣循环后，烟煤液化的油收率达 55%～60%，次烟煤为 40%～55%，褐煤为 47%，液化产品主要是轻质油和中质油。该法已完成日处理 11000t 煤和年产油 1.3Mt 液化厂的工业设计。

3. 日本 NEDOL 工艺

20 世纪 80 年代，日本开发了 NEDOL 烟煤液化工艺，该工艺实际上是 EDS 工艺的改进型，改进之处是在液化反应器内加入铁系催化剂，反应压力也提高到 17～19MPa，循环溶剂是液化重油加氢后的供氢溶剂，供氢性能优于 EDS 工艺。通过上述改进，液化油收率有较大提高。1996 年 7 月，在日本鹿岛建成 150t/d 的中试厂投入运转，至 1998 年，该中试厂已完成了运转两个印尼煤和一个日本煤的试验，取得了工程放大设计参数。NEDOL 工艺流程示意如图 4-25 所示。

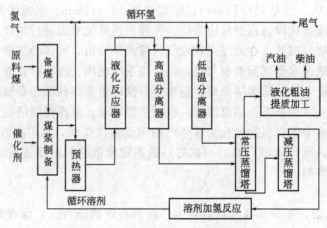

图 4-25　日本 NEDOL 工艺流程

4. Consol 合成燃料（CSF）法

Consol 合成燃料（Consol Synthetic Fuels，简称 CSF）法是从 1963 年起由 Consolidation Coal Company 发明的一种从煤制取合成原油（或燃料油）的液化工艺。此法的特征是分两段进行：煤在萃取段中部分转化而成萃取物和灰，未液化煤从萃取物中除去；随后萃取物在第二段中进行催化加氢获得馏分油。将第一段未被萃取的残留物进行炭化得到半焦，再将半焦气化产生工艺过程所需的氢。CSF 法的工艺流程见图 4-26。

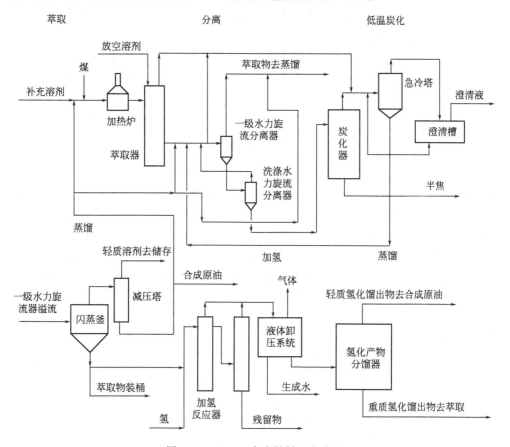

图 4-26　Consol 合成燃料工艺流程

四、俄罗斯低压加氢液化工艺

俄罗斯在 20 世纪 70～80 年代针对世界上最大的堪斯克-阿钦斯克、库兹尼茨（西伯利亚）等煤田的煤质特点，开发了低压（6～10MPa）煤直接加氢液化工艺。该工艺采用乳化 Mo 催化剂，反应温度 425～435℃，糊相加氢阶段反应时间为 30～60min，于 1983 年建成了处理煤量为 5～10t/d "CT-5" 中试装置，试验运行了 7 年，并以此为基础，先后完成了规模为 75t/d 和 500t/d 煤的大型中试厂的详细工程设计，并初步完成年产 50 万吨油品的煤直接液化厂的工程设计。

（1）工艺流程　俄罗斯低压煤直接加氢液化工艺流程见图 4-27。经干燥、粉碎的煤粉与来自过程的两股溶剂、乳化 Mo 催化剂混合制浆，煤浆与氢气一起进入预热炉加热后流进加氢液化反应器，在反应温度 425～435℃，压力 6～10MPa 下停留 30～60min。出反应器的物料进入高温分离器，高温分离器的底料（含固体约 15％左右）通过离心分离回收部分溶剂（由于 Mo 催化剂呈乳化状态，在此股溶剂中可回收约 70％的 Mo），返回制备煤浆。离

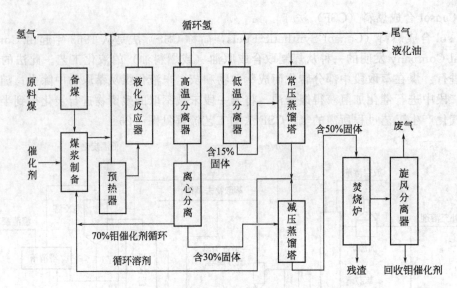

图 4-27　俄罗斯低压煤直接加氢液化工艺流程

心分离的固体物料进入减压蒸馏塔，减压蒸馏塔的塔顶油与常压蒸馏塔的油一起作为煤浆制备的循环溶剂，减压蒸馏塔含固体约 50% 的塔底物送入焚烧炉焚烧，控制焚烧温度在 1600～1650℃，使残渣中的催化剂 Mo 蒸发，然后在旋风分离器中冷却、回收。

从高温分离器顶部出来的气态产物引入低温分离器，顶部出来的富氢气体经净化后作为循环气体返回加氢反应系统，底部的液相和部分离心分离的溶剂一起进入常压蒸馏塔，获得轻、重馏分即为液化粗油，经进一步加氢精制和重整得到汽油馏分、柴油馏分等产品，常压塔底流出物返回制浆系统作为循环溶剂。

（2）工艺特点

① 使用加氢活性很高的 Mo 催化剂，并采用离心溶剂循环和焚烧两步措施回收催化剂 Mo，全过程 Mo 的回收率达 95%～97%，掌握了 Mo 的高效回收技术。

② 煤糊液化反应器压力低，褐煤加氢液化压力为 6.0MPa，烟煤、次烟煤加氢液化压力为 10.0MPa，有利于降低工程总投资和操作运行费用。

③ 采用瞬间涡流仓煤干燥技术，在煤干燥的同时可以增加原料煤的比表面积和孔容积，并可以减少煤颗粒粒度，有利于煤加氢液化反应的强化。

④ 采用半离线固定床催化反应器对液化粗油进行加氢精制，便于操作。

因缺乏较大规模中试装置运行检验和验证，特别是催化剂回收的经济性，而且如此温和的液化条件对煤质要求也较高，因此这些尚待考证。

五、煤油共炼技术

煤油共炼工艺是介于石油加氢裂化和煤直接液化之间的工艺，是 20 世纪 80 年代美国 HRI 公司开发的一种煤液化新技术。它是将煤和石油渣油同时加氢裂解，转变成轻质、重质馏分油，生产各种运输燃料油的工艺技术。该工艺的实质是用石油渣油作为煤直接液化的溶剂，在反应器内，不但煤液化成油，而且石油渣油也裂化成较低沸点馏分，煤油共炼的油收率比煤和渣油单独加氢获得的油收率高。这说明煤和渣油一起加氢时，它们相互之间有协同作用。产生协同作用的原因有二：一是煤中灰分起到吸附渣油中重金属和吸附结炭的作用，这样就减少了重金属和结炭在加氢催化剂上的沉积，从而保护催化剂的高活性；二是石油渣油的加氢裂化产物具有很好的供氢性能，提高了煤液化的转化率和油收率。

目前较先进的煤油共炼技术有：美国的 HRI 工艺、加拿大 CCLC 工艺和德国的 PY-ROSOL 工艺，其中 HRI 工艺已具备建设大型示范工厂的条件。

1. HRI 工艺

HRI 的煤油共炼工艺流程如图 4-28 所示。煤与石油的常压渣油、减压渣油、流化催化裂化油浆、重质原油、焦油砂沥青制成煤油浆，煤浆浓度为 33%～55%。用煤浆泵将煤油浆升到反应压力，同压缩氢气混合，经过预热器加热，进入第一段沸腾床催化反应器，在温度 435～445℃、压力 15～20MPa、Co-Mo/Al$_2$O$_3$ 催化剂条件下，进行加氢裂解反应。反应后的产物再进入第二段沸腾床反应器，在 Ni-Mo/Al$_2$O$_3$ 催化剂上深度加氢和脱除杂原子，转变成馏分油和少量气体。第二段反应器的反应产物送分离器分出气体产物，经过处理回收硫和氢，氢气循环使用。液态产物采用常、减压蒸馏，分成馏分油和以未转化煤、油渣和灰组成的残渣。

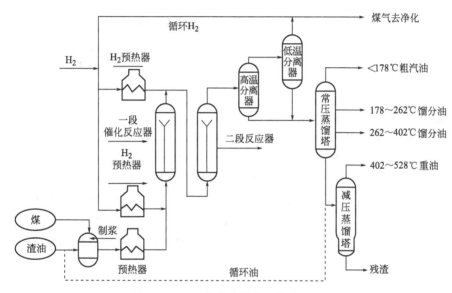

图 4-28　HRI 的煤油共炼工艺流程示意

工艺条件的经济筛选结果表明，两段工艺比一段工艺的转化率和油收率都有明显提高，煤油浆中适宜的煤浓度是 33%～35%（质量分数）。工艺条件对脱硫、脱氮程度影响不大，催化剂的寿命对脱氮率有较大的影响。两段工艺对各种渣油都有较好的适应性和操作性，渣油的相对反应性随康氏残炭含量增加而减小，煤的反应性同 O/C 原子比有一定的关系，变质程度低的褐煤同烟煤相比有更好的经济性。表 4-15 为 HRI 煤油共炼工艺的典型性能、产品产率和油品性质。

表 4-15　HRI 煤油共炼工艺的典型数据

原料分析	$w(C)/\%$	$w(H)/\%$	$w(N)/\%$	$w(S)/\%$	$w(O)/\%$	灰/%
Texas 褐煤	62.86	4.48	1.33	1.27	17.71	12.35
Maya 渣油	84.15	9.65	0.71	5.22	0.27	0.00
煤油浆	77.12	7.94	0.91	3.92	6.03	4.08
产品分析	C$_1$～C$_3$	C$_4$～178℃	178～528℃	密度	S	N
	5%～8%	15%～20%	50%～60%	25API 度	0.1%～0.2%	0.2%～0.3%
工艺数据	渣油转化率	煤转化率	脱硫率	脱氮率	脱金属率	氢耗(daf 原料)
	82%～92%	90%～95%	85%～95%	65%～75%	＞98%	4.1%

由表 4-15 的数据可见，HRI 煤油共炼工艺的氢利用率（单位氢耗生成的油量和质量比值）高达 16～20，煤和渣油的馏分油产率为 65%～80%，脱除煤和渣油中杂原子氮和硫及重金属，生成适于制取各种运输燃料油的馏分油。

2. CCLC 工艺

CCLC 工艺流程如图 4-29 所示。

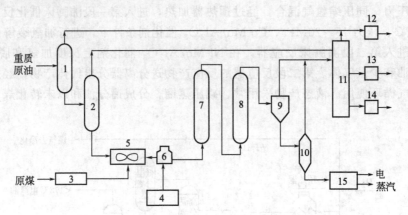

图 4-29　CCLC 工艺流程简图

1—常压蒸馏塔；2—减压蒸馏塔；3—油团聚脱灰；4—氢气；5—制煤浆罐；6—预热器；7—热溶解反应器；

8—加氢裂解反应器；9—高温分离器；10—低温分离器；11—分馏塔；12—石脑精制器；

13—中油精制器；14—减压粗柴油精制器；15—沸腾锅炉

原料煤用油团聚法脱灰，微团聚煤与减压渣油和可弃型铁硫系催化剂按 39∶59∶2 的比例制成煤油浆，经预热后进入温度 380～420℃、压力 8～18MPa 的第一段加氢热溶解反应器，使煤溶解于渣油中，反应产物进入第二段反应器，在温度 440～460℃、压力 14～18MPa 条件下，煤和渣油加氢裂解，转变成馏分油。馏分油经蒸馏分成石脑油、中油和重粗柴油，分别加氢精制。残渣作沸腾锅炉燃料，用于发电或产生高压蒸汽。

3. PYROSOL 工艺

PYROSOL 工艺是目前煤油共炼工艺中最经济的一种方法，工艺流程如图 4-30 所示。

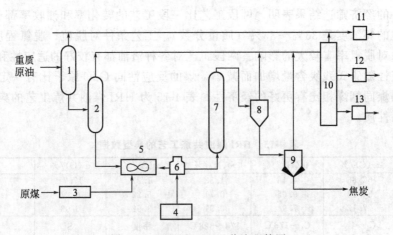

图 4-30　PYROSOL 工艺流程简图

1—常压蒸馏塔；2—减压蒸馏塔；3—油团聚脱灰；4—氢气；5—制煤浆罐；

6—预热器；7—加氢液化反应器；8—热分解器；9—加氢延迟焦化器；10—分馏塔；

11—石脑油加氢液化反应器；12—中油加氢精制器；13—重粗柴油加氢精制器

原料用油团聚法脱灰，以提高设备有效处理能力，减少高压系统的磨损。由微团聚煤、加压渣油和可弃型催化剂（赤泥）组成的煤油浆，首先经过两个串联的直接接触热交换器，依次与加氢延迟焦化反应和缓和加氢液化反应的气态产物相接触，煤浆被预热，气态产物中较重的组分冷凝下来，稀释了煤油浆，循环进入反应器，煤油浆在第一段反应器进行缓和加氢液化，反应条件为 380～240℃ 和 8～10MPa，反应产物经过热分离器，分出气体和轻质馏分，底流物（含溶解煤、未转化煤、渣油、催化剂和灰，占原料量 65%）送入第二段氢延迟焦化，在 480～520℃ 和 8～10MPa 条件下，使溶解煤、渣油进一步加氢裂解，转变成轻、中质油和少量的焦炭。

由于煤油共炼工艺不用循环溶剂，可大大增加单位反应器容积的产品油产量。煤油共炼工艺的主要特点如下。

① 装置处理能力提高。因为煤和渣油都是加工对象，总加工能力可提高一倍以上，油产量可增加 2～3 倍。

② 煤和渣油的协同效应，在反应过程中渣油起供氢溶剂作用，煤及煤中矿物质具有促进渣油的转化、防止渣油结焦和吸附渣油中镍钒重金属等作用。由于这种协同作用，共炼比煤或渣油单独加工时油收率高，可以处理劣质油，工艺过程比煤液化工艺简单。

③ 与液化油相比，共炼的馏分油密度较低，H/C 原子比高，易于精炼提质。

④ 氢的利用率高，因为煤液化工艺中，不少氢消耗于循环油加氢，而共炼时由于渣油本身的 H/C 原子比高（H/C 为 1.7），所以加工时以热裂解反应为主，消耗的氢少，甚至还有氢多余，例如共炼时生成油与消耗氢的重量比约为 15，而煤直接液化的这一比值只有 7。

⑤ 对煤性质要求放宽，因为煤在煤浆中只占 30%～40%。

⑥ 成本大幅度下降，工厂总投资只是煤两段催化液化的 67.5%，是氢-油工艺的 1.4 倍，共炼时产品油成本只有直接液化产品油成本的 50%～70%，而煤油共炼由于用低价煤代替了一部分渣油，所以生产经营费只有 H-Oil 工厂的 86.5%。所以，煤油共炼在经济上要比直接液化更具竞争力。

六、超临界萃取

超临界萃取工艺流程如图 4-31 所示。将破碎至粒度小于 1.6mm 的干燥煤与溶剂甲苯分

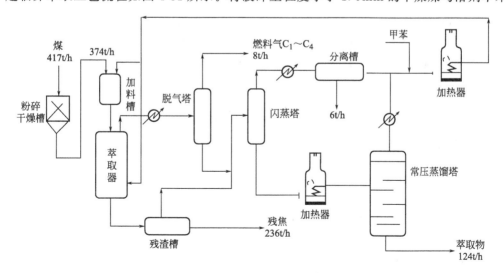

图 4-31 甲苯超临界萃取煤（1000t/h）工艺流程

别加热，逆向进入萃取器进行超临界萃取，萃取温度为455℃，萃取压力10MPa，含萃取的蒸气（甲苯、萃取物、水和气态烃等）从萃取器顶部导出，经冷却、减压，使溶剂萃取物冷凝，送入脱气塔脱出的气态烃作燃料。塔底排出溶剂和萃取物，以加热（高溶剂沸点）、减压后送入常压蒸馏塔，大部分溶剂和水以蒸气形式从顶部逸出，经冷却分离，甲苯加热后循环使用，闪蒸塔底部排出的萃取物，其中尚未含有相当数量的溶剂，还需送常压蒸馏塔，从底部获得萃取物，塔顶排出甲苯循环使用。

萃取后的残渣从萃取器底部排出，减压送残渣槽，由于温度高于溶剂沸点，同时又用蒸汽吹扫残余溶剂，基本上能完全回收残渣中的溶剂，残渣或半焦可作气化原料。

七、中国神华煤直接液化工艺

中国神华集团在吸收近几年煤炭液化研究成果的基础上，根据煤液化单项技术的成熟程度，对HTI工艺进行了优化，提出了如图4-32所示的煤直接液化工艺流程。

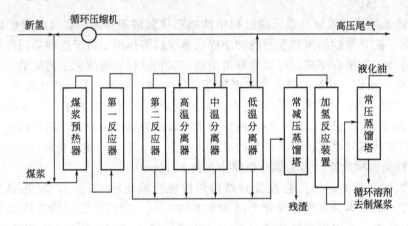

图 4-32 中国神华煤直接液化工艺示意

与HTI工艺对比，该工艺的主要特点如下。

① 采用两段反应，反应温度455℃、压力19MPa，提高了煤浆空速。

② 采用人工合成超细铁基催化剂，催化剂用量相对较少，1.0%（质量分数）（Fe的用量/干煤），同时避免了HTI的胶体催化剂加入煤浆的难题。

③ 取消溶剂脱灰工序，固液分离采用成熟的减压蒸馏。

④ 循环溶剂全部加氢，提高溶剂的供氢能力。

⑤ 液化粗油精制采用离线加氢方案。

复习思考题

1. 什么是煤的直接液化？简述其工艺过程。

2. 煤与石油的主要区别有哪些？

3. 煤在加氢液化过程基本可分为哪三大步骤？

4. 煤在加氢液化过程中发生哪四类化学反应？

5. 写出煤加氢液化过程中煤热裂解主要反应式。

6. 供给自由基的氢主要来自哪几个方面？提高供氢能力的主要措施有哪些？

7. 为抑制缩合常采用哪些措施来防止结焦？

8. 什么是油、沥青烯、前沥青烯及残渣？

9. 画出煤加氢液化产物分离流程。

10. 煤加氢液化产物产率如何计算？

11. 用蒸馏法分离，煤液化轻油和中油的组成有哪些？

12. 煤液化中生成的气体主要包括哪两部分？

13. 煤加氢液化的影响因素有哪些？

14. 煤液化溶剂有哪几类？煤液化溶剂的主要作用是什么？

15. 煤加氢液化的主要工艺参数有哪些？它们对煤液化有什么影响？

16. 煤加氢液化催化剂有哪些种类？各有什么特点？

17. 按过程工艺特点分类，煤炭直接液化工艺主要有哪些？

18. 典型的煤直接加氢液化工艺包括哪几个步骤？

19. 与老工艺相比，德国直接液化 IGOR 工艺有哪些特点？

20. 简述氢-煤法（H-Coal）工艺流程及工艺特点。

21. 煤两段催化剂液化 CTSL 工艺过程实质分成哪些阶段？画出其工艺流程。

22. 溶剂精炼煤法中 SRC-Ⅰ工艺及 SRC-Ⅱ工艺有何不同之处？

23. 目前较先进的煤油共炼技术有哪些？

24. 与 HTI 工艺对比，中国神华煤直接液化工艺有哪些工艺特点？

第五章

煤制合成气和氢气

合成气是指以氢气和一氧化碳为主要成分，两者具有一定比例的碳一化学催化合成用的原料气。大规模低成本生产合成气对于碳一化工至关重要。

煤的直接液化是将煤进行裂解、加氢反应，从而直接转化为相对分子质量较小的液态烃和化工原料；煤的间接液化是将煤先气化得到合成气，然后进行费托合成制取液体燃料和化学品。煤炭气化技术不仅是煤炭间接液化过程中制取合成气的先导技术，而且是煤炭直接液化过程中制取氢气的主要途径。不过生产合成气及氢气的原料不仅仅是煤，原则上凡是碳氢化合物都可作为原料，如天然气、焦炉气、渣油、石油焦、生物质和垃圾中的有机物等，但以煤为原料生产合成气最适合我国国情。本章重点介绍煤气化制合成气及氢气的技术。

煤炭经过气化、煤气除尘与脱硫以及不同程度的 CO 变换与 CO_2 脱除等关键环节，可以得到 H_2/CO 不同的合成气及氢气。例如，对煤炭间接液化技术要求的合成气而言，固定床和流化床技术要求 H_2/CO 为 2.0 左右，浆态床技术要求 H_2/CO 为 0.6～0.7；而对煤炭直接液化技术需要的氢气而言，要求将煤气中的 CO 全部变换为 H_2。煤气化制取合成气和氢气的工艺流程示意如图 5-1 所示。

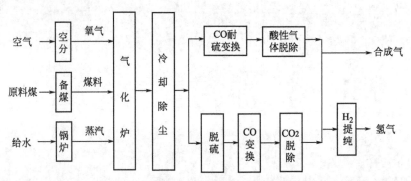

图 5-1　煤气化制取合成气的工艺流程示意

煤制合成气及氢气的工艺过程主要包括煤炭气化、煤气除尘、煤气脱硫、CO 变换、CO_2 脱除及氢气提纯六个关键环节。

第一节　煤炭气化技术

煤的气化是煤与气化剂（空气、氧气、水蒸气、氢等）在高温下发生化学反应将煤中有机物转变为煤气的过程。煤气是指气化剂通过炽热固体燃料层时，所含游离氧或结合氧将燃料中的碳转化成的可燃性气体，煤气的有效成分为一氧化碳、氢气、甲烷等，可作为化工原料、城市煤气和工业燃气。

气化过程中产生的混合气体组成，随气化时所用的煤的性质、气化剂的类别、气化过程的条件以及煤气发生炉的结构不同而不同。因此，生产液化用合成气，必须根据煤气所需的组成来选择气化剂的类别和气化条件，才能满足生产的需要。

一、煤发生气化的基本条件

（1）气化原料和气化剂 气化原料一般为煤、焦炭。气化剂可选择空气、空气-蒸汽混合气、富氧空气-蒸汽、氧气-蒸汽、蒸汽或 CO_2 等。

（2）发生气化的反应容器（即煤气化炉或煤气发生炉） 气化原料和气化剂被连续送入反应器，在反应器内完成煤的气化反应，输出粗煤气，并排出煤炭气化后的残余灰渣。煤气发生炉的炉体外壳一般由钢板构成，内衬耐火层，装有加煤和排灰渣设备、调节空气（富氧气体）和水蒸气用量的装置、鼓风管道和煤气导出管等。

（3）煤气发生炉内保持一定的温度 通过向炉内鼓入一定量的空气或氧气，使部分入炉原料燃烧放热，以此作为炉内反应的热源，使气化反应不间断地进行。根据气化工艺的不同，气化炉内的操作温度亦有较大不同，可分别运行在高温（1100～2000℃），中温（950～1100℃）或较低的温度（900℃左右）区段。

（4）维持一定的炉内压力 不同的气化工艺所要求的气化炉内的压力也不相同，分为常压和加压气化炉。较高的运行压力有利于气化反应的进行和提高煤气的产量。

二、煤气化基本原理

煤气化是一个热加工转化过程，会发生一系列复杂的物理、化学变化，主要包括干燥、热解、气化及燃烧四个阶段。

1. 煤气化过程的几个阶段

（1）干燥 气化所用的原料煤通常含有一定的水分，煤料进入气化炉后，随着温度的逐渐升高，煤中水分会受热蒸发，从而使煤料得到干燥。

（2）热解 煤料在气化炉内经过干燥以后，随着温度的进一步升高，煤分子会发生热分解反应，生成一定数量的挥发性物质（包括干馏煤气、焦油及热解水等）。同时，煤料中不能挥发的部分形成半焦。

（3）气化 煤热解后形成的半焦在更高的温度下与通入气化炉的气化剂发生化学反应，生成以 CO、H_2、CH_4 及 CO_2、N_2、H_2S、H_2O 等为主要成分的气态产物，即粗煤气。

（4）燃烧 由于煤与气化剂之间发生的主要化学反应多为强吸热反应，同时需要保证气化反应能够在较高的气化炉操作温度下快速、连续进行，因此一般通过使煤料中的部分碳与气化剂中的氧发生燃烧反应的方式来为气化过程提供必要的热量。

2. 煤气化过程中的基本化学反应

煤气化过程中的基本化学反应主要包括煤的热解反应、气化反应及燃烧反应，使用不同的气化剂可制取不同种类的煤气，但主要反应基本相同。由于煤的结构很复杂，且其中含有碳、氢、氧、硫等多种元素，在讨论基本化学反应时，一般仅考虑煤中主要元素碳和在气化反应前发生的煤的干馏或热解，即煤的气化过程仅有碳、水蒸气和氧参加，碳与气化剂之间发生一次反应，反应产物再与燃料中的碳或其他气态产物之间发生二次反应。主要反应如下。

一次反应：

$$C + O_2 \longrightarrow CO_2 \qquad\qquad \Delta H = 394.1 \text{kJ/mol}$$
$$C + H_2O \Longleftrightarrow CO + H_2 \qquad\qquad \Delta H = -135.0 \text{kJ/mol}$$
$$C + 1/2O_2 \longrightarrow CO \qquad\qquad \Delta H = 110.4 \text{kJ/mol}$$
$$C + 2H_2O \longrightarrow CO_2 + 2H_2 \qquad\qquad \Delta H = -96.6 \text{kJ/mol}$$
$$C + 2H_2 \Longleftrightarrow CH_4 \qquad\qquad \Delta H = 84.3 \text{kJ/mol}$$
$$H_2 + 1/2O_2 \longrightarrow H_2O \qquad\qquad \Delta H = 245.31 \text{kJ/mol}$$

二次反应：

$$C+CO_2 \Longrightarrow 2CO \qquad \Delta H=-173.3kJ/mol$$
$$2CO+O_2 \Longrightarrow 2CO_2 \qquad \Delta H=566.6kJ/mol$$
$$CO+H_2O \Longrightarrow H_2+CO_2 \qquad \Delta H=38.4kJ/mol$$
$$CO+3H_2 \Longrightarrow CH_4+H_2O \qquad \Delta H=219.3kJ/mol$$
$$3C+2H_2O \longrightarrow CH_4+2CO \qquad \Delta H=-185.6kJ/mol$$
$$2C+2H_2O \longrightarrow CH_4+CO_2 \qquad \Delta H=-12.2kJ/mol$$

根据以上反应产物，煤炭气化过程可用下式表示：

$$煤 \xrightarrow{\text{高温、加压、气化剂}} C+CH_4+CO+CO_2+H_2+H_2O$$

在气化过程中，如果温度、压力不同，则煤气产物中碳的氧化物即一氧化碳与二氧化碳的比率也不相同。在气化时，氧与燃料中的碳在煤的表面形成中间碳氧配合物 C_xO_y，然后在不同条件下发生热解，生成 CO 和 CO_2。

因为煤中有杂质硫存在，气化过程中还可能同时发生以下副反应。

$$S+O_2 \Longrightarrow SO_2$$
$$SO_2+3H_2 \Longrightarrow H_2S+2H_2O$$
$$SO_2+2CO \Longrightarrow S+2CO_2$$
$$2H_2S+SO_2 \Longrightarrow 3S+2H_2O$$
$$C+2S \Longrightarrow CS_2$$
$$CO+S \Longrightarrow COS$$
$$N_2+3H_2 \Longrightarrow 2NH_3$$
$$N_2+H_2O+2CO \Longrightarrow 2HCN+3/2O_2$$
$$N_2+xO_2 \Longrightarrow 2NO_x$$

从气化炉产出的粗煤气中含有以上反应的产物以及硫化氢、氨等杂质，它们的存在会造成对设备的腐蚀和对环境的污染，必须经过一系列净化步骤除去焦油、硫化氢、氨、CO_2 等物质，最后得到 CO 和 H_2（有时含少量甲烷）的混合气，此混合气称为合成气。

三、煤气化过程的影响因素

煤的气化过程影响因素很多，本节只简要介绍原料煤的性质及煤中矿物质对煤气化过程的影响。

在选择具体的煤气化工艺时，首先考虑气化所用原料煤的性质是极为重要的。不同的气化工艺对原料煤的要求也有所不同，若原料煤的性质不适合所选择的气化工艺，则将导致气化炉生产指标的下降甚至恶化。气化用原料煤的性质主要包括煤的反应活性、黏结性、结渣性、热稳定性、机械强度、粒度组成以及煤的水分、灰分和硫分等。

（1）反应活性　煤的反应活性又称煤的化学活性，是指在一定的条件下，煤与不同气化介质（如 CO_2，O_2，H_2O 和 H_2）发生化学反应的能力。反应活性强的煤在气化和燃烧过程中反应速率快、效率高。反应活性的强弱直接影响煤气化中的有关指标，如气化率、灰渣和飞灰含碳量、氧耗量、煤气成分和热效率等。反映煤反应活性的指标有着火点、活化能、气化剂的转化率和直接反应速率等，目前多用二氧化碳还原率和热天平直接测定气化反应速率。研究表明，各种煤的反应活性随着煤化程度的增加而逐渐降低。

（2）黏结性　煤的黏结性是指煤被加热到一定温度时，因受热分解而变成塑性状态，颗粒之间受胶质体以及膨胀压力的作用相互黏结在一起的性能。测定煤黏结性的方法可以分为以下三类：根据胶质体的数量和性质进行测定，如胶质层厚度、基氏流动度、奥亚膨胀度等；根据煤黏结惰性物料能力的强弱进行测定，如罗加指数和黏结指数等；根据所得焦块的外形进行测定，如坩埚膨胀序数和葛金指数等。

对于移动床煤气化工艺，若煤料在气化炉上部黏结成大块，将破坏料层中气流的均匀分布，黏结严重时会使整个气化过程无法进行；对于流化床气化工艺，若煤料黏结成大颗粒或一定块度，则会破坏正常的流化状态。因此，对于移动床及流化床气化工艺，最适于的原料煤是无黏结性或黏结性较弱的煤种，气流床气化工艺则对黏结性指标不敏感。

（3）结渣性　煤的结渣性是指煤中矿物质在气化和燃烧过程中，由于灰分的软化熔融而转变成炉渣的性能。对移动床气化炉，大块的炉渣将会破坏床内均匀的透气性，严重时炉箅不能顺利排渣，需用人力捅渣，甚至被迫停炉；此外，由于炉渣会包裹未气化完全的原料煤，使气化炉排出的炉渣含碳量增高。对流化床来说，即使少量的结渣，也会破坏炉内正常的流化状况；另外，在炉膛上部的二次风区的高温会使熔渣堵塞在气体出口管处。

测定煤的结渣性时，将煤制成 $3\sim6mm$ 的试样，用木炭引燃，通入空气使之燃烧，等煤样燃尽后，停止鼓风，冷却后取出灰渣称重，其中大于 $6mm$ 的渣块占灰渣总量的百分数称为结渣率。结渣率小于 5% 的煤为难结渣煤，结渣率 $5\%\sim25\%$ 的煤为中等结渣煤，结渣率高于 25% 的煤为强结渣煤。

（4）热稳定性　煤的热稳定性是指煤在高温燃烧和气化过程中对热的稳定程度，也就是在高温作用下保持原来粒度的性质。热稳定性好的煤，在气化过程中能以其原来的粒度烧尽或气化完全而不碎成小块，而热稳定性差的煤遇热后则迅速碎裂成小块或粉末。对于移动床气化炉来说，热稳定性差的煤将会增加炉内阻力和带出物量，降低气化效率。

我国褐煤、无烟煤及不黏结烟煤的热稳定测定方法是取一定量的 $6\sim13mm$ 的块煤，在 $850℃$ 的马弗炉内加热 $30min$，取出后冷却、筛分和称重，以大于 $6mm$ 的残焦百分数（R_{w+6}）作为热稳定性指标。一般烟煤的热稳定性最好，褐煤和无烟煤的热稳定性较差，因为褐煤中水分含量高，受热后水分迅速蒸发使煤块碎裂，无烟煤因其结构致密，受热后内外温差大，膨胀不均产生压力，也可使煤块碎裂。

（5）机械强度　煤的机械强度是指块煤的抗碎、耐磨和抗压等综合物理和力学性能，关系到煤在输送和气化时能否保持其应有的粒度和筛分组成，以保证气化过程均匀地进行，减少带出物量。机械强度较低的煤，只能直接采用流化床或气流床工艺进行气化生产。

目前，我国测定机械强度的方法主要采用块煤落下的试验法，试验选用 10 块粒度为 $60\sim100mm$ 的块煤，将它们逐块地从 $2m$ 高的地方落到 $15mm$ 厚的金属板上，自由落下 3 次，以大于 $25mm$ 的块煤占 10 块原煤的质量百分数来表示机械强度，该百分数愈高，则煤的机械强度也愈高。用落下试验鉴定煤的机械强度的分级标准如表 5-1 所示。

表 5-1　煤的机械强度分级标准

级别	煤的机械强度	>25mm 粒度所占比例/%
一级	高强度煤	>65
二级	中强度煤	>50~65
三级	低强度煤	>30~50
四级	特低强度煤	≤30

我国大多数无烟煤的机械强度好，一般为 $60\%\sim92\%$。但也有一些煤成片状、粒状，煤质松软机械强度差，一般为 $40\%\sim20\%$，甚至 20% 以下。

（6）粒度分布　不同气化工艺对用煤的粒度要求不同。移动床气化炉要求粒度为 10～100mm 的均匀块煤，流化床气化炉要求粒度小于 8mm 的细粒煤，气流床气化炉则要求粒度小于 0.1mm 的粉煤，熔融床要求粒度小于 6mm 的粒煤。粒度分布太宽对气化过程不利。

（7）原料煤的水分、灰分和硫分　控制原料煤的水分和灰分主要是为了维持正常气化过程，获得较好的气化效率。当用氧气作气化剂时，更应控制原料煤的水分，否则氧耗过高、气化效率太低。

气化过程中原料煤中的硫主要表现为 H_2S 的形式，硫化氢及其燃烧产物（SO_2）会造成人体中毒，硫化物的存在还会腐蚀管道和设备，而且给后工序的生产带来危害，如造成催化剂中毒、使产品成分不纯或色泽较差等。因此，无论生产什么用途的煤气，首先都必须把固体杂质清除干净。

（8）煤中矿物质的影响　原料煤中的矿物质主要由铁、钙、镁、磷、钾和硫等元素组成，因此煤灰主要以 SiO_2、Al_2O_3、Fe_2O_3、CaO、MgO、Na_2O 以及 K_2O 等形式存在。煤中矿物质的存在对气化过程的影响主要涉及以下两个方面。

① 对气化反应速率的影响。

② 对结渣和排渣的影响。

移动床和流化床气化炉需考虑煤灰的结渣性；液态排渣的气流床气化炉不仅要求煤灰的熔融温度越低越好，而且需要了解煤灰的性质和黏-温特性。如有些碱性很强的煤灰，虽然熔融温度很低，但这样的煤灰对耐火材料和金属材料有严重的腐蚀；又如熔融温度相同的煤灰，由于它们的黏-温特性不同，会使它们的灰渣流动性相差甚多。

四、典型制取合成气的煤气化工艺

目前已经实现工业化应用的煤气化工艺有数十种之多，本节仅介绍几种对煤炭间接液化制合成气和煤炭直接液化制氢气有现实意义的几种典型加压煤气化工艺，主要包括 Lurgi 工艺、HTW 工艺及 Texaco 工艺等。

1. 鲁奇（Lurgi）气化工艺

该工艺以块煤为气化原料，属于移动床加压气化技术，是目前世界上用于生产合成气的主要方法之一。全世界有 200 多台鲁奇气化炉在运行，单南非 Sasol 公司就拥有 97 台鲁奇气化炉。我国开远、哈尔滨、兰州和义马等地也有这样的气化炉用于生产合成气或城市煤气。

（1）移动床气化炉工作原理　移动床是一种较老的气化装置。燃料主要有褐煤、长焰煤、烟煤、无烟煤、焦炭等，气化剂有空气、空气-水蒸气、氧气-水蒸气等，燃料由移动床上部的加煤装置加入，底部通入气化剂，燃料与气化剂逆向流动，反应后的灰渣由底部排出。移动床及其炉内料层温度分布情况如图 5-2 所示。

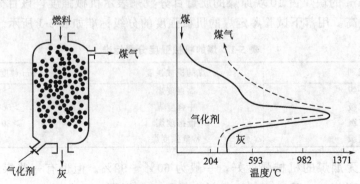

图 5-2　移动床及其炉内料层温度分布

当炉料装好后，以空气或以空气与水蒸气作为气化剂时，炉内料层可分为六个层带，自上而下分别为：空层、干燥层、干馏层、还原层、氧化层、灰渣层，如图 5-3 所示。

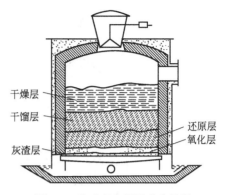

图 5-3　移动床内料层分布情况

① 灰渣层。灰渣层中的灰是煤炭气化后的固体残渣，煤灰堆积在炉底的气体分布板上具有三个方面的作用：灰层上面的氧化层温度很高，有了灰层的保护，避免了和气体分布板的直接接触，故能起到保护分布板的作用；由于灰渣结构疏松并含有许多孔隙，可促使气化剂在炉内的均匀分布；煤灰的温度比刚入炉的气化剂温度高，可预热气化剂。

② 氧化层。也称燃烧层或火层，是煤炭气化的重要反应区域，从灰渣中升上来的预热气化剂与煤接触发生燃烧反应，产生的热量是维持气化炉正常操作的必要条件。氧化层带温度高，气化剂浓度最大，发生的化学反应剧烈，主要的反应为：

$$C+O_2 \longrightarrow CO_2 \qquad \Delta H = 394.1kJ/mol$$
$$2CO+O_2 \longrightarrow 2CO_2 \qquad \Delta H = 566.6kJ/mol$$
$$C+1/2O_2 \longrightarrow CO \qquad \Delta H = 110.4kJ/mol$$

三个反应都是放热反应，因而氧化层的温度是最高的。考虑到灰分的熔点，氧化层的温度太高有烧结的危险，所以一般在不烧结的情况下，氧化层温度越高越好，温度低于灰分熔点 80~120℃为宜，约为 1200℃左右。氧化层厚度控制在 150~300mm，要根据气化强度、燃料块度和反应性能来具体确定

③ 还原层。在氧化层的上面是还原层。赤热的炭具有很强的夺取水蒸气和二氧化碳中的氧而与之化合的能力，水（当气化剂中用蒸汽时）或二氧化碳发生还原反应而生成相应的氢气和一氧化碳，还原层也因此而得名。还原反应是吸热反应，其热量来源于氧化层的燃烧反应所放出的热。还原层的主要化学反应如下。

$$C+CO_2 \Longleftrightarrow 2CO$$
$$C+H_2O \Longleftrightarrow CO+H_2$$
$$C+2H_2O \Longleftrightarrow CO_2+2H_2$$
$$C+2H_2 \Longleftrightarrow CH_4$$
$$CO+3H_2 \Longleftrightarrow CH_4+H_2O$$
$$2CO+2H_2 \Longleftrightarrow CH_4+CO_2$$
$$CO_2+4H_2 \Longleftrightarrow CH_4+2H_2O$$

还原层厚度一般控制在 300~500mm。如果煤层太薄，还原反应进行不完全，煤气质量降低；煤层太厚，对气化过程也有不良影响，尤其是在气化黏结性强的烟煤时，容易造成气流分布不均，局部过热，甚至烧结和穿孔。

④ 干馏层。干馏层位于还原层的上部，气体在还原层释放大量的热量，进入干馏层时温度已经不太高了，气化剂中的氧气已基本耗尽，煤在这个过程历经低温干馏，煤中的挥发分发生裂解，产生甲烷、烯烃和焦油等物质。

⑤ 干燥层。干燥层位于干馏层的上面，上升的热煤气与刚入炉的燃料在这一层相遇并进行换热，燃料中的水分受热蒸发。一般地，利用劣质煤时，因其水分含量较大，该层高度较大，如果煤中水分含量较少，干燥段的高度就小。

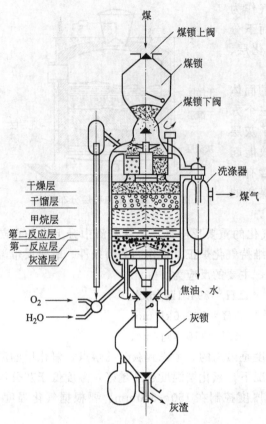

图 5-4 鲁奇加压气化炉

（2）鲁奇加压气化炉 鲁奇炉使用的原料是块煤，且产生焦油。鲁奇炉的排渣方式主要有液态排渣和固态排渣两种。干法排灰（固态排渣）和湿法排灰（液态排渣）的主要区别是前者使用的氧化剂中蒸汽与氧气的比率更大，干法约 4:1～5:1 之间，湿法一般低于 0.5:1，这就意味着气化温度不能超过灰熔点，更适合气化一些反应性高的煤种如褐煤。

① 固态排渣鲁奇炉。鲁奇加压气化炉的结构如图 5-4 所示。炉内有可转动的煤分布器和灰盘，气化介质氧气和水蒸气由转动炉箅的条状孔隙处进入炉内，灰渣由灰盘连续排入灰斗，以与加煤方向相反的顺序排出。块煤加入气化炉顶部的煤锁，在进入气化炉之前增压，一个旋转的煤分布器确保煤在反应器的整个截面上均布，煤缓慢下移到气化炉。气化产生的灰渣由旋转炉箅排出并在灰斗中减压，蒸汽和氧气被向上吹，气化过程产生的煤气在 650～700℃时离开气化炉。气化炉外由水夹套围绕，水夹套产生的水蒸气可用于工艺过程中。

鲁奇炉内燃料的分层从上到下分为干燥层、干馏层、甲烷层、第二反应层、第一反应层、灰渣层。其中甲烷层、第二反应层、第一反应层为真正的气化阶段；干燥层和干馏层为原料的准备阶段。第二反应层和甲烷层统称还原层。

· 灰渣层。一般控制灰渣层厚度在 300mm 左右，以保证气化炉的炉箅不会被灼热的炭烧坏或变形。高压过热蒸汽、氧气以及气化炉自产的饱和蒸汽混合后，约 340℃进入气化炉，通过炉箅均匀地分散到灰渣层中。在炉箅和灰渣层，气化剂被加热到 1100℃以上，而灰渣被冷却到 400～500℃后排入灰锁。

· 第一反应层（氧化层）。在此层内，煤料中的残炭和氧进行如下两个反应：

$$C+O_2 \longrightarrow CO_2 \qquad \Delta H = 394.1 \text{kJ/mol}$$
$$C+1/2O_2 \longrightarrow CO \qquad \Delta H = 110.4 \text{kJ/mol}$$

前一个反应是主要的，所以反应生成物中主要是 CO_2。氧化层是气化炉的供热层。由于碳的燃烧反应在高温下反应速率极快，所以煤料在该层的停留时间比其他各层短得多，大约为 3～8mm。

· 第二反应层（气化层）。气化区内的温度约 850℃，来自燃烧区含 CO_2 和水蒸气主要进行以下反应：

$$C+H_2O \Longleftrightarrow CO+H_2 \qquad \Delta H = -135.0 \text{kJ/mol}$$
$$C+2H_2O \longrightarrow CO_2+2H_2 \qquad \Delta H = -96.6 \text{kJ/mol}$$
$$C+CO_2 \Longleftrightarrow 2CO \qquad \Delta H = -173.3 \text{kJ/mol}$$
$$CO+H_2O \Longleftrightarrow H_2+CO_2 \qquad \Delta H = 38.4 \text{kJ/mol}$$

随着水蒸气分解和CO_2还原反应的进行，H_2和CO的生成量不断增加，水蒸气和CO_2含量不断下降。

· 甲烷层。由于大量的CO和H_2的生成，也就为甲烷化反应创造了条件。这时发生的甲烷化反应主要有：

$$C+2H_2 \Longrightarrow CH_4 \qquad \Delta H = 74.4 kJ/mol$$
$$CO+3H_2 \Longrightarrow CH_4 + H_2O \qquad \Delta H = 219.3 kJ/mol$$

随着加氢气化反应和合成反应的进行，CH_4量不断增加，H_2和CO逐渐降低，生成CH_4量的多少取决于煤的直接加氢活性高低和床内温度与气化压力的高低。这个区域内温度较低，气化反应一般不会发生，而甲烷化反应能缓慢地进行，持续的时间较长，煤的停留时间为0.3~0.5h。

· 干馏层。煤料被上升的煤气加热到300~600℃，开始软化，并分解出焦油，变成低温煤焦。这时，除了干馏反应外，还有CO的变换反应：

$$CO+H_2O \Longrightarrow H_2 + CO_2 \qquad \Delta H = 38.4 kJ/mol$$

· 干燥层。原料煤从煤锁间歇地加入到气化炉内顶部的煤料分布器内，然后逐步被加热到150~240℃，煤中的表面水不断被蒸发，煤料得到干燥。

② 液态排渣加压气化炉。液态排渣加压气化炉的基本原理是仅向气化炉内通入适量的水蒸气，控制炉温在灰熔点以上，灰渣要以熔融状态从炉底排出。气化层的温度较高，一般在1100~1500℃之间，气化反应速率大，设备生产能力大，灰渣中几乎无残炭。液态排渣气化炉如图5-5所示。

液态排渣气化炉的主要特点是炉子下部的排灰机构特殊，取消了固态排渣炉的转动炉算。在炉体的下部设有熔渣池，在渣箱的上部有一液渣急冷箱，用循环熄渣水冷却，箱内充满70%左右的急冷水。由排渣口下落的液渣在急冷箱内淬冷形成渣粒，在急冷箱内达到一定量后，卸入渣箱内并定时排出炉外。由于灰箱中充满水，和固态排渣炉比较，灰箱的充、卸压就简单多了。

在熔渣池上方有8个均匀分布、按径向

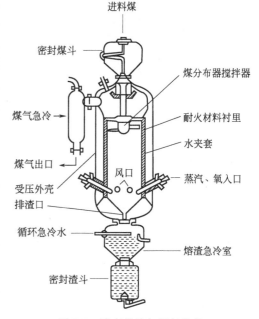

图5-5　液态排渣加压气化炉

对称安装并稍向下倾斜、带水冷套的软钢气化剂喷嘴。气化剂和煤粉及部分焦油由此喷入炉内，在熔渣池中心管的排渣口上部汇集，使得该区域的温度可达1500℃左右，使熔渣呈流动状态。为避免回火，气化剂喷嘴口的气流喷入速度应不低于100m/s，如果要降低生产负荷，可以关闭一定数量的喷嘴来调节，因此它比一般气化炉调节生产负荷的灵活性大。

高温液态排渣，气化反应的速率大大提高，是熔渣气化炉的主要优点。所气化的煤中的灰分是以液态形式存在，熔渣池的结构与材料是这种气化方法的关键。为了适应炉膛内的高温，炉体以耐高温的碳化硅耐火材料作内衬。

该炉型装上布煤器和搅拌器后，可以用来气化强黏结性的烟煤。与固态排渣炉相比，可以用来气化低灰熔点和低活性的无烟煤。在实际生产中，气化剂喷嘴可以携带部分粉煤和焦油进入炉膛内，因此可以直接用来气化煤矿开采的原煤，为粉煤和焦油的利用提供了一条较好的途径。

（3）Lurgi 加压气化工艺　煤气的用途不同，其生产工艺流程差别很大。图 5-6 为采用 Lurgi 工艺生产合成原料气的工艺流程示意。气化炉生产的粗煤气的温度为 450℃，通过喷淋式冷却器冷却到 190℃，重质焦油被冷凝下来，粗煤气经废热锅炉进一步冷却到 103℃，废热锅炉产生压力为 0.3MPa 的水蒸气。

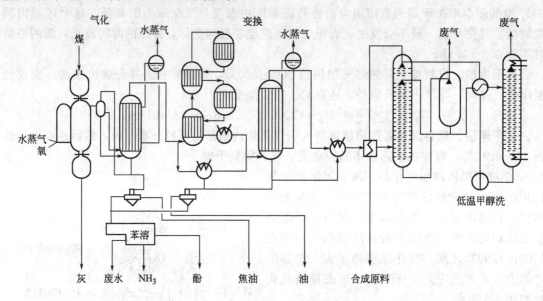

图 5-6　Lurgi 工艺流程示意

原料煤经过破碎筛分后，粒度为 4～50mm 的煤加入炉内进行气化。反应完的灰渣经过转动炉箅借刮刀连续排灰。从气化炉上侧方引出的粗煤气，温度高达 400～600℃（由煤种和生产负荷来定），经过喷淋式冷却，除去煤气中的部分焦油和煤尘，温度降至 190℃左右，煤气被水饱和，湿含量增加，露点提高。

粗煤气的余热通过废热锅炉回收废热后，温度降到 103℃左右。温度降得太低，会出现焦油凝析，黏附在管壁上影响传热并给清扫工作增加难度。废热锅炉生产的 0.3MPa 的低压蒸汽，并入厂内的低压蒸汽总管，用来给一些设备加热和保温。所得到的合成原料气送下一工序继续处理。

2. 高温温克勒（HTW）气化法

该工艺以碎煤为气化原料，属于流化床加压气化技术。兼作流化介质的气化剂经气化炉底部气体分布板入炉，并向上通过煤料床层，通过调节和控制气化剂的流速，可使煤料在处于流化状态下与气化剂进行热量交换和发生气化反应。流化床气化工艺的最大特点是气化炉内整个煤料床层的温度和固体中的碳浓度比较均匀。

（1）流化床气化炉工作原理　流化床气化是用流态化技术来生产煤气的一种气化方式，气化剂通过粉煤层，使燃料处于悬浮状态，固体颗粒的运动如沸腾的液体一样。气化用煤的粒度一般较小，比表面积较大，气固相运动剧烈，整个床层温度和组成一致，所产生的煤气和灰渣都在炉温下排出，因而，导出的煤气中基本不含焦油类物质，如图 5-7 所示。

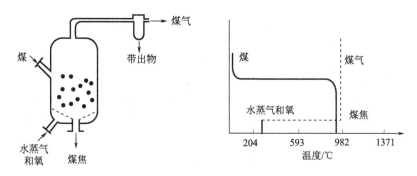

图 5-7 流化床气化炉及炉内温度分布

（2）高温温克勒（HTW）气化工艺 HTW 示范装置流程如图 5-8 所示。粗煤气经旋风除尘器除尘后进卧式火管废热锅炉，煤气被冷到 350℃，并产生中压蒸汽。然后，煤气顺序通过激冷器、文氏洗涤器和水洗塔，使煤气进一步降温和除尘。将净化得到的部分 CO_2 气体压缩后，用作原料煤、灰渣和尘粒锁斗的加压气体。

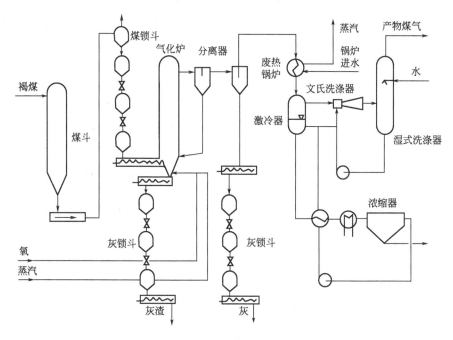

图 5-8 HTW 示范装置工艺流程

3. 德士古（Texco）气化

德士古（Texco）气化是一种以水煤浆进料的加压气流床气化工艺，最早开发于 20 世纪 40 年代后期。该法是美国德士古石油公司在渣油气化技术的基础上开发而成的水煤浆气流床加压气化技术，现已被世界上许多国家，如美国、日本、德国和中国等用于生产合成气。

（1）气流床气化原理 所谓气流床，就是气化剂将煤粉夹带进入气化炉，进行并流气化。微小的粉煤在火焰中经部分氧化提供热量，然后进行气化反应，粉煤与气化剂均匀混合，通过特殊的喷嘴进入气化炉后瞬间着火，直接发生反应，温度高达 2000℃左右。所产生的炉渣和煤气一起在接近炉温下排出，由于温度高，煤气中不含焦油等物质，剩余的煤渣以液态的形式从炉底排出，如图 5-9 所示。

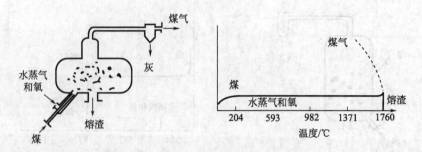

图 5-9　气流床气化炉及炉内温度分布

　　煤颗粒在反应区内停留时间约 1s 左右，来不及熔化而迅速气化，而且煤粒能被气流各自分开，不会出现黏结凝聚，因而燃料的黏结性对气化过程没有太大的影响。

　　(2) 德士古气化炉　　德士古气化炉是一种以水煤浆进料的加压气流床气化装置，如图 5-10 所示。气化炉为一直立圆筒形钢制耐压容器，内壁衬以高质量的耐火材料，可以防止热渣和粗煤气的侵蚀。该炉有两种不同的炉型，根据粗煤气采用的冷却方法不同，可分为淬冷型，如图 5-10(a) 所示，和全热回收型如图 5-10(b) 所示。两种炉型下部合成气的冷却方式不同，但炉子上部气化段的气化工艺是相同的。

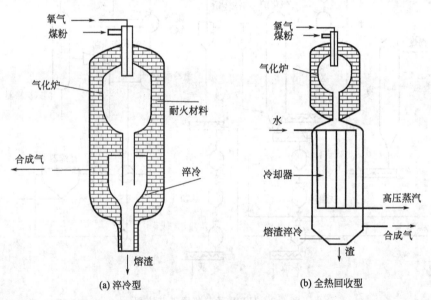

图 5-10　德士古气化炉

　　德士古加压水煤浆气化过程是并流反应过程。合格的水煤浆原料同氧气从气化炉顶部喷嘴导入，在高速氧气的作用下雾化，氧气和雾化后的水煤浆在炉内受到高温衬里的辐射作用，迅速进行着一系列的物理、化学变化。气化后的煤气中主要是一氧化碳、氢气、二氧化碳和水蒸气。气体夹带灰分并流而下，粗合成气在冷却后，从炉子的底部排出。

　　在淬冷型气化炉中，粗合成气体经过淬冷管离开气化段底部，淬冷管底端浸没在一水池中。粗气体经过急冷到水的饱和温度，并将煤气中的灰渣分离下来，灰熔渣被淬冷后截留在水中，落入渣罐，经过排渣系统定时排放。之后冷却了的煤气经过侧壁上的出口离开气化炉的淬冷段。然后按照用途和所用原料，粗合成气在使用前进一步冷却或净化。

　　在全热回收型炉中，粗合成气离开气化段后，在合成气冷却器中由 1400℃ 冷却到

700℃，回收的热量用来生产高压蒸汽。熔渣向下流到冷却器被淬冷，在经过排渣系统排出。合成气由淬冷段底部送下一工序。

（3）德士古气化工艺 德士古气化是一种成熟的大规模气化技术，处理煤的能力多在 1000t/d 左右，最大已达 2000t/d。其工艺流程见图 5-11。

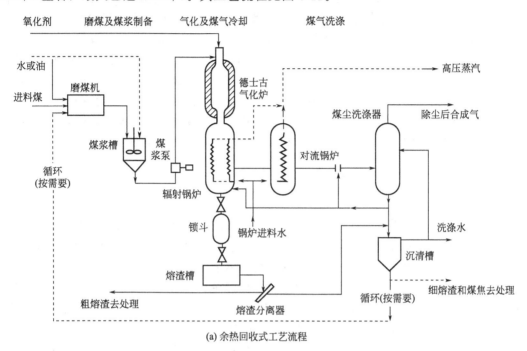

(a) 余热回收式工艺流程

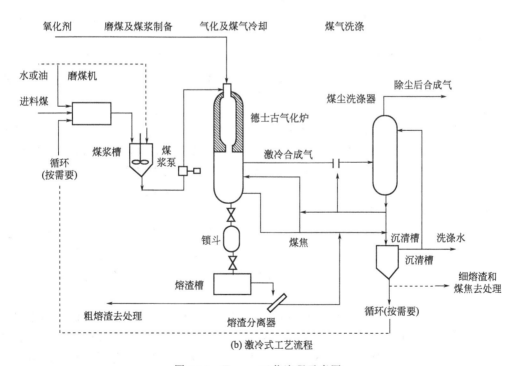

(b) 激冷式工艺流程

图 5-11 Texaco 工艺流程示意图

煤经湿磨后，与油或水制成浓度为 60%～70% 的煤浆，煤浆与氧气在燃烧器内混合

（用油煤浆气化时，需加蒸汽或其他调温剂；用水煤浆气化时，水就起调温作用）。适当调节氧/煤浆，使炉内气化温度高于煤灰流动温度。

离开气化炉的热气流，含有占入炉原料煤 15%～35% 的显热，需将这部分能量予以回收。图 5-10 中给出了废热锅炉回收余热的工艺流程、激冷式工艺流程两种常用的工艺流程。对于前者，热煤气先经辐射锅炉，再送往对流锅炉进行余热回收，余热锅炉产生的蒸汽可用于发电或作其他用；对于后者，热煤气离开气化炉后，用激冷水直接冷却降温。

冷却后的煤气进入水洗涤器，以清除气体中夹带的煤焦及飞灰粒子。洗涤水进入沉清槽，分离出固体后循环使用。气化炉排出的大部分灰渣通过锁斗系统排出，进入熔渣槽，经熔渣分离器分出细灰，用泵送入沉清槽分离出细灰渣及煤焦，或再循环或被处理。

激冷式流程更适合于生产合成原料气，因为这种流程易于和变换反应器配套，而且产生蒸汽，以满足变换的需要。激冷式流程与余热锅炉流程相比，投资要少得多。

第二节　煤气除尘

从发生炉出来的粗煤气温度很高，带有大量的热能，同时还带有大量的固体杂质，这些固体杂质的存在会堵塞管道、设备等，从而造成系统阻力增大，甚至使整个生产无法进行，因此，无论生产什么用途的煤气，首先都必须把固体杂质清除干净。

一般情况下，离开气化炉的煤气中含尘粒径范围在 $0.001～500\mu m$ 之间。其中，煤尘及飞灰的粒径大于 $1\mu m$，而焦油雾的粒径则小于 $1\mu m$。粒径小于 $0.1\mu m$ 的粒子具有和气体分子一样的行为，在气体分子的撞击下具有较大的随机运动；$1～20\mu m$ 的粒子随气体运动而运动，往往被气体所携带；大于 $20\mu m$ 的粒子具有明显的沉降运动。对于煤气中粒径极小的粉尘和油雾，则往往需要采用静电方式除尘，而湿式除尘对大于 $2.0\mu m$ 的尘粒具有很好的除尘效率。

工业生产上常用的煤气除尘技术主要采用离心式除尘（亦称旋风式除尘）和静电式除尘等干法除尘方式，有时也采用湿法除尘方式。本节主要介绍旋风式除尘器和静电式除尘器。

一、旋风除尘器

旋风除尘器是工业中应用最为广泛的一种除尘设备，尤其是在高温、高压、高含尘浓度以及强腐蚀性环境等苛刻的场合。旋风除尘器具有结构紧凑、简单，造价低，维护方便，除尘效率较高，对进口气流负荷和粉尘浓度适应性强以及运行操作与管理简便等优点。但是旋风除尘器的压降一般较高，对小于 $5\mu m$ 的微细尘粒捕集效率不高。

1. 旋风除尘器的工作原理

旋风除尘器的主要捕集力为离心力，它利用含尘气流做旋转运动时所产生的对尘粒的离心力将尘粒从气流中分离出来。由于作用在旋转气流中颗粒上的离心力是颗粒自身重力的几百、几千倍，故旋风除尘器捕集微细尘粒的能力要比重力沉降、惯性除尘等其他机械力除尘器强许多。

按照产生旋转气流方式的不同，旋风除尘器有许多不同的形式，但它们的工作原理都一样，只是性能上有所差异以适应不同的应用场合。图 5-12 是一种典型的旋风除尘器结构示意，它由切向入口、圆筒体及圆锥体形成的分离空间、净化气排出口与捕集颗粒排出口等几部分组成。

当含尘气流以 $12～25m/s$ 的速度由进气管进入旋风除尘器时，气流将由直线运动变为圆周运动,如图5-13所示。旋转气流的绝大部分沿器壁自圆筒体呈螺旋形向下朝锥体下端流动,通常称此为"外旋气流"。含尘气体在旋转过程中产生离心力,将密度大于气体的尘粒甩向器壁,尘粒一旦与器壁接触,便失去惯性力而靠入口速度的动量和向下的重力沿壁面下落,进入排灰管。旋转气流在到达锥体下端时,因圆锥形的收缩而向除尘器中心靠拢,当气流到达锥体下端某一位置时,即以同样的旋转方向从旋风除尘器中部由下反转而上,继续作螺旋形流动,形成"内旋气流"。最后,净化后的煤气经排气管排出,一部分未被捕集的尘粒也经由此排气管而逸出。

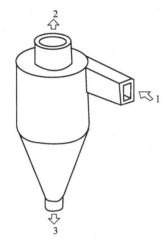

图5-12 旋风除尘器的基本结构
1—含尘气体;2—清洁气体;3—灰尘

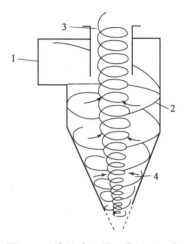

图5-13 旋风除尘器工作原理示意
1—入口;2—外旋流;3—内旋流;4—径向流

从进气管流入的另一小部分气体称为"上旋气流",它向旋风除尘器顶盖流动,然后沿排气管外侧向下流动,当到达排气管下端时反转向上随上升的中心气流(即内旋气流)一同从排气管排出,分散在这一部分上旋气流中的尘粒也随之被带走。

2. 旋风除尘器的结构说明

(1)旋风除尘器的直径(D_o) 一般情况下,旋风除尘器的直径越小,旋转半径越小,粉尘颗粒所受的离心力越大,旋风除尘器的除尘效率越高。但由于过小的直径会导致旋风除尘器的器壁与排气管太近,将造成较大直径颗粒有可能反弹至中心气流而被带走,从而使除尘效率降低。用于煤气除尘的旋风除尘器需与气化炉配套使用,其能力要与气化炉的生产能力相适应。

(2)旋风除尘器的高度(H) 旋风除尘器的高度包括两个部分:筒体和锥体。一般地说,筒体高,气流在旋风除尘器里的旋转圈数多,停留时间长,有利于尘粒的分离。圆锥体可以使由筒体下来的外旋气流在较短的轴向距离内转变为内旋气流,因而节约了空间和材料。另外,圆锥体使气流的旋转半径逐渐缩小,使切向速度不断提高以增大离心力,提高除尘效率。被分离出来的尘粒将集中在圆锥体的底部。为避免被分离的尘粉又重新被底部涡流所带走,锥体应有足够的高度,其高度与锥体下部排灰口直径D_2及半锥角有关。半锥角α不宜过大,一般α不大于

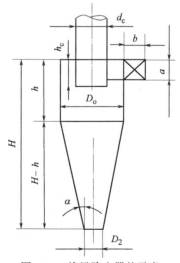

图5-14 旋风除尘器的示意

30°,设计时常取 α 为 13°~15°。

(3) 旋风除尘器的进口　煤气除尘用旋风除尘器的进口形式一般都采用切向进口,原因是其制造简单,结构紧凑。进口管可以制成矩形或椭圆形,矩形宽度 b 和高度 a 的比例要适当,若高度太大,为了保持气体在筒体内的一定旋转圈数就必须加长筒体,否则除尘效率则不能提高。一般矩形进口管的高与宽之比为 2~3,如图 5-14 所示。

(4) 旋风除尘器的排气管　在一定范围内,排气管直径 d_e 越小,则旋风除尘器的除尘效率越高,压力损失也越大;反之,除尘效率低,压力损失小,一般控制 D_0/d_e 值在 2 左右为宜。

此外,排气管的插入深度 h_c 对旋风除尘器的分离效率影响也较大。插入深度过大,缩短了排气管与锥底的距离,增加了二次夹带粉尘的机会,并且增加了旋风除尘器的压力损失。但插入深度过小,不能造成正常的旋流,容易造成气流短路带走灰尘,从而降低除尘效率。因此,排气管的插入深度要适当。

(5) 旋风除尘器的灰斗　灰斗在旋风除尘器的锥体底部。如前所述,锥体的功能不仅限于存灰,因为此处的气流湍急,夹带粉尘的机会多,存灰量不能考虑过多,应该及时排出。另外,旋流核心为负压,如果底部不严密就有可能漏风。煤气除尘用的旋风除尘器在锥体下部增加一个排灰管插入水封中,使粉尘及时排出锥体,并且能防止漏气,其效果较好。

一般工业上常用的旋风除尘器,若筒体直径为 D_0,则比例关系如下:

进气口宽度　　　$b=(0.2\sim0.25)D_0$;　　进气口高度　　　　$a=(0.4\sim0.75)D_0$;

排气管直径　　　$d_e=(0.3\sim0.5)D_0$;　　排气管插入深度　$h_c=(0.3\sim0.75)D_0$;

筒体高度　　　　$h=(1.5\sim2.0)D_0$;　　锥体高度　　　　　$H-h=(2.0\sim2.5)D_0$;

排灰口直径　　　$D_2=(0.15\sim0.4)D_0$;　锥体半锥角　　　　$\alpha=13°\sim15°$

3. 旋风分离器改进措施及常见类型

旋风分离器的分离效率不仅受含尘气的物理性质、含尘浓度、粒度分布及操作的影响,还与设备的结构尺寸密切相关,只有各部分结构尺寸恰当,才能获得较高的分离效率和较低的压强降。近年来,在旋风分离器的结构设计中,主要对以下几个方面进行改进,以提高分离效率或降低气流阻力。

(1) 采用细而长的器身　减小器身直径可增大惯性离心力,增加器身长度可延长气体停留时间,所以,细而长的器身有利于颗粒的离心沉降,使分离效率提高。

(2) 减小涡流的影响　含尘气体自进气管进入旋风分离器后,有一小部分气体向顶盖流动,然后沿排气管外侧向下流动,当达到排气管下端时汇入上升的内旋气流中,这部分气流称为上涡流。分散在这部分气流中的颗粒由短路而逸出器外,这是造成旋风分离器低效的主要原因之一。采用带有旁路分离室或采用异形进气管的旋风分离器,可以改善上涡流的影响。

在标准旋风分离器内,内旋流旋转上升时,会将沉积在锥底的部分颗粒重新扬起,这是影响分离效率的另一重要原因。为抑制这种不利因素设计了扩散式旋风分离器。此外,排气管和灰斗尺寸的合理设计都可使除尘效率提高。

(3) 旋风分离器类型　鉴于以上考虑,对标准旋风分离器加以改进,设计出一些新的结构形式。现列举几种化工中常见的旋风分离器类型。

① CLT/A 型。这是具有倾斜螺旋面进口的旋风分离器,其结构如图 5-15 所示。这种进口结构形式,在一定程度上可以减小涡流的影响,并且气流阻力较低。

② CLP 型。CLP 型是带有旁路分离室的旋风分离器,如图 5-16 所示,采用蜗壳式进气口,其上沿较器体顶盖稍低。含尘气进入器内后即分为上、下两股旋流。"旁室"结构能迫使被上旋流带到顶部的细微尘粒聚结并由旁室进入向下旋转的主气流而得以捕集,对 5μm

以上的尘粒具有较高的分离效果。

③ 扩散式。扩散式旋风分离器的结构如图 5-17 所示,其主要特点是具有上小下大的外壳,并在底部装有挡灰盘。挡灰盘为倒置的漏斗形,顶部中央有孔,下沿与器壁底部留有缝隙。沿壁面落下的颗粒经此缝隙降至集尘箱内,而气流主体被挡灰盘隔开,少量进入箱内的气体则经挡灰盘顶部的小孔返回器内,与上升旋流汇合后经排气管排出。挡灰盘有效地防止了已沉下的细粉被气流重新卷起,因而使效率提高,尤其对 $10\mu m$ 以下的颗粒,分离效果更为明显。

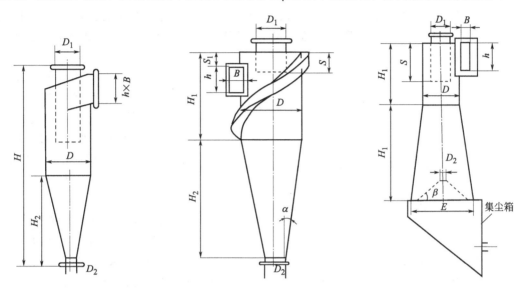

图 5-15　CLT/A 型旋风分离器　　图 5-16　CLP/B 型旋风分离器　　图 5-17　扩散式旋风分离器

二、静电除尘器

1. 静电除尘器工作原理

在一对电极之间施加一定的高压直流电,就建立起电场,在两极间会产生电晕放电现象。当含尘气体流过该放电空间时,粉尘粒子被强制荷电,荷电粒子在库仑力的作用下向极板运动并被极板所捕集。

如图 5-18 所示,在电晕放电极的窄小区域内气体分子被电离而离子化,正离子向电晕

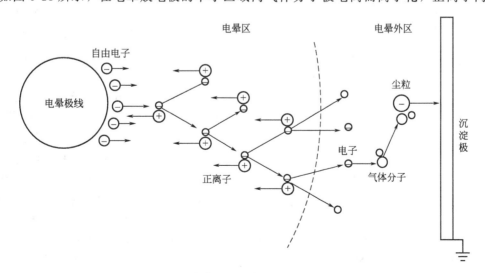

图 5-18　气体电离(负电晕放电)原理

极运动而被中和，负离子在向沉淀极运动中撞击粉尘粒子而使其荷电，荷电粒子在电场力作用下向沉淀极运动，黏附在沉淀极上失去电荷而被收集。

　　静电除尘器的除尘效率高、阻力小、电能消耗低，一般除尘效率可达 90％～98％，阻力不超过 100Pa，每处理 1000m³ 煤气耗电 0.4～0.5kW·h，工作电压35kV 以上。

　　2. 静电除尘器结构说明

　　静电除尘器由除尘器本体和供电装置两大部分组成。除尘器本体是实现烟尘净化的设备，通常为钢结构件，约占电除尘器总投资的 85％左右，其主要部件有壳体，收尘电极，放电电极，振打装置和气流分布装置等。

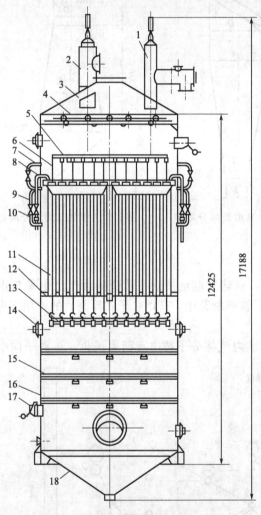

图 5-19　SGD-7.5 型静电除尘器示意

1—绝缘子箱（有引线）；2—绝缘子箱（无引线）；3—上部锥体；
4—间断水冲洗装置；5—电晕极上部框架；6—电晕极及其吊架；
7—连通管；8—沉淀极分隔板；9—排水装置；
10—连续水洗供水装置；11—沉淀极；12—定距隔板；
13—电晕极下部框架；14—铸铁入口；15—气体均流板；
16—筒体；17—立式防爆阀；18—下部锥体

　　（1）壳体　壳体是引导烟气通过电场、支撑电极和振打装置，形成一个与外界环境隔离的独立的收尘空间。壳体结构应有足够的刚度和稳定性，同时，不允许发生改变电极间相对距离的变形，要求壳体封闭严密，漏风率一般小于 5％。

　　（2）收尘电极　收尘电极是收尘极板通过上部悬吊杆及下部冲击杆组装后的总称。收尘极板又称阳极板或沉淀极，其作用是捕集荷电粉尘。对收尘极板性能的基本要求是：极板表面的电场强度分布比较均匀；极板受温度影响的变形小，并具有足够的强度；有良好的防止粉尘二次飞扬的性能；板面的振打加速度分布较均匀；与放电极之间不易发生电闪烁；在保证以上性能的情况下，质量要小。

　　（3）放电电极　放电电极又称阴极或电晕极，是电晕线、阴极大框架、阴极小框架、阴极吊挂装置组装后的总称，其作用是与收尘电极一起形成非均匀电场，产生电晕电流。由于放电电极工作时带高电压，所以，放电电极与收尘电极及壳体之间应有足够的绝缘距离和绝缘装置。对放电电极性能的基本要求是：牢固可靠，电晕线有足够的机械强度，不断线；电气性能良好；振打力传递均匀，有良好的清灰效果；结构简单、制造容易、成本低。

　　（4）振打装置　振打装置的任务就是随时清除黏附在电极上的粉尘，以保证电除尘器正常运行，收尘电极与放电电极振打的要求基本相同。

（5）气流分布装置　电除尘器内气流分布的均匀程度对除尘效率影响很大，气流分布不均匀也就意味着电场内存在高低速度区，某些部位存在涡流和死角，这些不均匀的气流会产生冲刷从而使极板和灰斗中的粉尘产生二次飞扬。对气流分布装置的基本要求是：理想的均匀流动，应要求流动断面缓变及流速很低，达到层流运动，在电除尘器内主要是用隔板、导流板和分布板的恰当配置，使气流获得较均匀分布；电除尘器进出管道设计，应尽量保证进入电除尘器的气流分布均匀，尤其是多台电除尘器并联使用时应尽量使进出管道在收尘器系统的中心；为保证分布板的清洁，应设有定时的振打机构。

3. 常用静电除尘器

常用的静电除尘器有湿式静电除尘器、管式静电除尘器、同心圆式静电除尘器及蜂窝式静电除尘器等，此处仅以湿式静电除尘器为例简要介绍电除器的结构。

如图 5-19 所示为 SGD-7.5 型湿式静电除尘器的结构示意图，它由除尘室和高压供电两部分组成。除尘室中的电晕电极接高压直流电成为负极，电晕电极的直径较小，一般为 $1.5\sim2.5\text{mm}$ 的细丝其间距是 100mm 左右；沉淀电极接地成为正极，沉淀电极间的净距是 176mm 左右。在两极间供厂以 $50\sim90\text{kV}$ 的高压直流电，形成不均匀的高压电场。在电晕电极上电场强度特别大，使导线上产生电晕放电，处在电晕电极线周围的气体在高电场强度的作用下，发生电离，带负电的离子充满整个电场的有效空间，密度可达 10^{13} 离子/m^3 以上。带负电的离子在电场的作用下，从电晕电极向沉淀电极移动，与粉尘相遇时，炉气中的分散粉尘颗粒将其吸附，从而带电。带电的粉尘在电场作用下移向沉淀电极，在电极上放电，使粉尘成为中性并聚集在沉淀电极上，干式经振打、湿式可用水或其他液体冲洗进收尘斗中而被清除。通常电晕极供以负电，因为阴离子比阳离子活跃，阴极电晕比阳极稳定。

第三节　煤气脱硫技术

在煤气生产过程中，原料煤中所含的大部分硫会进入粗煤气中。煤气中的硫化物主要是占总硫含量 90% 左右的硫化氢（H_2S）及少量有机硫化物，如羰基硫（COS）、二硫化碳（CS_2）、硫醇（R-SH）和噻吩（C_4H_4S）等。由于煤气中的硫化物会对后续的变换及合成等工序带来不利的影响，如引起催化剂中毒、造成设备腐蚀以及使产品质量下降等，因此一般需要对气化过程产生的粗煤气经过前述的除尘后，再进行脱硫净化处理。已经工业化应用的煤气脱硫方法有很多种，通常可分为干法和湿法两大类。

一、湿法脱硫

湿法脱硫按溶液的吸收和再生性质可区分为湿式氧化法、化学吸收法、物理吸收法和物理-化学吸收法脱硫。

湿式氧化法脱硫是利用含有催化剂的碱溶液吸收硫化氢，再生时则是利用催化剂使空气中的氧将硫化氢氧化成单质硫从而使吸收剂复原，主要有砷碱法、改良砷碱法、ADA 法、萘醌法、氨水催化法、EDTA 法、氧化煤法、拷胶法等。

化学吸收法是以碱溶液吸收原料气中硫化氢，再生时，使吸收液温度升高或压力降低，经化学吸收生成的化合物即会分解，放出硫化氢从而使吸收剂复原，主要有乙醇胺法、改良热钾碱法、碳酸钠法、氨水中和法等。

物理吸收法是利用有机溶剂为吸收剂进行脱硫，完全是物理过程。吸收硫化氢后的溶液，当压力降低时，即放出硫化氢而吸收剂复原。如低温甲醇法等。此外，也可以固体作吸收剂，如分子筛、活性炭和氧化铁箱来脱除气体中的硫。

物理-化学吸收法的吸收液是由物理溶剂和化学溶剂组成，因而兼有物理吸收和化学反应两种性质，主要有环丁砜法、常温甲醇法等。

本节针对煤炭制气的成分和特性，以及合成工艺气对脱硫的技术要求，着重对湿式氧化法中的改良 ADA 法做简单的介绍。

1. 改良 ADA 法概述

蒽醌二磺酸钠法亦称 ADA 法（ADA 是蒽醌二磺酸（Anthraqinone Disulphonic Acid）的缩写），国外称为 Stretford 法，它是由英国 North Western Gas Board 与 Clayton Aniline 两公司共同开发的，1961 年实现工业化。其后该法在世界各国推广应用，主要应用于煤气、天然气、焦炉气及合成气等多种工艺气体的脱硫。

早期的 ADA 法是在碳酸钠稀碱液中加入 2,6 或 2,7-蒽醌二磺酸钠作催化剂，但由于其析硫反应速率慢，溶液的吸收硫容量低，使该法的应用范围受到限制。随后利用给溶液中添加适量的偏钒酸钠和酒石酸钠钾，使溶液吸收和再生的反应速率大大增加，同时也提高了溶液的吸收硫容量，这样使 ADA 法的脱硫工艺更加趋于完善，称为改良 ADA 法。

2. 改良 ADA 法脱硫基本原理

改良 ADA 法脱硫法的反应机理可分为四个阶段。

第一阶段，在 pH＝8.5～9.2 范围内，在脱硫塔内稀碱液吸收硫化氢生成硫氢化物。

$$Na_2CO_3 + H_2S \Longleftrightarrow NaHS + NaHCO_3 \tag{5-1}$$

第二阶段，在液相中，硫氢化物被偏钒酸钠迅速氧化成硫，而偏钒酸钠被还原成焦钒酸钠。

$$2NaHS + 4NaVO_3 + H_2O \Longleftrightarrow Na_2V_4O_9 + 4NaOH + 2S\downarrow \tag{5-2}$$

第三阶段，还原性的焦钒酸钠与氧化态的 ADA 反应，生成还原态的 ADA，而焦钒酸钠则被 ADA 氧化，再生成偏钒酸钠盐。

$$Na_2V_4O_9 + 2ADA(氧化态) + 2NaOH + H_2O \longrightarrow NaVO_3 + 2ADA(还原态) \tag{5-3}$$

第四阶段，还原态 ADA 被空气中的氧氧化成氧化态的 ADA，恢复了 ADA 的氧化性能。

$$\tag{5-4}$$

反应式(5-1)中消耗的碳酸钠由反应式(5-2)生成的氢氧化钠得到了补偿。恢复活性后的溶液循环使用。

$$NaOH + NaHCO_3 \Longleftrightarrow Na_2CO_3 + H_2O \tag{5-5}$$

3. 影响溶液对硫化氢吸收速率的因素

影响溶液对硫化氢吸收速率的因素主要有溶液的组分、吸收温度、吸收压力等。

(1) 溶液的组分　包括总碱度、碳酸钠浓度、溶液的 pH 值及其他组分。

① 溶液的总碱度和碳酸钠浓度。改良 ADA 法溶液中，$NaHCO_3$ 和 Na_2CO_3 浓度之和称为溶液总碱度，溶液的总碱度和碳酸钠浓度是影响溶液对硫化氢吸收速率的主要

因素。气体的净化度、溶液的硫容量及气相总传质系数，都随碳酸钠浓度的增加而增大。但浓度太高，超过了反应的需要，将更多地按式(5-1)的反应生成碳酸氢钠（碳酸氢钠的溶解度较小，易析出结晶，影响生产），同时浓度太高生成硫代硫酸钠的反应亦加剧，因此，碳酸钠的浓度应根据气体中硫化氢的含量来决定。目前国内在净化低硫原料气时，多采用总碱度为 0.4mol/L、碳酸钠为 0.1mol/L 的稀溶液。随原料气中硫化氢含量的增加，可相应提高溶液浓度，直到采用总碱度为 1.0mol/L，碳酸钠为 0.4mol/L 的浓溶液。

② 溶液的 pH 值。对硫化氢与 ADA/钒酸盐溶液的反应，溶液的 pH 值高对反应有利。而氧同还原态 ADA/钒酸盐反应，溶液 pH 值低对反应有利，在实际生产中应综合考虑。生产中采用较佳的溶液 pH 值是 8.5～9.1，ADA 浓度为 5～10g/L。

③ 溶液中其他组分的影响。偏钒酸盐与硫化氢反应相当快，但当出现硫化氢局部过浓时，会形成"钒-氧-硫"黑色沉淀，添加少量酒石酸钠钾可防止生成"钒-氧-硫"沉淀。酒石酸钠钾的用量应与钒浓度有一定比例，一般是偏钒酸钠钾的一半左右。

(2) 吸收温度 随着温度的升高，析硫反应速率加快，传质系数增大而气体净化度下降。同时生成硫代硫酸钠的副反应加快。但温度太低，又会使 ADA、NaHCO₃、NaVO₃ 的溶解度降低而从溶液中沉淀出来。通常为使吸收、析硫过程在较好的条件下进行，将溶液温度维持在 35～45℃ 下为宜，这时生成的硫黄粒度也较大。

(3) 吸收压力 脱硫过程对压力无特殊要求，由常压至 68.65MPa（表压）范围内，吸收过程均能正常进行。吸收压力取决于原料气的压力，加压操作对二氧化碳含量高的原料气有更好的适应性。

(4) 氧化停留时间 改良 ADA 法在吸收塔和再生塔内进行的氧化反应速率除受温度和 pH 值的影响之外，还受再生停留时间的影响。再生时间长，对氧化反应有利，但时间太长会使设备变得庞大，时间太短，硫黄分离又不完全，使溶液中悬浮硫增多，形成硫堵，使操作恶化。高塔再生的氧化停留时间，一般控制在 25～30min，喷射再生在其槽内的停留时间一般为 5～10min。

4. 工艺流程

(1) 塔式再生改良 ADA 法脱硫工艺流程 图 5-20 是脱除合成氨原料气中 H₂S 的工艺流程。煤气进吸收塔后与从塔顶喷淋下来的 ADA 脱硫液逆流接触，脱硫后的净化气由塔顶引出，经气液分离器后送往下道工序。吸收 H₂S 后的富液从塔底引出，经液封进入溶液循环槽，进一步进行反应后，由富液泵经溶液加热器送入再生塔，与来自塔底的空气自下而上并流氧化再生。再生塔上部引出之贫液经液位调节器，返回吸收塔循环使用。再生过程中生成的硫黄被吹入的空气浮选至塔顶扩大部分，并溢流至硫黄泡沫槽，再经过加热搅拌、澄清、分层后，其清液返回循环槽，硫泡沫至真空过滤器过滤，滤饼投入熔硫釜，滤液返回循环槽。

(2) 喷射再生改良 ADA 法脱硫工艺流程 图 5-21 是另一种采用喷射再生器进行再生的工艺流程。吸收 H₂S 后的富液从吸收塔底排出，经溶液循环槽，用富液泵加压后送往喷射器，在喷射器中，脱硫液高速通过喷嘴产生局部负压将空气吸入，富液与吸入的空气充分混合，在较短的时间内完成再生反应。由浮选槽溢出的硫黄泡沫，用与塔式再生流程相同的工序完成对硫黄的回收。从浮选槽上部引出的贫液，经液位调节器、贫液槽送回脱硫塔循环使用。喷射再生工艺用于加压吸收工况最为优越，因为这样可利用富液

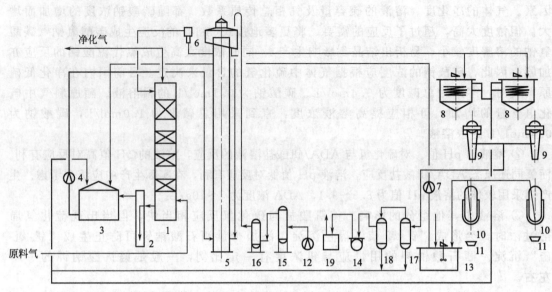

图 5-20　塔式再生改良 ADA 法脱硫工艺流程

1—吸收塔；2—液封；3—溶液循环槽；4—富液泵；5—再生塔；6—液位调节器；7—泵；8—硫泡沫槽；
9—真空过滤机；10—熔硫釜；11—硫黄铸模；12—空压机；13—溶液加热器；14—真空泵；
15—缓冲罐；16—空气过滤器；17—滤液收集器；18—分离器；19—水封

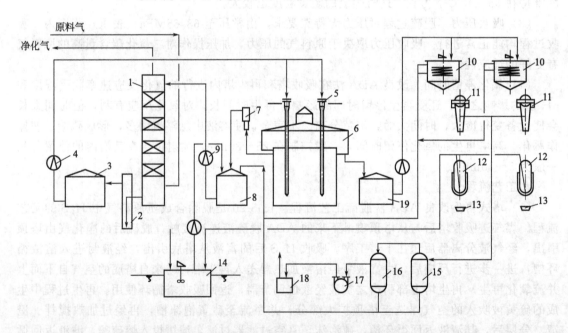

图 5-21　喷射再生改良 ADA 法脱硫工艺流程

1—吸收塔；2—液封；3—溶液循环槽；4—富液泵；5—喷射器；6—再生槽；7—液位调节器；8—贫液槽；
9—泵；10—硫泡沫槽；11—真空过滤；12—熔硫釜；13—硫黄铸模；14—溶液制备槽；
15—滤液收集器；16—分离器；17—真空泵；18—水封；19—硫泡沫收集槽

具有的压力，将富液送往喷射器。

（3）无排放废液的改良 ADA 法脱硫工艺流程　20 世纪 70 年代，英国 Holmes 公司开发出一种无废液排放的改良 ADA 法工艺流程，称为 Holmes-1 StvetFord process，如图 5-22所示。从过滤机引出一部分滤液进入燃烧炉顶部喷洒，燃料气在一垂直向下流动的燃烧炉

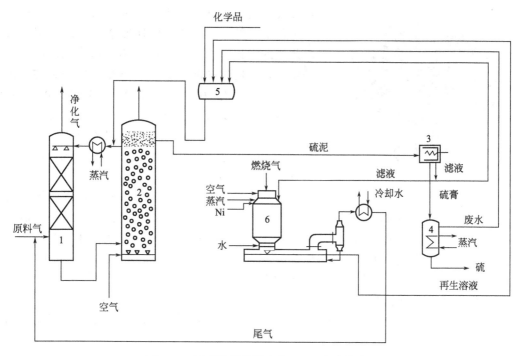

图 5-22　无废液排放的改良 ADA 法工艺流程

1—H$_2$S 吸收塔；2—氧化塔；3—过滤机；4—熔硫釜；5—制备槽；6—燃烧炉

内，燃烧产生约 850℃的高温。给燃烧炉通入的空气量小于燃烧煤气所需助理论量，迫使燃烧炉处于还原气氛条件下，这时将有约 90％的硫代硫酸钠，95％的硫氰化钠还原成碳酸氢钠和碳酸钠，还有 60％的硫酸钠还原成硫化钠，硫变成为 H$_2$S。

燃烧后的气体夹带碳酸钠及其他钠盐一起通过燃烧器，进入盐类回收器，器内盛水使通过回收器的气体温度降至将近 90℃，且让钠盐溶解于水中，水溶液再返回作脱硫使用。排放出的气体含有大量水蒸气，经冷却器冷凝后，含 H$_2$S 的气体返回脱硫塔进口。

二、干法脱硫

气体中微量硫和有机硫的脱除以固体干法为主，干法脱硫广泛用作精细脱硫。干法脱硫由于设备简单、操作平稳、脱硫精度高，工业上已被广泛采用，效果良好，特别是在常、低温条件下使用的、易再生的脱硫剂将会有非常广泛的应用前景。但干法脱硫缺点是反应较慢、设备庞大，且需多个设备进行切换操作。干法脱硫剂的硫容量有限，对含高浓度硫的气体不适应，需要先用湿法粗脱硫后，再用干法精脱把关。常用的干法脱硫技术有常温氧化铁法、中温氧化铁法、氧化锌法、活性炭法等，本节仅对干法中的过热蒸汽再生活性炭法脱硫做简单的介绍。

1. 活性炭简介

活性炭是一种含碳材料制成的外观呈黑色，内部孔隙结构发达，比表面积大、吸附能力强的一类微晶质碳素材料，是一种常用的吸附剂、催化剂或催化剂载体（如图 5-23 所示）。它是利用木炭、各种果壳和优质煤等作为原料，通过物理和化学方法对原料进行破碎、过筛、催化剂活化、漂洗、烘干和筛选等一系列工序加工制造而成，具有物理吸附和化学吸附的双重特性，可以有选择地吸附气相、液相中的各种物质，以达到脱色精制、消毒除臭和去

图 5-23　活性炭

污提纯等目的。其成分除了主要的碳以外，还包含了少量的氢、氮、氧。其结构外形似一个六边形，由于不规则的六边形结构，确定了其多孔体积及高表面积的特点，活性炭中的孔隙大小不是均匀一致的，按其孔径大小可分为大孔（2000～100000Å，1Å = 0.1nm）、过渡孔（100～2000Å）及微孔（10～100Å），但主要是微孔，其孔隙体积可达 $8.0 \times 10^{-3} m^3/kg$，比表面积最高可达 $18 \times 10^5 m^2/kg$，一般为 $(5～10) \times 10^5 m^2/kg$。

活性炭按原料来源可分为木质活性炭、果壳活性炭、兽骨/血活性炭、矿物原料活性炭、合成树脂活性炭、橡胶/塑料活性炭、再生活性炭等；活性炭按外观形态可分为粉状、颗粒状、不规则颗粒状、圆柱形、球形和纤维状等。活性炭的应用极其广泛，其用途几乎涉及所有的国民经济部门和人们日常生活，如水质净化、黄金提取、糖液脱色、药品针剂提炼、血液净化、空气净化、人体安全防护等。

2. 活性炭法脱硫基本原理

应用活性炭脱除工业气体中硫化氢及有机硫化物，称为活性炭脱硫。目前广泛应用的是活性炭脱硫过热蒸汽再生工艺。

在室温下，气态的硫化氢与空气中的氧能发生下列反应：

$$2H_2S + O_2 \longrightarrow 2H_2O + 2S\downarrow \qquad \Delta H = -434.0 kJ/mol$$

在一般条件下，该反应速率较慢，但活性炭对这一反应具有良好的催化作用，并兼有吸附作用。

活性炭脱硫属多相反应，硫化氢及氧在活性炭表面的反应分两步进行。

第一步是活性炭表面化学吸附氧，形成作为催化中心的表面氧化物，这一步极易进行，因此工业气体中只要含少量氧（0.1%～0.5%）便已能满足活性炭脱硫的需要；第二步是气体中的硫化氢分子碰撞活性炭表面，与化学吸附的氧发生反应，生成的硫黄分子沉积在活性炭的孔隙中。研究表明，沉积在活性炭表面的硫，对脱硫反应也有催化作用。在脱硫过程中生成的硫，呈多分子层吸附于活性炭的孔隙中，活性炭中的孔隙越大，则沉积于孔隙内表面上的硫分子愈厚。活性炭具有很大的空隙性，因此，活性炭的硫容量比其他固体脱硫剂（例如活性氧化铁、氧化锌、分子筛等）的大，脱硫性能好的活性炭，其硫容量可超过 100%。但当活性炭孔隙中塞满了硫，活性炭失效，需进行再生处理。

3. 影响脱硫的主要因素及控制条件

（1）活性炭的质量　活性炭的质量可由其硫容量与强度直接判断。在符合一定强度的条件下，活性炭的硫容量高，其脱硫效果也就好。在活性炭中添加某些化合物后，可以显著提高活性炭的脱硫性能，甚至改变活性炭脱硫的产物。

活性炭脱硫的反应，主要在活性炭孔隙的内表面上进行，由于表面张力的存在，其对工业气体中分子具有一定的吸附作用。水蒸气在活性炭中，除存在多分子层的吸附外，还存在毛细管的凝结作用，因此在常温下进行脱硫时，活性炭孔隙的表面上凝结着一薄层的水膜，利用硫化氢在水中的溶解作用，使活性炭容易吸附硫化氢，从而能加速脱硫作用。这时硫化氢的氧化作用将在液相水膜中进行，所以，当气体中存在足够的水蒸气时，才能使硫化氢更快地被吸附与氧化，若在气体中存在少量氨，会使活性炭空隙表面的水膜呈碱性，更有利于吸附呈酸性的硫化氢分子，能显著地提高活性炭吸附与氧化硫化氢的速度。

除上述的氨外，能够增大活性炭脱硫性能的化合物还有铵或碱金属的碘化物或碘酸盐、硫酸铜、氧化铜、碘化银、氧化铁、硫化镍等。如活性炭中有氧化铁存在，能显著改进活性炭的脱硫性能，提高硫化氢的氧化速率，因此，工业上常用含氧化铁的活性炭净化含硫化氢的气体。

（2）氧及氨的含量　氧和氨都是直接参与化学反应的物质。对脱除硫化氢来说，工业生产中氧含量一般控制在超过理论量的 50%，或者使脱硫后气体中残余氧含量为 0.1%。含硫化氢 $1g/m^3$ 的工业气体，活性炭脱硫时，要求氧含量为 0.05%，对含硫化氢 $10g/m^3$ 的工业气体，含氧 0.53% 便足够了。

氨易溶于水，使活性炭孔隙内表面的水膜呈碱性，增强了吸收硫化氢的能力。吸收硫化氢时，氨的用量很少，一般保持在 $0.1\sim0.25g/m^3$，或者相当于气体中硫化氢含量的 1/20（摩尔比），便可使活性炭的硫容量提高约一倍。

（3）相对湿度　在室温下进行脱硫时，高的气体相对湿度能提高脱硫效率，最好是气体被水蒸气所饱和。但需要注意的是，进入活性炭吸附器的气体，不能带液态水，否则会使活性炭浸湿，活性炭的空隙被水塞满失去脱硫能力。

（4）脱硫温度　温度对活性炭脱硫的影响比较复杂，对硫化氢来讲，当气体中存在水蒸气时，脱硫的温度范围为 27～82℃。温度过低，硫化氢被催化氧化的反应速率较慢，温度过高，由于硫化氢及氨在活性炭孔隙表面水膜中的溶解作用减弱，也会降低脱硫效果。当气体中存在水蒸气时，则活性炭脱除硫化氢的能力反而随温度的升高而加强。

（5）煤焦油及不饱和烃　活性炭对煤焦油有很强的吸附作用。煤焦油不但能够堵塞活性炭的孔隙，降低活性炭的硫容量及脱硫效率，而且还会使活性炭颗粒黏结在一起，增加活性炭吸附器的阻力，严重影响脱硫过程的进行。另外，气体中的不饱和烃会在活性炭表面发生聚合反应，生成相对分子质量大的聚合物，会降低活性炭的硫容量，减少使用时间，并且降低脱硫效率。

4. 活性炭的再生

活性炭作用一段时间后孔隙中聚集了硫及硫的含氧酸盐，会失去脱硫能力，需要将这些硫及硫的含氧酸盐从活性炭的孔隙中除去，以恢复活性炭的脱硫性能，叫做活性炭的再生。优质活性炭可再生循环使用 20～30 次。

活性炭再生方法较多，较早的方法是利用 S^{2-} 与碱易生成多硫根离子的性质，以硫化铵溶液把活性炭中的硫萃取出来，反应式为

$$(NH_4)_2S+(n-1)S \longrightarrow (NH_4)_2S_n$$

式中，n 最大可达 9，一般为 2～5。此法再生彻底，副产品硫黄纯度高，缺点是设备庞大，操作复杂，并且污染环境。近 20 年来出现了一些新的再生方法，主要有以下几种。

① 用加热氮气通入活性炭吸附器，从活性炭吸附器再生出来的硫在 120～150℃变为液态硫放出，氮气再循环使用。

② 用过热蒸汽通入活性炭吸附器，把再生出来的硫经冷凝后与水分离。

5. 工艺流程

过热蒸汽再生活性炭法脱硫工艺流程如图 5-24 所示。

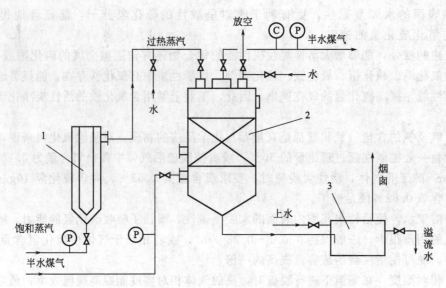

图 5-24　活性炭脱硫-过热蒸汽再生工艺流程
1—电加热器；2—活性炭吸附器；3—硫黄回收池

第四节　CO 变换及 CO_2 脱除技术

当煤气用作煤炭间接液化用合成气时，其中的有效成分是 CO 和 H_2，而且每种具体的煤炭间接液化工艺对原料气中 H_2 与 CO 的比例均有一定的要求。当煤气用来提取氢气时，煤气中的 CO 则成了无用成分，因此煤气中的 CO 需要部分或全部经过变换反应，转变为有用的 H_2 和较易脱除的 CO_2。

所谓 CO 变换，就是指 CO 与水蒸气反应生成 H_2 与 CO_2，从而可以按照对产品气的质量要求，任意调整合成原料气中 H_2 与 CO 的比例。

一、CO 变换技术

1. CO 变换的基本原理

CO 变换反应的化学方程式为

$$CO + H_2O \Longleftrightarrow CO_2 + H_2 + Q$$

该反应是一个可逆的放热反应。CO 变换反应的总反应过程由以下几个步骤组成：

① 反应组分从气相扩散到催化剂颗粒外表面；
② 反应物向催化剂颗粒的孔内扩散；
③ 反应物在催化剂活性表面上进行催化反应；
④ 反应产物从催化剂内孔扩散到催化剂颗粒外表面；
⑤ 反应产物从催化剂颗粒外表面扩散到气相主体。

以上过程中，①、⑤为外扩散过程，②、④为内扩散过程，③为动力学过程。在工业生产条件下，外扩散过程对 CO 变换反应速率的影响可以忽略不计。虽然内扩散的阻滞影响不能忽视，但是若催化剂颗粒较小，反应温度不高，内扩散的影响并不大，故 CO 变换反应过程可视为动力学控制。一般情况下，影响 CO 变换反应速率的因素主要是反应物浓度与反应温度。

2. 影响 CO 变换反应的主要因素

影响 CO 变换反应的因素主要包括温度、压力、汽气比、催化剂等。

（1）温度 CO 变换反应是一个可逆的放热反应，因此温度升高会使反应平衡向逆方向移动，也就是 CO 的平衡变换率随温度增加而降低，但在催化剂的活性范围内提高温度可以加快反应速率。在同一气体组成和汽/气比的条件下，选择适宜的温度，既有利于 CO 平衡变换率的提高，又能使反应速率加快，以达到最佳的反应效果及最合理的催化剂用量。催化剂的活性温度越低，在相同的条件下 CO 的平衡变换率越高，即变换气中 CO 含量越低，或者说在达到相同的 CO 变换率时活性温度低的催化剂可以控制较低的汽气比，从而可以节省蒸汽用量。

（2）压力的影响 由于变换反应是等分子反应，反应前后气体的总体积不变，生产中压力对变换反应的化学平衡并无明显的影响。

（3）汽气比 汽气比是指入变换炉水蒸气与煤气中 CO 的体积比，但设计中常用水蒸气与干煤气的体积比来代替汽气比。汽气比对 CO 变换率有很大影响，对 CO 变换反应速率也有明显的影响，一般在汽/气比较低时反应速率随汽气比增加而上升较快，而后随着汽气比的不断上升逐渐缓慢下来，其情况类似汽气比对 CO 平衡变换率的影响，因此在汽气比较低的情况下适当提高汽气比对提高 CO 变换率及反应速率均有利，但过高的汽气比则在经济上是不合理的。

（4）催化剂 CO 变换反应需在催化剂作用下进行，目前工业上常用的 CO 变换催化剂主要有 Fr-Cr 系中温变换催化剂、Cu-Zn 系低温变换催化剂及 Co-Mo 系耐硫变换催化剂。

Fe-Cr 系中温变换催化剂通常为 $\phi 9 mm \times (5 \sim 7) mm$ 的棕褐色圆柱体，单独使用铁的氧化物会促使 CO 变换反应的副反应发生，如生成 CH_4 等，并使 CO 发生析炭反应。同时，Fe_3O_4 的活性受温度影响较大，在高温下活性衰减较快，但只要加入少量 Cr_2O_3 就可使 Fe_3O_4 的活性稳定，并可抑制副反应的发生。Cr_2O_3 和 Fe_3O_4 形成固溶体，Cr^{3+} 还能取代 Fe_3O_4 中一定数量的 Fe^{3+}。Cr_2O_3 起到 Fe_3O_4 的微晶间隔体的作用，阻止 Fe_3O_4 的活性相长大，增加活性相的表面积。因此，Cr 的加入提高了催化剂的耐热性、机械强度和抗毒能力，并延长了催化剂的使用寿命。此外，加入少量 MgO 可显著提高催化剂的抗硫性能，加入少量钾盐有助于催化剂活性的提高，加入少量 MoO_3 能提高催化剂的耐硫性能。

Cu-Zn 系低温变换催化剂有 Cu-Zn-Cr 和 Cu-Zn-Al 两个系列。前者为 $\phi 4.5 mm \times 4.5 mm$ 的圆柱体，后者为 $\phi \times (5 \sim 6) mm \times (3.5 \sim 4.5) mm$ 的圆柱体。Cu-Zn-Cr 系低温变换催化剂，耐硫中毒、耐水，而且中毒后可在低温变换炉内再生，操作方便，但该系列催化剂因具有一些突出缺点而正逐步被淘汰，并向 Cu-Zn-Al 系列发展。Cu-Zn-Al 系低温变换催化剂的热稳定性较好，Al_2O_3 既能阻止 Cu 的微晶长大，又能阻止 ZnO 的微晶长大，从而稳定了催化剂的内部结构，使其能在少毒的正常工艺条件下保持高活性的长期运转。

目前工业上使用的 Co-Mo 系耐硫变换催化剂主要有两种类型：一种是以镁铝尖晶石为载体，活性组分为 MoO_3 和 CoO，称为耐硫变换催化剂；另一种是以氧化铝为载体，活性组分也为 MoO_3 和 CoO，并加有钾盐作助催化剂，称为耐硫宽温变换催化剂，也称耐硫低温变换催化剂。Co-Mo 系耐硫变换催化剂为直径 $3 \sim 7 mm$ 的球形，催化剂的活性组分以硫化物形式存在，具有很好的耐硫性能，使用温度范围广，且在低温下有较高的活性，机械强度高，使用寿命长，催化剂可再生；Co-Mo 系宽温变换催化剂在正常生产中对煤气中硫含量没有上限要求，不论煤气中硫含量多高，都可以直接进入变换炉。不过，它对煤气中硫含量却有下限要求，在一定的反应温度和蒸汽含量下要求煤气中硫含量不能低于一定值，否则会因引起催化剂放硫而导致催化剂失活。

3. CO 变换的工艺流程

根据实际情况和具体要求，工业上有多种组合的 CO 变换工艺流程，如按所用催化剂类型分为中温变换流程和中温变换串低温变换流程等；按供热方式分为蒸汽供热流程与热水循环供热流程等；按操作压力不同分为常压变换流程和加压变换流程。下面简要介绍 Fe-Cr 系 CO 中温变换和中温变换串低温变换工艺流程。

（1）Fe-Cr 系中温变换工艺流程　采用 Fe-Cr 系催化剂的中温变换工艺流程的主要特点包括：

① 采用低温下活性好的中温变换催化剂，降低了入炉煤气中的蒸汽比例；

② 采用段间喷水降温工艺，减少了系统热负荷及阻力降，相对提高了煤气中的蒸汽比例，有利于节省蒸汽；

③ 热水塔后采用第二热水塔回收系统余热，提高了系统的热利用率；

④ 采用电炉升温，革新了变换系统燃烧炉的升温方法，使之达到操作简单、平稳、省时、节能的效果。

中温变换工艺流程如图 5-25 所示。

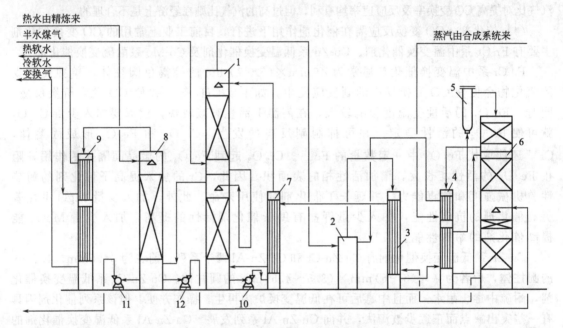

图 5-25　中温变换工艺流程示意

1—饱和热水塔；2—气水分离器；3—主热交换器；4—中间换热器；5—电炉；6—变换炉；7—水加热器；
8—热水循环塔；9—变换冷却器；10—热水泵；11—热水循环泵；12—冷凝水泵

（2）中温变换串低温变换工艺流程　所谓中温变换串低温变换工艺流程，就是在 Fe-Cr 系中温变换催化剂之后串入 Co-Mo 系宽温变换催化剂。宽温变换催化剂可放在中温变换炉最后一段，也可另设一低温变换炉串在中温变换炉后。宽温变换催化剂放在中温变换炉内的称为中温变换炉内串低温变换，放在中温变换炉外的称为中温变换炉外串低温变换。中温变换串低温变换工艺流程如图 5-26 所示。

在中温变换串低温变换流程中，由于宽温变换催化剂的串入，使操作条件发生了较大的变化。一方面入炉煤气中的蒸汽比例有较大幅度的降低，另一方面变换气中的 CO 含量也由过去的 3%～3.5%降至 0.8%～1.5%，同时中温变换炉出口气中的 CO 含量也由于蒸汽比例的降低而提高到 5%～7%。中温变换后串联了宽温变换催化剂，使变换系统的操作弹性大大提高，不仅使变换系统容易操作，也大幅度降低了能耗。

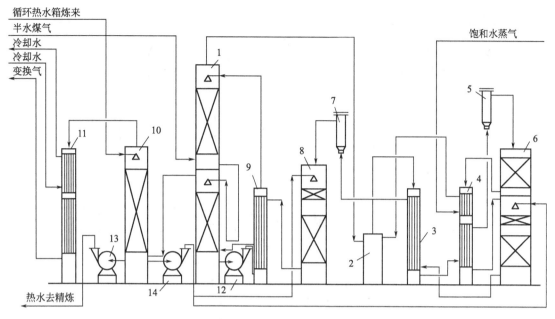

图 5-26 中温变换串低温变换工艺流程示意

1—饱和热水塔；2—气水分离器；3—主热交换器；4—中间换热器；5—中温变换电炉；6—中温变换炉；
7—低温变换电炉；8—低温变换炉；9—水加热器；10—热水循环塔；11—变换气冷却器；
12—热水泵；13—热水循环泵；14—冷凝水泵

二、CO_2 脱除技术

气化炉生产的粗煤气经过除尘、脱硫特别是经过 CO 变换后，其中的 CO_2 含量较高，在进入后续工段之前应将煤气中的 CO_2 脱除。脱除 CO_2 的技术主要有溶剂吸收和变压吸附气体分离（干法脱碳）等技术。其中，溶剂吸收法根据不同原理操作可分为物理吸收法、化学吸收法和物理化学吸收法。

化学吸收法的主要优点是吸收速率快、净化度高，吸收压力对吸收能力影响不大，缺点是再生热耗大，典型的化学吸收法有改良热钾碱法等；物理吸收法的主要优点是吸收能力仅与被溶解气体分压成正比，溶剂再生容易，再生热耗低，缺点是压力是主要决定因素，要求净化度高时，未必经济合理，典型的物理吸收脱碳技术有水洗法、低温甲醇洗及 NHD 法等；物理化学吸附法的主要特点是将两种不同性能的溶剂混合，使溶剂既有物理吸收功能，又有化学吸收功能，它的再生热耗比物理吸收法高又比化学吸收法低，是介于两者之间的一种方法，如改良 MDEA 法。本节仅对物理吸收法中的水洗法及碳酸丙烯酯法及化学吸收法中的改良热钾碱法做一简单介绍。

1. 物理吸收法

脱除 CO_2 的物理吸收法主要有水洗法和碳酸丙烯酯法及低温甲醇法等。

（1）水洗法脱除 CO_2　水洗法脱除 CO_2 的工艺流程和设备都比较简单，操作方便，且水价廉易得、无毒、易于再生，同时水对气体中的各种组分均无化学反应，对设备腐蚀较小，曾在工业上得到广泛的应用。但水对二氧化碳的吸收能力较小，故水洗法脱除 CO_2 的工艺操作中水循环量大，电耗较高，另外水洗气体的净化度较低，有效气体损失较多，再生设备体积比较庞大。水洗法脱除 CO_2 的影响因素主要有操作温度、操作压力和循环水量等。

水洗法脱除 CO_2 的工艺流程分为二级膨胀流程和三级膨胀流程。常用的三级膨胀流程

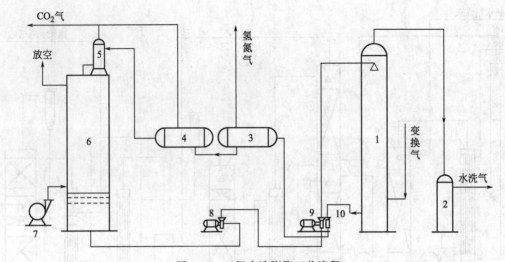

图 5-27　三级水洗膨胀工艺流程

1—水洗塔；2—水分离器；3—一级膨胀器；4—二级膨胀器；5—三级膨胀器；

6—脱气塔；7—鼓风机；8—低压泵；9—高压泵；10—水力透平

如图 5-27 所示。

（2）碳酸丙烯酯法脱除 CO_2

① 基本原理。CO_2 在碳酸丙烯酯中的溶解度能较好的服从亨利定律，随压力升高、温度降低而增大，因此该法是在高压低温下进行的 CO_2 的吸收过程，当系统温度升高、压力降低时，溶液中溶解的气体释放，实现溶剂的再生过程。

碳酸丙烯酯法脱除 CO_2 的主要影响因素有 CO_2 气体在碳酸丙烯酯中的溶解度、操作温度和压力、碳酸丙烯酯浓度和气体中 CO_2 浓度等。

② 工艺流程。碳酸丙烯酯脱除 CO_2 工艺流程一般由吸收、闪蒸、汽提（即溶剂再生）和气相中带出的溶剂回收等环节组成。吸收过程和溶剂再生过程是碳酸丙烯酯脱 CO_2 工艺中最基本的两个环节，工艺流程如图 5-28 所示。

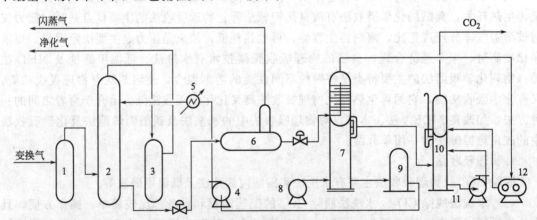

图 5-28　碳酸丙烯酯脱碳工艺流程示意

1—油分离器；2—脱碳塔；3—碳酸丙烯酯分离器；4—溶剂泵；5—溶剂冷却器；6—闪蒸槽；7—常压解吸再生塔；

8—汽提鼓风机；9—中间储槽；10—洗涤塔；11—洗涤液泵；12—罗茨鼓风机

2. 化学吸收法

化学吸收脱 CO_2 是用氨水、碳酸钾、有机胺等碱性溶液作为吸收剂，吸除原料气中的

CO_2，CO_2 为酸性气体，能与溶液中的碱性物质进行化学反应而将其吸收脱除。化学吸收脱碳方法种类繁多，目前用得最多的是改良热钾碱法。

最初的热钾碱脱 CO_2 方法是采用热 K_2CO_3 溶液（温度为 105～130℃）进行吸收与再生，K_2CO_3 的浓度约为 20%～30%。这种原始热钾碱法脱 CO_2 的优点是采用较高的吸收温度和 K_2CO_3 浓度，提高了溶液的吸收速率和能力，同时吸收与再生温度基本相同，可以节省溶液再生所消耗的热量，因而简化了流程。其主要缺点是 CO_2 的吸收和再生速率低，设备庞大，溶液对碳钢设备腐蚀严重，净化度也不高。后来发现，向 K_2CO_3 水溶液中加入某些物质可以大大加快 CO_2 的吸收和解吸速率，使吸收和再生能在较低的温度下进行，减轻了溶液对碳钢设备的腐蚀，这种加入的物质称为活化剂。可作为活化剂的物质很多，如三氧化二砷、硼酸或磷酸等的无机盐、有机胺类（如氨基乙酸、二亚乙基三胺、醇类的一乙醇胺、二乙醇胺、二甲胺基乙醇）等，某些醇类、醛类、酮类等有机化合物也有一定的活化作用。

目前，在国际上应用最多的是以二乙醇胺为活化剂、V_2O_5 为缓蚀剂的改良热钾碱法以及以二乙醇胺和硼酸的无机盐为活化剂、V_2O_5 为缓蚀剂的催化热钾碱法等。后又研究成功了以空间位阻胺和二乙醇胺为活化剂、V_2O_5 为缓蚀剂的空间位阻胺法，进一步降低了改良热钾碱法的能耗。本节仅以改良热钾碱法为例进行简要介绍。

(1) 改良热钾碱法脱 CO_2 的化学反应　改良热钾碱法脱 CO_2 的化学反应式为

$$CO_2 + K_2CO_3 + H_2O \rightleftharpoons 2KHCO_3$$

该反应从动力学的角度可分为四步：

① 气相中的 CO_2 扩散到溶液的界面；

② 界面上的 CO_2 溶解于溶液的界面液层中；

③ 溶解于界面液层中的 CO_2 和 K_2CO_3 溶液发生化学反应；

④ 生成物向液相主体扩散，未反应的 K_2CO_3 则由液相主体扩散到液相界面。

(2) 改良热钾碱法脱 CO_2 的影响因素　改良热钾碱吸收气体中的 CO_2 是一个气-液相间的转化过程，气体组分在气-液相间的转移方向、进行速率和程度主要决定于液相中 CO_2 的平衡蒸气压与气相中 CO_2 的分压间的关系。气相中 CO_2 的分压大于气-液相的平衡蒸气压时为吸收过程，表示气相的 CO_2 可以继续转移到液相中；气相中 CO_2 分压小于气-液相间的平衡蒸气压时为解吸（或称再生）过程，CO_2 从液相转移到气相；气相 CO_2 分压等于平衡蒸气压时表明吸收或解吸达到极限，吸收与解吸的净速率为零。

① 溶液组成。改良热钾碱溶液中含有 K_2CO_3、活化剂 DEA、缓蚀剂 V_2O_5 和消泡剂硅酮等。各组分含量与作用如下。

• K_2CO_3 的浓度。K_2CO_3 是脱 CO_2 溶液的主要成分，提高 K_2CO_3 的浓度可以提高溶液对 CO_2 的吸收能力，同时也可以加快反应速率。但是，溶液中 K_2CO_3 浓度越高，高温下对设备的腐蚀性也越强，而且 K_2CO_3 的结晶点随溶液浓度的增加而提高，同时，溶液的黏度增大，使传质系数变小，设备尺寸加大，管道输送也会造成困难。通常维持 K_2CO_3 浓度为 22%～30%（质量分数），实际生产中，一般尽量采用较低的 K_2CO_3 浓度。

• 活化剂的含量。活化剂的加入加速了 CO_2 吸收反应的速率，加速程度随着活化剂种类的不同而不同。对再生过程来说，因为活化剂在某种条件下加大了 CO_2 平衡蒸气压，因而提高了 CO_2 解吸过程的推动力。活化剂的活化能力还与其在溶液中的浓度有关，在一定范围内，活化剂的浓度大，其活化能力也大，吸收速率提高也快，但吸收速率并不与活化剂的浓度成直线关系，当溶液中的活化剂浓度很低时，随着活化剂的增加，反应速率提高很快，当活化剂浓度提高到一定值后，活化剂浓度再提高对吸收速率已无明显影响。

• 缓蚀剂 V_2O_5 的含量。以 DEA 为活化剂的改良热钾碱法脱 CO_2 溶液中，多数加 V_2O_5 作为缓蚀剂。V_2O_5 在系统中以偏钒酸盐（KVO_3）的形式存在，它在设备表面生成层牢固的钝化膜，此时溶液中的总钒浓度应为 $0.7\%\sim0.8\%$ 以上（质量分数，以 KVO_3 计）。正常生产时，溶液中的钒主要用于维持和"修补"已生成的钝化膜，溶液中的总钒含量可保持在 0.5% 左右，而其中五价钒的含量为总钒的 10% 以上即可。

• 消泡剂的加入量。目前常用的消泡剂有硅酮类、聚醚类以及高级醇类等，其加入量视生产中的起泡情况每立方米加入几毫克到几十毫克。

② 操作温度。因吸收反应为放热反应，因此温度升高，CO_2 平衡蒸气压增大，不利于吸收，而有利于再生过程，但提高温度可以加快反应速率。实际生产中，采用两段吸收和两段再生的方法，吸收塔下段控制较高溶液温度，目的是提高反应速率，使气相中大部分 CO_2 迅速被吸收，上段则要考虑一定的净化度，只有降低温度使 CO_2 平衡蒸气压降低，出塔气体净化度才能得到保证。一般下段吸收温度为 $95\sim115℃$，上段吸收温度为 $70\sim80℃$。

③ 操作压力。从提高吸收过程传质推动力来看，操作压力愈高，气相中 CO_2 分压愈大，吸收的推动力也越大，因而吸收速率越快，而且提高了溶液吸收 CO_2 的能力和出塔净化气的净化度，因此提高吸收压力对吸收操作是有利的。再生过程则相反，再生压力越低，再生过程越彻底。

（3）改良热钾碱法脱 CO_2 的工艺流程　热钾碱法脱 CO_2 的工艺流程较多，如一段吸收和一段再生工艺、两段吸收和两段再生工艺及其他改良热钾碱法脱 CO_2 工艺等。对流程选择必须满足整个气体生产工艺系统的需要，力求坚持降低能耗、节省投资的原则。两段吸收、两段再生工艺流程如图 5-29 所示。

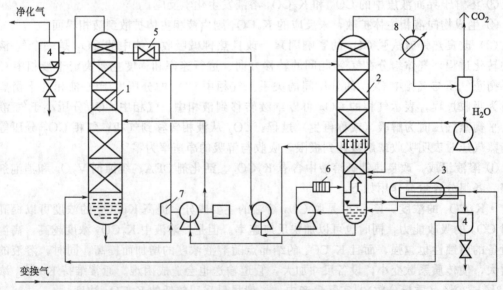

图 5-29　两段吸收、两段再生改良热钾碱法脱 CO_2 工艺流程
1—吸收塔；2—再生塔；3—再沸器；4—分离器；5—冷却器；6—过滤器；7—水力透平；8—冷凝器

第五节　氢气提纯技术

煤制煤炭直接液化用氢气的工艺过程与煤制煤炭间接液化用合成气的过程非常类似，两者间的主要区别在于 CO 变换的深度不同。煤制合成气时，只需对粗煤气中的 CO 进行部分

变换，使产品气中的 H_2/CO 满足特定煤炭间接液化工艺的要求；而煤制氢气时，则需要对粗煤气中的 CO 进行全部变换，然后再提取纯 H_2。因此，在煤制煤炭间接液化用合成气工艺过程的基础上，只需选择适当的 CO 变换工艺将粗煤气中的 CO 全部变换为 H_2，再配上提纯 H_2 工艺，便可得到煤炭直接液化用的 H_2。

目前，工业生产上应用的、适合从混合气体中提取 H_2 的技术主要有膜分离技术、变压吸附技术以及深冷分离技术等。膜分离法是用天然或人工合成的高分子薄膜，以外界能量或化学位差为推动力，对混合气体进行分离的方法，膜技术分离提纯氢气的研究和开发具有广阔的应用前景和极高的经济价值；变压吸附是一项从气体混合物中分离提取某一种气体或富集某些气体组分的新型气体分离技术，其原理是通过加压吸附、降压解吸实施过程循环，采用多塔交替操作实现过程连续化；深冷分离是指将物质的温度从常温降到 $-100 \sim -269℃$ 之间，利用气体间的沸点不同将混合气体中各气体组分分离，该技术是一种成熟的气体分离技术，它在工业生产上的广泛应用已经有很长的历史。本节仅对膜分离技术及变压吸附技术作一简要介绍。

一、膜分离技术

现代膜分离技术分离的根本原理在于膜具有选择透过性。膜分离法是用天然或人工合成的高分子薄膜，以外界能量或化学位差为推动力，对双组分或多组分的溶质和溶剂进行分离、分级、提纯和富集的方法，可用于液相和气相。膜分离过程以选择性透过膜为分离介质，当膜两侧存在压力差、浓度差等推动力时，原料侧组分会选择性地透过膜，从而可以实现物质的分离、提纯。通常将原料侧称为膜上游，透过侧称为膜下游。

膜分离技术的特点是：

① 膜分离过程不发生相变化，与有相变化的分离法和其他分离法相比，能耗要低，因此膜分离技术又称节能技术；

② 膜分离过程是在常温下进行，因而特别适用于对热敏感的物质，如果汁、酶、药品等的分离、分级、浓缩与富集；

③ 膜分离技术不仅适用于有机物和无机物，从病毒、细菌到微粒的广泛分离的范围，而且还适用于许多特殊溶液体系的分离，如溶液中大分子与无机盐的分离；

④ 由于只是用压力作为膜分离的推动力，因此分离装置简单，操作容易，易自控、维修。

1. 气体分离膜材料

膜材料是发展膜分离技术的关键之一。按材料的性质区分，气体分离膜材料主要有高分子材料、无机材料及金属材料三大类。

2. 膜组件

气体分离膜在具体应用时，必须将其装配成各种膜组件。常见的气体分离膜组件有平板式、卷式以及中空纤维式三种结构形式，如图 5-30 所示。

3. 气体膜分离的工艺流程

气体膜分离的工艺流程有多种，但常见的主要有串联流程、并联流程和串联与并联相结合的三种流程。

（1）气体膜分离的串联流程 图 5-31 为气体膜分离的串联流程示意。它由多个膜分离器串联组成，在原料气流量固定的情况下可以得到较高的产品气体回收率。但在该流程中各分离器透过膜的气体纯度是不同的，而且系统的压力降较高。

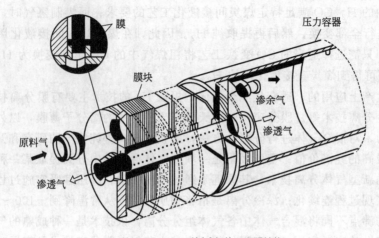

(a) 平板式气体分离膜结构

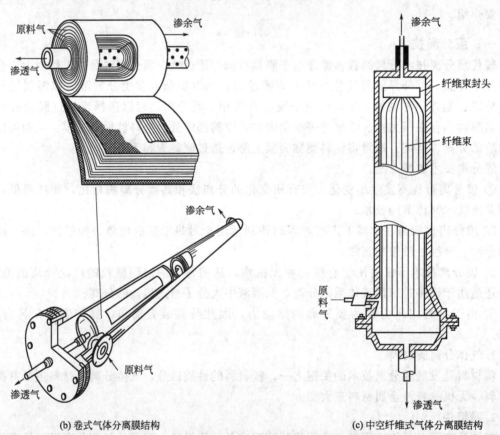

(b) 卷式气体分离膜结构　　　　　　　　(c) 中空纤维式气体分离膜结构

图 5-30　气体分离膜组件的三种结构形式示意

　　(2) 气体膜分离的并联流程　图 5-32 为气体膜分离的并联流程示意。与串联流程相比，在得到相同产品气回收率的条件下，并联流程可以通过较大的原料气流量。但在设计并联系统时，需高度重视气体在各个膜分离器上的均匀分布，否则可能导致产品气纯度及回收率降低。

　　(3) 气体膜分离的串联与并联结合流程　图 5-33 为气体膜分离的串联与并联结合流程示意图。它先由多个膜分离器组成并联系统，然后再把多个并联系统串联起来。此流程的主要特点是原料气的通过量较大，残留气的流量较小，并可获得较高的产品气回收率。

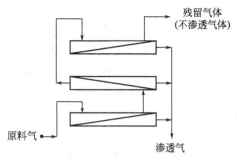

图 5-31　气体膜分离的串联流程

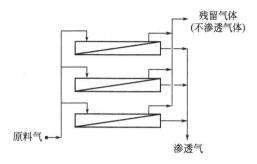

图 5-32　气体膜分离的并联流程

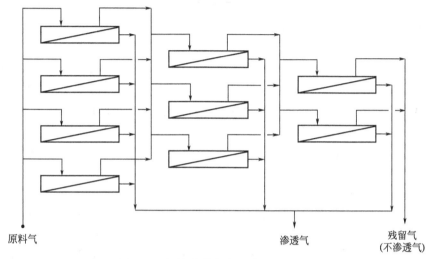

图 5-33　气体膜分离串、并联结合流程

应当指出的是，膜分离技术不能达到绝对的气体分离，因为每种气体对膜都有一定的渗透性，气体的分离与富集是基于各种气体对膜的相对渗透性，要得到高纯度的气体产品，则必然会导致产品回收率的明显下降。

4. 膜分离技术特点

膜法是一项比较新型的节能技术，该法的优点是：

① 占地小，安装简单，现场工作量少；

② 无动力设备，运行能耗小；

③ 自动阀门少，维护量少；

④ 开停车简单、快捷，基本上可以做到瞬间开停车，即操作简单；

⑤ 运行费用少，如果原料气带压（一般气体都有压力），基本上无运行费用（由于运行平稳，操作简单，操作工可兼岗）。

⑥ 适合中小处理量，技术应用领域更广。

与 PSA 法相比，膜法的缺点是：

① 投资高，尤其是气量大的时候；

② 回收率不如 PSA 高，H_2 纯度也不高；

③ 对前处理要求非常严格；

④ 膜分离器的使用寿命在不同场合差别很大，如合成氨一般为 10 年以上，加氢尾气为 5 年以上，有机蒸气为 2 年以上。

二、变压吸附技术

变压吸附（PSA）气体分离与提纯技术成为大型化工工业的一种生产工艺和独立的单元操作过程，是 20 世纪 60 年代迅速发展起来的。一方面是由于随着世界能源的短缺，各国和各行业越来越重视低品位资源的开发与利用，以及各国对环境污染的治理要求也越来越高，使得吸附分离技术日益受到重视；另一方面，60 年代以来，吸附剂也有了重大进展，如性能优良的分子筛吸附剂的研制成功，活性炭吸附剂、活性氧化铝和硅胶性能的不断改进等，这些都为连续操作的大型吸附分离工艺奠定了技术基础。我国第一套 PSA 工业装置就是由西南化工研究院开发设计，1982 年建于上海吴淞化肥厂的从合成氨弛放气回收氢气装置。变压吸附法在能耗、操作难易程度、产品氢纯度、投资等方面都比其他方法有较大优越性。就目前国内外变压吸附发展情况看，该技术已进入大规模工业应用阶段，为国内煤炭及炼油厂资源的综合利用开拓了一条新途径。

1. 基本原理

工业上混合气体的种类很多，一般混合气体的主要成分为 H_2、O_2、N_2、CO、CO_2、CH_4、C_xHy、H_2O 等，不同气体在吸附剂上的吸附能力不同，而且平衡吸附量均是随压力的升高而增大。变压吸附就是利用吸附剂的这种特性，在两个不同的压力条件下循环进行，形成加压下吸附、降压时解吸的循环过程，此期间无温度变化，因而该过程不需要外界提供热量。分离气体混合物的变压吸附工艺是一个纯粹的物理吸附过程，在整个分离过程中无任何化学反应发生，且该工艺设备比较简单。

2. 变压吸附的基本过程

变压吸附过程是利用装在立式压力容器内的活性炭、分子筛等固体吸附剂，对混合气体中的各种杂质进行选择性的吸附。由于混合气体中各组分沸点不同，根据易挥发的不易吸附，不易挥发的易被吸附的性质，将原料气通过吸附剂床层，氢以外的其余组分作为杂质被吸附剂选择性地吸附，而沸点低、挥发度最高的氢气基本上不被吸附离开吸附床，从而达到与其他杂质分离的目的。

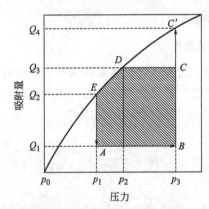

图 5-34　变压吸附循环的基本过程示意

每一个变压吸附循环过程由 5 个基本步骤组成，如图 5-34 所示。

（1）升压（$A \sim B$）　在解吸与再生后，吸附床处于循环过程最低压力 p_1，床层中气体的残留量为 Q_1（A 处）。在此条件下，用产品气升压至吸附压力 p_3，此时床层中吸附气体的残留量 Q_1，未变（B 处）。

（2）吸附（$B \sim C$）　在固定的吸附压力下，原料气连续进入吸附床，产品气同时从吸附床的另一端排出。当床层中气体的吸附量达到 Q_3 时（C 处），停止进气，吸附停止，此时床层前沿有一部分吸附剂尚未吸附气体，如果全部吸附剂都吸附气体，则床层吸附的气体量将达到 Q_4（图中 C' 处）。

（3）并流降压（$C \sim D$）　操作压力从原料气压力降至产品气压力。在床层压力逐渐降低过程中，吸附剂上吸附的气体逐渐解吸，并被床层前沿未饱和的吸附剂吸附。此阶段仍未离开床层，气体量仍为 Q_3。当床层的压力降至 p_2 时（D 处），床层中所有吸附剂全部被气体饱和。

（4）逆流降压（$D \sim E$）　床层中的气体逆向放空降压，床层中的压力降至变压吸附循环过程的最低点 p_1（一般接近常压），大部分被吸附的气体解吸，此时床层中残留的气体量

为 Q_2（E 处）。

（5）吹净解吸（$E \sim A$） 根据吸附等温线，在压力 p_1 时仍然有部分吸附气体留在床层中。为了解吸这部分残留气体，床层压力必须进一步降低。在最低压力 p_1 下，可以用其他吸附器床层并流降压时的产品气作为本床层的逆向吹净气。吹净时，床层中气体的压力逐渐降低，气体解吸，并随吹净气从床层中排出。吹净一定时间后，床层中吸附的气体达到最低量 Q_1（A 处），此时再生完成。至此，吸附床完成吸附、解吸与再生的循环过程，再加压便进入下一个循环过程。

上述循环过程中的最后一步（$E \sim A$）吹净也可改用真空泵抽吸，使床层压力进一步降至接近 p_0。这两种循环过程中的解吸环节均需要消耗一部分产品气。真空解吸虽然需多耗电力，但产品气的回收率高于吹净解吸。实际应用中解吸方式的具体选择决定于原料气组成、吸附压力以及产品气纯度等因素。

3. 常用吸附剂

吸附剂是通过变压吸附使混合气体中各气体组分得以分离的基础。目前，变压吸附分离气体过程中常用的吸附剂主要有合成沸石（分子筛）、活性炭、硅胶、活性氧化铝及碳分子筛等。工业生产上对吸附剂的性能有以下几点基本要求：

① 比表面积较大；

② 机械强度较高；

③ 耐磨性能较好；

④ 粒度均匀；

⑤ 吸附分离能力较强；

⑥ 价格比较合理。

4. 变压吸附 H_2 提纯工艺流程

变压吸附 H_2 提纯工艺较多，目前工业上主要采用四塔一次均压变压吸附 H_2 提纯的工艺，工艺流程如图 5-35 所示。

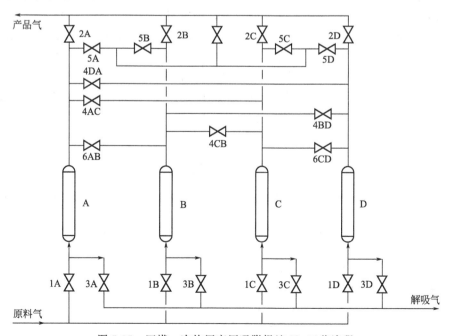

图 5-35　四塔一次均压变压吸附提纯 H_2 工艺流程

该工艺流程分为如下 7 个步骤。

(1) 吸附 原料气从底部进入吸附塔,除 H_2 以外的气体组分在一定压力下被选择吸附,产品 H_2 的一部分送入产品气缓冲罐,另一部分作为另一吸附塔的二次冲压气,输出产品 H_2 的压力略低于吸附塔的操作压力(为 0.1MPa)。当其他气体的吸附前沿到达一定位置时,停止吸附,使塔内的吸附剂保持一定的预留段,然后转入另一塔吸附。

(2) 均压 吸附停止后,塔内气体与另一塔实行压力均衡,使两塔压力基本相等,约为吸附操作压力的一半。

(3) 顺向放压 均压完成后,塔内剩余气体仍需顺出口方向去冲洗已经逆向放压完毕的吸附塔。

(4) 逆向放压 顺向放压结束后,将塔内气体从原料气入口端排出,使塔内压力降至最低压力(一般为常压)。在此过程中,绝大部分吸附质得到解吸。

(5) 冲洗 为了使吸附剂再生完全,逆向放压结束后,利用另一塔的顺向放压气将残存于塔内的吸附质冲洗干净。经过此步骤,使塔内吸附剂基本再生完全。

(6) 一次冲压 冲洗结束后,与另一塔均压的过程就是该塔的一次冲压。

(7) 二次冲压 一次冲压完成后,再用部分产品 H_2 对塔逆向冲压到操作压力。四个吸附塔不断交替执行上述 7 个步骤,以此达到连续分离和提 H_2 的目的。

5. 变压吸附 H_2 提纯工艺特点

① 变压吸附装置工艺和操作都较简单,而且是在常温下操作,可一步获得 99.99% 以上的产品氢气,这一点是深冷法和膜分离法难以达到的。

② 变压吸附工艺所要求的压力一般在 0.8~3.0MPa,允许压力变化范围较宽,而大多数含氢气源本身的压力均可满足这一要求,这样可省去再次加压的能耗。对于处理这类气源,变压吸附提氢装置的能耗只是照明、仪表用电及仪表空气的消耗,能耗很低。

③ 与低温和膜分离装置相比,变压吸附装置对原料气中 NH_3 和硫化物含量限制较宽,$\varphi(NH_3)<0.1\%$,无机硫 $<100mg/m^3$ 均直接进变压吸附装置,省去了复杂的预处理装置。

④ 变压吸附装置的运行由计算机自动控制,装置自动化程度高,操作方便。变压吸附在制氢领域占的比例越来越大,装置规模也日渐增大,目前我国投入运行的变压吸附工业装置中,有 62%(按装置数量计)是用于氢气生产,在膜分离技术(主要是膜制造技术和膜的性能)没有本质上的突破以前,我国的制氢技术装置仍将以变压吸附为主。

变压吸附提纯氢气技术为我国化工行业含氢气源的分离提纯开辟了一条新的途径,为改善化工行业的产品结构,提高炼厂混合气的综合利用水平及提高综合经济效益等将发挥积极作用。

复习思考题

1. 什么是合成气?煤制合成气及氢气的工艺过程主要包括哪几个环节?画出煤气化制取合成气和氢气的工艺流程图。

2. 什么是煤气化?煤气化包括哪几个阶段?煤发生气化的基本条件有哪些?

3. 煤气的有效成分有哪些?

4. 煤气化过程中主要发生哪些化学反应?副反应有哪些?

5. 影响煤气化过程的主要因素有哪些?

6. 简述移动床气化炉的燃料分层情况,并说明各层的主要作用。

7. 鲁奇炉的排渣方式主要有哪两种?各有什么特点?

8. 简述气流床气化原理。

9. 德士古气化炉有哪两种类型，主要区别是什么？

10. 简述旋风除尘及静电除尘的工作原理。

11. 煤气中的硫主要以哪些形式存在？它们的存在对煤气有什么影响？煤气中硫的脱除有哪些方法？

12. 湿法脱硫按溶液的吸收和再生性质可分为哪几种？各有什么特点？

13. 简述改良 ADA 法脱硫基本原理。

14. 简述活性炭法脱硫基本原理，活性炭失活后如何再生？

15. 什么是 CO 变换？简述 CO 变换的基本原理。

16. CO 变换反应的总反应过程由哪几个步骤组成？

17. 影响 CO 变换反应的主要因素有哪些？CO 变换反应常用催化剂有哪些？

18. 脱除 CO_2 的技术主要有哪些？各有什么特点？

19. 目前工业生产上应用的从混合气体中提取 H_2 的技术主要有哪些？各有什么特点？

20. 简述变压吸附（PSA）气体分离与提纯技术基本原理。每一个变压吸附循环过程由哪几个基本步骤组成？

21. 简述变压吸附 H_2 提纯工艺特点。

第六章

煤间接液化生产技术

煤的间接液化即水煤气合成法，是指首先将煤气化制成合成气（主要为 CO 和 H_2），然后通过催化剂作用将合成气合成燃料油和其他化学产品的加工过程。该方法是德国人 F. Fischer 和 H. Tropsch 在 1923 年用 CO 和 H_2 合成气在铁系催化剂上合成出含烃类油料产品，并于 1936 年在鲁尔化学公司实现工业化，所以又称为 Fischer-Tropsch（F-T）合成或费托合成，它属于最早的碳一化工技术。F-T 合成反应作为煤炭间接液化过程中的重要反应，近半个世纪来受到各国学者的广泛重视，目前已成为煤间接液化制取各种烃类及含氧化合物的重要方法之一。

1936 年费托合成技术首先在德国实现工业化，到 1945 年为止，德、法、日、中、美等国共建了 16 套以煤基合成气为原料的合成油生产装置，后来迫于中东石油的低价而无法竞争，第二次世界大战后停产。20 世纪 50 年代，南非由于受到国际制裁，迫使其利用丰富的煤炭资源生产 F-T 合成油，陆续建立了三座大型煤基合成油厂，年产 700 万吨。70 年代的石油危机让世界再度关注起费托合成油，自 1984 年以来，陆续有几套以天然气为原料生产费托合成油的大型装置投产。随着碳一化工的发展，间接液化的范畴也在不断扩大，如由合成气-甲醇-汽油的 MTG 技术，由合成气直接合成二甲醚和低碳醇燃料的技术也属于煤间接液化之列。煤间接液化技术包括煤气化（含净化）和合成两大部分，工艺过程如图 6-1 所示。

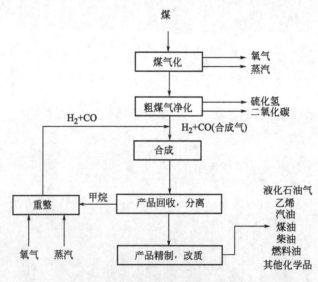

图 6-1 煤间接合成流程示意

煤间接液化技术具有下述特点。

① 适用煤种广泛，由于使用一氧化碳和氢气合成，故可以利用任何廉价的碳资源（如高硫、高灰劣质煤，也可利用钢铁厂中转炉、电炉的放空气体），如南非 Sasol-Ⅱ、Sasol-Ⅲ 工厂所用煤中灰分含量高达 27%～31%。

② 可以在现有化肥厂已有气化炉的基础上实现合成汽油。

③ 可根据油品市场的需要调整产品结构，生产灵活性较强。

④ 可以独立解决某一特定地区（无石油炼厂地区）各种油品（轻质燃料油、润滑油等）的要求，如费托合成油工厂。

⑤ 工艺过程中的各单元与石油炼制工业相似，有丰富的操作运行经验可借鉴。

⑥ 油收率低于直接液化，需 5～7t 煤出 1t 油，所以产品油成本比直接液化高出较多。

第一节　煤间接液化机理

一、基本化学反应

煤炭间接液化工艺主要由三大步骤组成：气化，合成，精炼。

1. 煤的气化

煤的气化是指利用煤或半焦在高温（900℃以上）条件下与气化剂（氧气或水蒸气等）进行多相反应，生成一氧化碳、二氧化碳、氢气、甲烷等简单气体分子的过程，主要是固体燃料中的碳与气相中的氧、水蒸气、二氧化碳、氢气之间相互作用，其气化过程及主要的化学反应式上章已经叙述，本章不再重复。

从气化炉产出的粗煤气中含有 CO、CO_2、H_2、CH_4 以及硫化氢、氨、焦油等杂质，必须经过一系列净化步骤除去焦油、H_2S、NH_3、CO_2 等物质，得到 CO 和 H_2（有时含少量甲烷）。为了得到合成气中最佳的 CO 与 H_2 的比例，需要通过变换反应（$C+2H_2O \longrightarrow CO_2+2H_2$）来调节其比例。对于间接液化，合成气中 CO 与 H_2 的最佳比例值是 1:2。

2. 费托合成

煤间接液化的合成反应，即费-托（F-T）合成，其生成油品的主要反应如下：

① 烃类生成反应：

$$CO+2H_2 \longrightarrow (-CH_2-)+H_2O$$

② 水气变换反应：

$$CO+H_2O \longrightarrow H_2+CO_2$$

由以上两式可得 $CO+H_2$ 合成反应的通式：

$$2CO+H_2 \longrightarrow (-CH_2-)+CO_2$$

③ 烷烃生成反应：

$$nCO+(2n+1)H_2 \longrightarrow C_nH_{2n+2}+nH_2O$$

$$2nCO+(2n+1)H_2 \longrightarrow C_nH_{2n+2}+nCO_2$$

$$(3n+1)CO+(n+1)H_2O \longrightarrow C_nH_{2n+2}+(2n+1)CO_2$$

$$nCO_2+(3n+1)H_2 \longrightarrow C_nH_{2n+2}+2nH_2O$$

④ 烯烃生成反应：

$$nCO+2nH_2 \longrightarrow C_nH_{2n}+nH_2O$$

$$2nCO+nH_2 \longrightarrow C_nH_{2n}+nCO_2$$

$$3nCO+nH_2O \longrightarrow C_nH_{2n}+2nCO_2$$

$$nCO_2+3nH_2 \longrightarrow C_nH_{2n}+2nH_2O$$

此外，F-T 合成副反应如下。

① 甲烷生成反应：

$$CO+3H_2 \longrightarrow CH_4+H_2O$$

$$2CO+2H_2 \longrightarrow CH_4+CO_2$$

$$CO_2+4H_2 \longrightarrow CH_4+2H_2O$$

② 醇类生成反应：

$$nCO+2nH_2 \longrightarrow C_nH_{2n+1}OH+(n-1)H_2O$$
$$(2n-1)CO+(n+1)H_2 \longrightarrow C_nH_{2n+1}OH+(n-1)CO_2$$
$$3nCO+(n+1)H_2O \longrightarrow C_nH_{2n+1}OH+2nCO_2$$

③ 醛类生成反应：

$$(n+1)CO+(n+1)H_2 \longrightarrow C_nH_{2n+1}CHO+nH_2O$$
$$(2n+1)CO+(n+1)H_2 \longrightarrow C_nH_{2n+1}CHO+2nCO_2$$

④ 表面碳化物种生成反应：

$$(x+y/2)H_2+xCO \longrightarrow C_xH_y+H_2O$$

⑤ 催化剂的氧化还原反应（M 为催化剂金属成分）

$$yH_2O+xM \longrightarrow M_xO_y+yH_2$$
$$yCO_2+xM \longrightarrow M_xO_y+yCO$$

⑥ 催化剂本体碳化物生成反应：

$$yC+xM \longrightarrow M_xC_y$$

⑦ 结炭反应：

$$2CO \longrightarrow C+CO_2$$

控制反应条件和选择合适的催化剂，能使得到的反应产物主要是烷烃和烯烃。产物中不同碳数正构烷烃的生成概率随链的长度增加而减小，正构烯烃则相反；产物中异构烃类很少。增加压力，会导致反应向减少体积的大相对分子质量长链烃方向进行，但压力增加过高将有利于生成含氧化合物；增加温度有利于短链烃的生成。合成气中氢气含量增加，有利于生成烷烃；一氧化碳含量增加，将增加烯烃和含氧化合物的生成量。

费托合成有效的催化剂是铁、钴、镍等过渡金属的氧化物，在合成气的还原气氛中表面被还原成活性的金属态和部分金属碳化物。一氧化碳的结炭反应会将催化剂表面覆盖而使催化剂失去活性，所以在研究催化剂和合成工艺时必须考虑如何减少结炭反应的发生。费托合成反应器有固定床、流化床和浆态床三种形式。由于费托合成是强放热反应，为了控制反应温度，必须把反应热及时从反应器内传输出去。

3. 合成油的精炼

从 F-T 合成获得的液体产品相对分子质量分布很宽，也就是沸点分布很宽，并且含有较多的烯烃，必须对其精炼才能得到合格的汽油、柴油产品。精炼过程采用炼油工业常见的蒸馏、加氢、重整等工艺。

二、F-T 合成反应机理

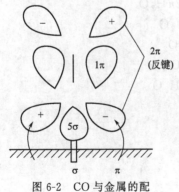

图 6-2 CO 与金属的配位键模式图

F-T 合成的基本原料 CO 和 H$_2$ 是两个简单分子，但在不同反应条件下可合成不同的产物，CO 在催化表面活性中心上的解离是 F-T 合成中最基本的重要步骤。弄清楚合成反应机理有助于解决反应的起始、链增长以及产物分布和动力学研究等问题。

1. CO 和 H$_2$ 在催化剂表面的活性吸附

CO 在金属表面的吸附常以羰基金属配合物表示（见图 6-2），C 原子上的 5σ 孤立电子向金属原子的空轨道提供电子，首先形成两者之间的强 σ 键，然后金属原子的 d 轨道将电子反馈给 CO 的反键 2π 轨道，形成金属与 CO 间的 π 键，由于这两个键的共同作用，故 CO 依靠 C 原子在金属表面被牢固吸附，但由于 π^- 反馈，使得 C 与 O 之间的反键增强，故 C—O 键被削弱而变得不稳定，即吸附的 CO 被活化。它的反应性可以近似地认为与 π 键反馈的大小有关。如果 π^- 进一步增大，C—O 键就更加不稳定，直至最后发生断裂，即 CO 在金属表面发生解离吸附。

CO 在金属表面的吸附类型主要有线形 M—C≡O 和桥型 $O=C\diagup\diagdown$ 等，在铁催化剂中加入少量钾可以提高产物中高级烃和烯烃的选择性，其原因就是钾能向铁提供电子，一方面增加 CO 的吸附，另一方面由于 π 键反馈加强而使 C—O 键削弱。

H_2 的吸附相对要简单些，要使 H_2 发生活化吸附，金属原子必须是有空 d 电子轨道，但又不能太多，只有过渡金属最适合担当此任。

2. 产物生成机理

关于费托合成产物的生成机理有多种，下面仅列举具有代表性的几种。

（1）表面碳化机理　表面碳化物机理是由 F. Fisher 和 H. Tropsh 等人最先提出。他们认为，CO 和 H_2 接近催化剂时，容易被催化剂表面或表面金属所吸附，并且 CO 比 H_2 更容易被催化剂所吸附，因此碳氧之间的键被削弱而形成碳化物 M—C。如果在 Co 催化剂、Ni 催化剂上合成，氧和活化氢反应生成水；而在 Fe 催化剂上合成，氧和 CO 反应生成 CO_2。碳化物 M—C 再与活泼氢作用生成中间产物次甲基 $CH_2\diagup\diagdown$，然后次甲基 $CH_2\diagup\diagdown$ 再在催化剂表面上进行迭合反应，生成碳链长度不同的烯烃，烯烃再加氢得到烷烃。反应历程如下。

在 Co 催化剂或 Ni 催化剂上：

$$2Co+CO \longrightarrow CoC+CoO$$
$$CoO+H_2 \longrightarrow Co+H_2O$$
$$CoO+H_2 \longrightarrow Co+ CH_2\diagup\diagdown$$
$$n(CH_2\diagup\diagdown) \longrightarrow C_nH_{2n}$$
$$C_nH_{2n}+H_2 \longrightarrow C_nH_{2n+2}$$

在 Fe 催化剂上：

$$3Fe+4CO \longrightarrow Fe_3C_2+2CO_2$$
$$Fe_3C_2+H_2 \longrightarrow Fe_3C+ CH_2\diagup\diagdown$$
$$n(CH_2\diagup\diagdown) \longrightarrow C_nH_{2n}$$
$$C_nH_{2n}+H_2 \longrightarrow C_nH_{2n+2}$$

烃链长短取决于氢气活化的情况，如果催化剂表面化学吸附氢少，则形成大分子的固态烃，如果氢的数量有限，则形成长度不同的链，如果氢气过剩，则生成甲烷。脱附速度取决于碳链的长短，高分子烃的脱附速度较慢，因而使它受到彻底的加氢。

（2）一氧化碳插入机理　一氧化碳插入机理是 Pichler 和 Schulz 在研究了大量不同类型反应的实验结果的基础上，于 20 世纪 70 年代提出的。该机理认为 C—C 键的形成与增长主要是通过 CO 不断插入金属-烷基键而进行链增长的结果，起始的金属-烷基键是催化剂表面的亚甲基══CH_2 经还原而生成的。该机理的反应历程可简单的表示如下：

$$CO \xrightarrow{H_2} CH_2 - O \longrightarrow CH_2 \xrightarrow{H_2} CH_3$$

$$CH_3 + CO \longrightarrow CH_3 - CO \longrightarrow \cdots\cdots$$

该机理较其他机理更详细地解释了直链产物的形成过程，但这一机理的广泛应用还有待于对活性中间体酰基还原过程的进一步深入研究。

（3）双活性中间体机理 该机理认为在铁基催化剂表面存在两种活性物种：活化的碳原子与可氢化的氧原子（实际还有活化氢原子）。在表面碳上进行烃化反应，而链增长同样是通过 CO 插入实现的。该机理同时考虑了碳化物机理和含氧中间体机理，比一氧化碳插入机理可以解释更多的实验现象。

（4）综合机理 由于 F-T 合成产物的分布较宽，生成了许多不同链长和含有不同官能团的产物。不同官能团的生成意味着反应过程中存在着不同的反应途径和中间体；另外由于催化剂和操作条件（反应温度和压力等）的改变引起产物分布的变化，表明存在着不同的反应途径。Anderson 在总结了几乎所有的机理模式后，将反应机理分成如下两个主要部分，即链引发和链增长。其中链引发有六种可能形式（Ⅰ-Ⅵ组），而链增长有五种可能的方式（A-E）。

链引发：

链增长：

$$
\text{B.} \quad
\begin{array}{c} R \\ | \\ C - OH \\ | \\ M \end{array}
+
\begin{array}{c} H \\ | \\ C - OH \\ | \\ M \end{array}
\xrightarrow[-H_2O]{H_2}
\begin{array}{c} R \\ | \\ CH_2OH \\ | \\ C \\ | \\ M \end{array}
+ M
$$

$$
\text{C.} \quad
\begin{array}{c} R \ H \\ \diagdown \diagup \\ C \\ | \\ M \end{array}
\xrightarrow{CO}
\begin{array}{c} R \ H \\ \diagdown \diagup \\ C - CO \\ | \\ M \end{array}
\longrightarrow
\begin{array}{c} R \ \ OH \\ | \\ CO \\ | \\ M \end{array}
\longrightarrow
\begin{array}{c} R \ \ H_2 \\ | \\ C - O \\ | \ \ \ | \\ M \ \ M \end{array}
\xrightarrow[-H_2O]{H_2}
\begin{array}{c} R \ \ H_2 \\ | \\ CH + M \\ | \\ M \end{array}
$$

$$
\text{D.} \quad
\begin{array}{c} CH_3 \\ | \\ O \\ | \\ M \end{array}
\xrightarrow{CO}
\begin{array}{c} O \ CH_3 \\ \diagdown \diagup \\ C \\ | \\ O \\ | \\ M \end{array}
\xrightarrow{H_2}
\begin{array}{c} OH \\ | \\ CH_3 \\ | \\ O \\ | \\ M \end{array}
\xrightarrow{H_2}
\begin{array}{c} CH_2CH_3 \\ | \\ O \\ | \\ M \end{array}
$$

$$
\text{E.} \quad
\begin{array}{c} R \ H \\ \diagdown \diagup \\ C \\ | \\ O \\ | \\ M \end{array}
+
\begin{array}{c} R \ H \\ \diagdown \diagup \\ C \\ | \\ O \\ | \\ M \end{array}
\longrightarrow
\begin{array}{c} R \ H \\ \diagdown \diagup \\ C - CH_2 \\ | \ \ \ | \\ O \ \ O \\ | \ \ \ | \\ M \ \ M \end{array}
\longrightarrow
\begin{array}{c} R \ H \\ \diagdown \diagup \\ C \\ | \\ O + O \\ | \ \ \ | \\ M \ \ M \end{array}
$$

通过对上述链引发和链增长反应进行适当的组合即可得出各种不同的机理模式，如链引发的Ⅲ和链增长的 B 的组合就是所谓的缩聚机理，而Ⅳ和 C 的组合便是插入机理，以此类推还可组成各种不同的新的机理模式。综合机理更具有普遍性，因为它可以通过不同组合模式，去解释更多的实验事实，因此，费托合成中所见到的产物都可按这一生成机理加以解释。

三、F-T 合成的理论产率

煤基 F-T 合成烃类油一般要经过原料煤预处理、气化、气体净制、部分气体转换、F-T 合成和产物回收加工等工序，F-T 合成产品的分布与组成见表 6-1。

表 6-1　典型的 F-T 合成产品的组成与分布比较

产　品	反应器		产　品	反应器	
	固定床/Arge	气流床/Synthol		固定床/Arge	气流床/Synthol
甲醇(C_1)(质量分数)/%	5	10	软蜡($C_{20} \sim C_{30}$)(质量分数)/%	23	4
液化石油气(LPG)($C_2 \sim C_4$)(质量分数)/%	12.5	33	硬蜡(C_{30} 以上)(质量分数)/%	18	2
汽油($C_5 \sim C_{12}$)(质量分数)/%	12.5	39	含氧化合物(质量分数)/%	4	7
柴油($C_{13} \sim C_{19}$)(质量分数)/%	15	5			

根据化学反应计量式可计算出反应产物的最大理论产率，但对 F-T 合成反应，由于合成气（$H_2 + CO$）组成不同和实际反应消耗的 H_2/CO 比例的变化，其产率也随之改变。利用上述主反应计量式可以得出每 $1m^3$ 合成气的烃类产率的通用计算式为

$$Y = \frac{\text{生成}(-CH_2-)_n \text{物质的量} \times (-CH_2-)_n \text{ 相对分子质量} \times \text{合成气物质的量}}{\text{消耗合成气物质的量} \times 1m^3}$$

计算表明，只有当合成气中的 H_2/CO 比与实际反应消耗的 H_2/CO 比（也称利用比）相等时才能得到最佳的产物产率。用上式计算的 F-T 合成理论产率为 $208.3 g/m^3$（$H_2 + CO$）。实际反应过程中，由于催化剂的效率不同，操作条件的差异，合成气 H_2/CO 的实际利用比低于理论值，因此，实际情况下，F-T 合成的产率低于理论产率，表 6-2 为不同合成气利用比时烃类的产率。

表 6-2　不同合成气利用比例时的烃类产率　　　　单位：g/m³(CO+H₂)

利用比(H₂/CO)	原料气 H₂/CO 比		
	1/2	1/1	2/1
1/2	208.3	156.3	104.3
1/1	138.7	208.3	138.7
2/1	104.3	156.3	208.3

四、F-T 合成过程的工艺参数

影响 F-T 合成反应速率、转化率和产品分布的因素很多，主要有反应器类型、原料气 H_2/CO 比、反应温度、压力、空速和催化剂等，关于 F-T 合成催化剂后面将作详细介绍。

1. 反应器

迄今为止，用于 F-T 合成的反应器有气固相类型的固定床、流化床和气流床以及气液固三相的浆态床等。由于不同反应器所用的催化剂和反应条件互有区别，反应内传热、传质和停留时间等工艺条件不同，故所得结果显然有很大差别。总的讲，与气流床相比，固定床由于反应温度较低及其他原因，重质油和石蜡产率高，甲烷和烯烃产率低，气流床正好相反，浆态床的明显特点是中间馏分的产率最高。

2. 反应温度

升高反应温度有利于反应物转化率的增加。反应温度不仅影响 CO 的加氢反应速率，而且对 F-T 合成产物分布影响也很大，一般规律是低温时生成 CH_4 少、高沸点烃类多，高温时液态烃减少、CH_4 增加，这种温度效应在低压下尤为明显。当选用 Fe-Mn 系列催化剂时，其目的产物以低级烯烃为主，因此应选择较高的反应温度，利于低级烯烃生成。随着反应温度增加，烯烃明显增加，且 C_3 和 C_4 烯烃增加幅度更大些。对 Fe-Cu-K 催化剂而言，目的产物为液态烃和固体蜡，在保证一定转化率时应选择尽量低的反应温度为宜。

3. 反应压力

F-T 合成反应一般需要在一定的压力下进行，不同催化剂和目的产物对系统压力要求也不一样。通常沉淀铁催化剂合成烃类需要中压，如对 Fe-Mn 催化剂希望 $C_2 \sim C_4$ 烃选择性高些，则宜选用较低压力。总体来说，提高反应压力有利于 F-T 合成活性的提高和高级烃的生成。

4. 原料气空速

随着原料气空速的增加，(CO+H_2) 转化率逐渐降低，烃分布向低相对分子质量方向移动，CH_4 比例明显增加，低级烃中烯烃比例也会增加，可见空速的提高有利于低碳烯烃生成。

5. 原料气 H_2/CO 比

以 Fe-Cu-K/隔离剂催化剂为例，在 H_2/CO 为 1.5～4 的范围内进行反应性能比较时，随着 H_2/CO 比上升，CO 转化率增加而 H_2 转化率下降，总的 (H_2+CO) 转化率也呈下降趋势，H_2/CO 利用比明显下降，高的 H_2/CO 比有利于 CH4 的生成。总之，为了获得合适的反应结果，不宜选用 H_2/CO 比大于 2 的原料气。

6. 工艺参数对产物特征指标的影响

反映产物特征的指标有碳链长度（碳原子数）、碳链支化度（异构烃含量）、烯烃含量（烯烃/烷烃）和含氧化合物产率等。

(1) 影响碳链长度的因素　概括说来，碳链长度分布服从 ASF 方程，调整工艺参数可

在一定范围内发生迁移,譬如增加反应温度、增加 H_2/CO 比、降低铁催化剂的碱性、增加空速和降低压力均有利于降低产品中的碳原子数,即缩短碳链长度,反之则有利于增加碳链长度。在铁催化剂上生成 CH_4 的选择性是最低的,而采用钌催化剂在 $100℃$ 左右低温和 $100MPa$ 左右的高压下长碳链烃类的选择性最高。

(2) 影响支链或异构化的因素　增加反应温度和提高 H_2/CO 比例有利于增加支链烃或异构烃,反之,则有利于减少支链烃或异构烃。另外,对中压铁剂固定床合成,所得固体石蜡支链化程度很低,每 1000 个碳原子只有很少几个—CH_3 支链,而流化床和气流床反应器支链产物相对较多,尤其是常压钴剂场合。

(3) 影响烯烃含量的因素　提高合成气中 CO/H_2 比例,提高空速、降低合成转化率和提高铁剂的碱性均有利于增加烯烃含量,反之不利于烯烃生成。采用中压加碱的铁催化剂时,不管固定床还是气流床,在通常的反应条件下,都有利于烯烃生成,而常压钴催化剂合成主要得到石蜡烃。

(4) 影响含氧衍生物的因素　降低反应温度、降低 H_2/CO 比例、增加反应压力、提高空速、降低转化率和铁催化剂加碱,用 NH_3 处理铁催化剂有利于生成羟基和羰基化合物,反之其产率下降。用钌催化剂在高压(CO 分压高)和低温下由于催化剂的加氢功能受到很强的抑制,故可生成醛类。铁催化剂有利于含氧化合物特别是伯醇的生成,主要产物是乙醇。

第二节　F-T 合成催化剂

F-T 合成只有在合适的催化剂作用下才能实现。它对反应速率、产品分布、油收率、原料气、转化率、工艺条件以及对原料气要求等均有直接的甚至是决定性的影响。

一、F-T 合成催化剂组成与作用

F-T 合成的催化剂为多组分体系,包括主金属、载体或结构助剂以及其他各种助剂和添加物,其性能不仅取决于制备用前驱体,制备条件、活化条件、分散度及粒度等因素,其中所添加的各种助剂对调变催化剂性能有重要作用。催化剂中各种不同组分的功能与作用,如表 6-3 所示。影响催化剂的具体因素如下。

表 6-3　F-T 合成催化剂的组成与作用

催化剂组成	主要成分	作用
主催化剂	①第Ⅷ族金属 Pt、Pd、Ni ②Ir、Rh、Co、Ru、Fe ③ⅢA、ⅣA、ⅤA、ⅥA、ⅦA 元素	实现催化作用的活性组分:应具有加氢作用、使一氧化碳的碳氧键削弱或解离作用以及叠合作用
助催化剂 结构型助催化剂 调变型助催化剂	难还原的金属氧化物 ThO_2、MgO、Al_2O_3 等; 常用的 K_2O、Mn、ThO_2、Al_2O_3 等,具有选择依主催化剂的特性而定	改变催化剂表面的化学性质及催化性质,增强催化剂的活性及选择性
载体(担体)	常用的载体有硅藻土、Al_2O_3 和 SiO_2、ThO_2、TiO_2 等	催化剂主组分和助催化剂的骨架或支撑者:具有化学、物理效应,可提高催化剂的活性、选择性、稳定性和机械强度

1. 主金属的种类与作用

F-T 合成的主金属主要为过渡金属,其中铁、钴、镍、钌等的催化反应活性较高,但对硫敏感,易中毒,Mo、W 等催化反应活性不高,但具有耐硫性。Mo 催化剂已在合成 C_1 ~ C_4 烷烃方面获得应用。

F-T 合成催化剂的主金属组分应该具有加氢作用、使一氧化碳的碳氧键削弱或解离作用以及叠合作用。如果只有加氢性能，而没有解离一氧化碳的能力，不能作为 F-T 合成催化剂，例如，ZnO、Mo_2O_3 等在常压下有加氢能力，但不能使一氧化碳解离，故不能作 F-T 合成催化剂。

CO 在一些金属上吸附解离起始温度和容易解离的顺序如下：Ti，Fe（室温）＞Ni（120℃）＞Ru（140℃）＞Rh（约 300℃）＞Pt、Pd（＞300℃）Mo，W

2. 催化剂助剂的作用

催化剂助剂可分为结构助剂和电子助剂两大类。结构助剂对催化剂的结构特别是对活性表面的形成产生稳定影响，它可促使催化剂表面结构的形成，防止熔融和再结晶，增加其稳定性。如 Co 催化剂在还原中，表面积收缩很大，但加入 ThO_2 和 MgO 可阻止表面积的下降（表 6-4）。除此以外，ZnO、Al_2O_3、Cr_2O_3、TiO_2 和 SiO_2 等也是较典型的结构助剂，它们能阻滞催化剂的还原速率，但可以使催化剂形成较高的表面积，提高催化剂的抗烧结能力和机械强度。电子助剂能加强催化剂与反应物间的相互作用，碱金属氧化物是 F-T 合成不可缺少的电子型助剂，它们能使反应物的化学吸附增加，使合成反应的反应速率增加。

表 6-4　钴催化剂还原前后的比表面积变化

催化剂组成			比表面积/(m^2/g)	
Co	ThO_2	MgO	还原前	还原后
100	0	0	126.2	2.5
100	6	0	171.1	14.6
100	0	6	142.6	35.2
100	6	12	154.8	52.8

对于不同的催化剂，助剂的作用是不同的。例如钴和钌催化剂对助剂的存在与否不太灵敏，然而对于铁催化剂来说助剂的作用是不可缺少的。如 CuO 的易还原性和 Cu 对 H_2 具有比铁强的化学吸附能力，因而添加铜可以提高氧化铁的还原速率，降低还原温度，但同时必须控制铜的添加量，如加入量过大将导致催化剂的抗烧结强度差。添加钛、钒、钼、钨、铬和锰的氧化物都可以改变催化剂的选择性。

铁催化剂的加氢活性受电子型助剂（如 K_2O 或其他碱金属）的强烈影响，其效率取决于碱性的强弱，碱金属对铁催化剂加氢活性影响顺序：Rb＞K＞Na＞Li。碱性助剂的加入导致铁催化剂的表面积下降，为了弥补这一影响可加入结构助剂，在熔铁催化剂中这些氧化物的晶体可以阻止铁微晶的聚合，起到了增加了催化剂的表面积的作用。

3. 载体的作用

使用载体的目的在于增大活性组分的分散和提高催化剂表面积，其作用与结构助剂相似。典型的载体是 Al_2O_3 和 SiO_2，有时也使用炭，SiO_2 的含量与烯烃和带支链的烃类之间有线性关系。另一类是对活性金属具有强的相互作用（SMSI）的载体，如 TiO_2 可导致负载金属的高度分散，在它上面的金属用接近原子的分散态形成类筏的结构由微晶支撑着，使催化剂的性能大大改善。将 Ni 负载在 TiO_2 或 ThO_2 上，可以使生成高相对分子质量烃类的活性和选择性大为增加。对钌、钯和铑催化剂也具有相似的结果。

使用载体还可改变 F-T 合成二次反应，并通过形选作用提高选择性。如沸石负载催化剂具有多种作用，除在金属组分上发生 F-T 反应外，F-T 产物烯烃和含氧化合物在沸石酸中心发生脱水、聚合、异构、裂解、脱氧、环化等二次反应，有效地阻碍了长链烃的生成。由沸石担载的 Ru-Pt 双金属催化剂的最新研究结果表明，其 C_5^+ 的产率占总产率的 66%，远远超过 ASF 方程预测的最大值 48%。沸石的择形作用使汽油选择性突破 F-T 合成产物分布（ASF 分布）极限。此外，金属与载体的强相互作用对催化剂活性也有重要影响。

4. 催化剂的粒度及分散性效应

催化剂粒度及分散性对 F-T 合成反应活性及选择性有重要影响，如负载型 Ru 催化剂的 CO 转化率和甲烷生成比活性随 Ru 分散度提高而降低，Ru 晶粒增大，促进链增长，$C_5 \sim C_{10}$ 烃选择性增加，整体型催化剂制成粒径小于 $0.1\mu m$ 的超细粒子显示高活性并改变产品分布。玻璃态或无定型金属铁活性比结晶铁粉高出 10 倍。

二、F-T 合成催化剂的制备及预处理

催化剂表面结构和表面积是影响催化剂活性的重要因素，不仅与催化剂的组分有关，而且与制备方法和预处理条件有密切关系。目前，F-T 合成工业用催化剂主要有铁催化剂和钴催化剂，其他催化剂还处在研究开发阶段。催化剂的制备方法主要有沉淀法和熔融法。

1. 沉淀法

沉淀法制备催化剂是将金属催化剂和助催化剂组分的盐类溶液（常为硝酸盐溶液）及沉淀剂溶液（常为 Na_2CO_3 溶液）与担体加在一起，进行沉淀作用，经过滤、水洗、烘干、成型等步骤制成粒状催化剂，再经 H_2（钴、镍催化剂）或 $CO+H_2$（铁铜催化剂）还原后，就可供 F-T 合成反应使用。在沉淀过程中，催化剂的共晶作用及保持合适的晶体结构是很重要的，因此每个步骤都应加以控制。沉淀法常用于制造钴，镍及铁铜系催化剂。

标准沉淀铁催化剂的制备过程如图 6-3 所示。将金属铁、铜分别加热溶于硝酸，将澄清的硝酸盐溶液调至一定浓度（100gFe/L，40gCu/L），并有稍过量的硝酸，以防止水解而沉淀。将硝酸铁、硝酸铜溶液按一定比例（40gFe+2gCu）/L 混合加热至沸腾后，加入沸腾的碳酸钠溶液中，溶液的 pH<7～8，搅拌 2～4min，反应产生沉淀和放出 CO_2 然后过滤，用蒸馏水洗涤沉淀物至使其不含碱，再将沉淀物加水调成糊状，加入定量的硅酸钾，使浸渍后每 100 份铁配有 25 份的硅酸。由于工业硅酸钾溶液中，一般 SiO_2/K_2O 比例为 2.5，为除去过量的 K_2O，可向料浆中加入精确计量的硝酸，重新过滤，用蒸馏水洗净滤饼，经干燥、挤压成型，干燥至水分为 3%，然后磨碎至 2～5mm，分离出粗粒级（>5mm）和细粒级（>2mm），即得粒度为 2～5mm，组成为 100Fe：5Cu：5K_2O：25SiO_2 的沉淀铁催化剂。

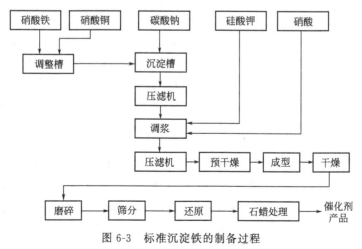

图 6-3　标准沉淀铁的制备过程

2. 熔融法

熔融法是将一定组成的主催化剂及助催化剂组分细粉混合物，放入炉内，利用电熔方法使之熔融，冷却后将其破碎至要求的细度，用 H_2 还原而成。也可以在还原后以 NH_3 进行氮化再供合成用。熔融法主要用于铁催化剂的制备。

3. 催化剂的预处理

所谓预处理是指用 H_2 或 H_2+CO 混合气在一定温度下将催化剂进行还原，目的是将催化剂中的主金属氧化物部分或全部地还原为金属状态，从而使其催化活性最高，所得液体油收率也最高。钴、镍、铁催化剂的还原反应式为

$$CoO+H_2 \longrightarrow Co+H_2O$$
$$NiO+H_2 \longrightarrow Ni+H_2O$$
$$Fe_3O_4+H_2 \longrightarrow 3FeO+H_2O$$
$$FeO+H_2 \longrightarrow Fe+H_2O$$
$$CoO+CO \longrightarrow Co+CO_2$$
$$NiO+CO \longrightarrow Ni+CO_2$$
$$Fe_3O_4+CO \longrightarrow 3FeO+CO_2$$
$$FeO+CO \longrightarrow Fe+CO_2$$

通常用还原度即还原后金属氧化物变成金属的百分数来表示还原程度。对合成催化剂，必须有最适宜的还原度，才能保证其催化活性最高。钴催化剂的理想还原为 $55\%\sim65\%$，镍催化剂的还原度要求 100%，熔铁催化剂的还原度应接近 100%。

H_2 和 CO 均可作还原剂，但因 CO 易于分解析出炭，所以通常用 H_2 作还原剂，只有 Fe-Cu 剂用 $CO+H_2$ 去还原。另外还要求还原气中的含水量小于 $0.2g/m^3$，含 CO_2 小于 0.1%，因为含水汽多，易使水汽吸附在金属表面，发生重结晶现象，而 CO_2 的存在会增长还原的诱导期。各种催化剂的还原温度是：钴催化剂为 $400\sim450℃$，镍催化剂为 $450℃$，Fe-Cu 催化剂为 $220\sim260℃$，熔铁催化剂为 $400\sim600℃$。

三、F-T 合成催化剂的失活、中毒和再生

催化剂的活性和寿命是决定催化反应工艺先进性、可操作性和生产成本的关键因素之一，对 F-T 合成也不例外。催化剂的使用寿命直接与失活和中毒有关，导致催化剂失活的主要因素有催化剂的化学中毒、表面积炭、相变和烧结与污染等。

1. 化学中毒

(1) 硫中毒 因为合成气在经过净化后仍含有微量硫化氢和有机硫化合物，它们在反应条件下能与催化剂中的活性组分生成金属硫化物，使其活性下降，直到完全丧失活性。不同种类的催化剂对硫中毒的敏感性不同，镍催化剂最敏感，其次是钴催化剂，而铁催化剂最不敏感。不同硫化物的毒性不同，硫化氢的毒化作用不如有机硫化物强，有机硫化物的毒性大小顺序为：噻吩及其他环状硫化物＞硫醇＞CS_2＞COS。但少量的硫化氢在初期不但不会使 Co、Ni 和 Fe 催化剂中毒，相反还能增加其活性，譬如钴催化剂和镍催化剂，在催化剂中硫含量达到 0.8% 前，烃的总收率一直是增加的，继续增加硫含量才出现中毒表现，总烃收率明显下降。铁剂对硫的承受能力更强，用经 H_2S 处理过的铁催化剂和未脱硫的合成气进行超常规试验，结果表明含硫 3.7% 的催化剂在 $210\sim215℃$ 和 $1MPa$ 下，操作 $144h$，活性仍很高，后将压力升至 $2MPa$，活性还要高。试验发现有一定硫含量的铁催化剂，在活性出现下降时，只要适当提高温度或增加压力，活性即可恢复，如含硫 17.5% 的铁催化剂在 $1\sim2MPa$ 和 $210\sim230℃$ 温度下活性很低，而在 $3MPa$ 和 $279℃$ 时 CO 转化率可达到 62.5%，甚至铁催化剂在吸收了 $40\%\sim42\%$ 的硫后，在 $210\sim290℃$ 和 $0.1\sim3MPa$ 范围内已丧失活性，但如果提高温度和压力又能显示出活性。

铁催化剂对硫中毒的灵敏度与制备时的还原温度有关，在较低温度下还原的铁催化剂（加有铜）不易中毒，原因是这种催化剂中的 Fe 以高价氧化铁（为主）和低价氧化铁存在，它们可以与 H_2S 反应生成不同价态的硫化铁，而有机硫化物可以在其作用下转化为硫化氢而与其反应。在 500℃高温下氢气还原后的铁催化剂中主要是金属铁，FeO 含量不到 1％，它很容易被硫化物中毒，仅吸收 0.5％的硫就完全丧失活性。采用低温甲醇洗净化工艺，合成气中的硫含量可降低到 $0.03mg/m^3$ 以下，这样低的硫含量完全可以保证催化剂的正常操作寿命。

（2）其他化学毒物中毒　除了硫之外，氯化物和溴化物离子也能使铁催化剂中毒失活，因为它们会与金属或金属氧化物反应生成相应的卤化盐类，而造成永久性中毒，其他还有 Pb、Sn 和 Bi 等，也是有毒元素。

（3）由于合成气中少量氧的氧化作用引起钴催化剂中毒　为此，一般规定合成气中氧的含量不能超过 0.3％。

2. 积炭

由析炭反应产生的炭沉积和合成气中带入的有机物缩聚沉积会使催化剂失活。在通常的 F-T 合成反应条件下，Ni、Co 和 Ru 基催化剂几乎不积炭，而 Fe 基催化剂的积炭趋势较大，尤其在高温条件下更为突出。

铁基催化剂在 250℃以下时只生成碳化物，几乎不积炭，但在高温下，来自 CO 解离的碳原子会迁移到金属铁的晶格里并逐渐增长，产生应力使催化剂崩裂和粉碎，形成的细粉堵塞催化剂床层。因此，对于固定床反应器铁基催化剂的操作，要严格控制床层温度，通常不宜超过 260℃。流化床不存在床层堵塞问题，但积炭随着反应的进行一直在继续，流化床体系中的积炭不一定会引起催化剂失活，其原因可能是由积炭引起的催化剂粉碎补偿了催化剂损失和污染造成的失活。

研究发现碱助剂（如 K_2O）的添加可加速炭沉积，但加入适量的酸性助剂（如 SiO_2、Al_2O_3 等）又可有效地降低积炭速率，因此为了减少 F-T 合成中的炭沉积有必要控制催化剂的碱性。积炭速率与反应温度密切相关，反应温度高和催化剂碱性强容易积炭，严重时可使固定床堵塞。一般情况下，反应床层温度每增加 10℃，积炭速率可增加 50％。

3. 烧结

催化剂在反应过程中由于温度过高，尤其是"飞温"会造成表面发生熔结、再结晶和活性相转移烧结现象，烧结后催化剂表面积会大幅度下降，活性明显降低，甚至导致永久失活。

4. 结污

所谓结污是指催化剂在反应过程中受到了污染而导致本身活性的下降。铁基催化剂的结污有两种不同的方式：物理结污与化学结污。物理结污是指反应中生成的高分子物积聚在催化剂的孔内，堵塞孔口，增加了反应物分子向孔内活性中心扩散的阻力，从而降低反应活性。如，催化剂表面石蜡沉积覆盖会导致催化剂活性降低，这种蜡大致可分两类，一类是在 200℃左右用 H_2 处理容易除去的浅色蜡，另一类是难以除去的暗褐色蜡；铁基催化剂的流化床反应器在 300℃以上反应时，由于生成的芳烃和双烯烃容易在催化剂表面上结焦沉积、老化、掩盖了部分表面活性中心，降低其催化活性，这种现象称之为化学结污。

F-T 催化剂通常主要是硫中毒，一般不像对其他贵重催化剂那样，进行反复再生，可采用逐渐升高温度的操作方法在一定温度区间内维持铁催化剂的活性，且硫中毒后的催化剂再生是很不容易的，需要将全部硫彻底氧化除尽后再还原才有效，一般不采取这样的再生方法。钴催化剂表面除蜡相对比较容易，可以在 200℃下用 H_2 处理，也可以用合成油馏分

（170～274℃）在 170℃下抽提。

四、F-T 合成催化剂

1. 铁系催化剂

20 世纪 30～40 年代 F-T 合成在德国实现商业化，采用钴为催化剂。1937 年 Fischer 等发现在 0.5～2.0MPa 压力下铁可以大大改进合成效果之后，德国工厂开始使用铁催化剂。

F-T 合成中铁可以形成碳化铁和氧化铁，然而真正起催化作用的是碳化铁、氮化铁和碳氮化铁。铁基合成催化剂通常在 2 个温度范围内使用。

① 温度＜280℃时，在固定床或浆态床中使用，此时的铁催化剂完全浸没在油相中。

② 温度＞320℃时，在流化床中使用，温度将以最大限度地限制蜡的生成为界限。

目前，工业上用于 F-T 合成的铁催化剂一般可分为熔铁催化剂、沉淀铁催化剂和烧结铁催化剂三种类型。

（1）沉淀铁催化剂　它属低温型铁催化剂，反应温度＜280℃，活性高于熔铁催化剂或烧结铁催化剂。沉淀铁催化剂一般都含铜，所以常称为铁铜催化剂，用于固定床合成和浆态床合成。Cu、K_2O、SiO_2 是沉淀铁催化剂的最好助剂，这些助催化剂组分均有其各自的作用，如铜作结构助剂，一方面可以降低还原温度，有利于氧化铁在合成温度区间（250～260℃）用 $CO+H_2$ 进行还原，另一方面可以防止催化剂上发生炭沉积，增加稳定性；二氧化硅用作结构助剂，主要起抗烧结、增强稳定性、改善孔径分布大小和提高比表面积的作用；氧化钾的作用主要是提高催化剂活性和选择性，即增强对 CO 的化学吸附，削弱对氢气的化学吸附，使反应向生成高分子烃类的方向进行，从而使产物中的甲烷减少，烯烃和含氧物增多，产物的平均相对分子质量增加。

沉淀铁催化剂中也可以添加其他助催化剂，如 Mn、MgO、Al_2O_3 等，以增加机械强度和延长催化剂的寿命。Mn 具有促进不饱和烃生成的独特性质，因此一般用于 C_2～C_4 烯烃的生产。

沉淀铁催化剂的制法如下。

① Fe-Cu-K 催化剂。配制一定比例的硝酸铁和硝酸铜溶液并加热到 70℃，在强烈搅拌下加入温热的氨水溶液（一般控制 pH=8），也可以用连续共沉淀法，得到的沉淀物经蒸馏水洗涤，以除去 NO_3^-，滤饼重新浆化，浸以一定量 K_2CO_3 水溶液，经 110℃干燥 12h，再经马弗炉 320℃焙烧 4h，最后得到 Fe-Cu-K 催化剂。焙烧后的氧化物为坚硬的断面，具有光泽的红棕色固体板块，如 110℃干燥前挤条则成型性能较差，焙烧后机械强度亦较差。

② Fe-Mn-K 催化剂。采用连续共沉淀法，控制 pH=8，将配制好的硝酸铁和硝酸锰的混合液预热后和 NH_4OH 溶液分别从共沉淀混合系统的两侧按比例同时进入，用恒温水浴维持沉淀系统内的温度为 65～70℃，并进行连续操作，接收沉淀浆液，过滤、洗涤至合格，滤饼浆化后浸以 K_2CO_3，均匀的浆状物经预干燥、成型（或无定形），再在 110℃烘干一昼夜（或真空干燥），最后在大于 450℃有空气存在下焙烧，制得 Fe-Mn-K 催化剂。

③ Fe-Cu-K/隔离剂催化剂。按化学计量的硝酸铁和硝酸铜混合溶液预热至沸腾，在强烈搅拌下加到热的 Na_2CO_3 溶液中，立刻形成红棕色沉淀，将沉淀物趁热过滤，用蒸馏水充分洗涤到 Na^+ 至最低水平（pH=6），过滤后重新打浆加入氧化物隔离剂，如 MgO、AlO_3、$SiOM_2$（比较好的是用水玻璃引入 SiO_2 和 K_2O 助剂），预烘干后成型（挤条），再经 110℃烘 8～12h，最后在 400℃左右焙烧得到红棕色成品。最好的 Fe-Cu-K/隔离剂是 α-Fe_2O_3-CuO-K_2O/SiO_2，机械强度大于 Fe-Cu-K 催化剂，但不能与熔铁相比，而经反应后的催化剂的强度却大于新鲜氧化物催化剂，表明具有较好的化学强度。

沉淀铁催化剂的活性和选择性，除与催化剂的组成有关外，还与制备方法，制备条件等有关。用硝酸盐制成的催化剂活性高，而用氯化物和硫酸盐制成的催化剂，由于不易于洗涤等原因，因此活性低。同时为制得高活性的沉淀铁催化剂，宜用高价（3价）铁盐溶液，并要除去溶液中的氯化物和硫酸盐等杂质。目前工业应用的沉淀铁催化剂组成为：$100Fe$：$5Cu$：$5K_2O$：$25SiO_2$，称为标准沉淀铁催化剂。为了提高催化剂活性，需在230℃下，间断地用高压氢气和常压氢气循环，对催化剂还原1h以上。使催化剂中的Fe有25%～30%被还原为金属状态，45%～50%被还原为2价铁，其余为3价铁。还原后的铁催化剂需在惰性气体保护下储存，运输时需石蜡密封以防止其氧化。

一般用铁催化剂进行的F-T合成都是在中压（0.7～3.0MPa）下进行的，因常压下合成不仅油收率低，而且寿命短，例如一种铁催化剂常压合成时，油收率只有$50g/m^3$（$CO+H_2$），使用寿命为一周，而在0.7～1.2MPa压力下进行合成，油收率为$140g/m^3$（$CO+H_2$），寿命可达1～3个月。标准沉淀铁催化剂在2.5MPa、220～250℃下合成，CO的单程转化率为65%～70%，使用寿命为9～12个月。沉淀铁催化剂的缺点是机械强度差，不适合于流化床和气流床合成。

（2）熔铁催化剂　一般以铁矿石或钢厂的轧屑作为生产熔铁催化剂的原料，由于轧屑的组成较为均一，目前被优先利用。Sasol F-T合成厂Synthol反应器所用的熔铁催化剂，就是选用附近钢厂的轧屑为原料制备。将轧屑磨碎至小于16目后，添加少量精确计量的助催化剂，送入敞式电弧炉中共熔，形成一种稳定相的磁铁矿，助剂呈均匀分布，炉温为1500℃，由电炉流出的熔融物经冷却、多段破碎至要求粒度（<200目）后在400℃温度下用氢气还原48～50h，磁铁矿（Fe_3O_4）几乎全部还原成金属铁（还原度95%），就制得可供F-T合成用的熔铁催化剂。为防止催化剂氧化，必须在惰性气体保护下储存。

（3）烧结铁催化剂　以Fe_3O_4（磁铁矿粉）为主体，配以MgO、Cr_2O_3、Re_2O_3等氧化物助剂，混合均匀后加入3%硬脂酸并在40MPa压力下压片成型，置于马弗炉中，先在400℃下灼烧2h，然后在1100℃下烧结4h，冷却后取出破碎成所需尺寸。

2. 镍系催化剂

镍系催化剂以沉淀法制得的活性最好。过去对镍系催化剂研究较多的是$Ni-ThO_2$系和$Ni-Mn$系，前者以$100Ni-18ThO_2-100$硅藻土催化剂活性最好，油收率达$120mL/m^3$（$CO+H_2$），后者以$100Ni-20Mn-10Al_2O_3-100$硅藻土催化剂活性最佳，油收率达$168mL/m^3$（$CO+H_2$）。镍催化剂的还原温度为450℃，用H_2加少量的NH_3还原比较理想，合成条件以H_2/CO为2，常压及温度为180～200℃时为合适。由于镍催化剂在压力下易与CO生成挥发性的羰基镍［$Ni(CO)_4$］而失效，所以镍催化剂合成只能在常压下进行。

与钴催化剂相比，镍催化剂加氢活性高，合成产物多为直链烷烃，而烯烃较少，油品较轻，易生成CH_4。由于镍催化剂在合成生产中寿命短，再生回收中损失较多等原因，未能在工业上得到应用。

3. 钴系催化剂

钴系催化剂是以沉淀法制得的高活性催化剂，研究较多的沉淀钴催化剂为$Co-ThO_2$系和$Co-ThO_2-MgO$系。$Co-ThO_2$系以$100Co-18ThO_2-200$硅藻土催化剂活性较高，油收率达144～$153mL/m^3$（$CO+H_2$），CO转化率达92%，但钴、钍是贵重的稀有金属，影响它在工业上的应用。$Co-ThO_2-MgO$系以$100Co-6ThO_2-12MgO-200$硅藻土和$100Co-5ThO_2-8MgO-200$硅藻土两种催化剂的效果较佳，油收率达$132mL/m^3$（$CO+H_2$），CO转化率91%～94%。

以MgO代替部分ThO_2，可使钴系催化剂中钍的用量减少，并且可提高钴系催化剂的机械强度，合成油品略为变轻。因此，钴系催化剂曾在工业上应用，特别是 100Co-5ThO$_2$-8MgO-200 硅藻土（标准钴催化剂）催化剂在钴催化 F-T 合成油厂广泛使用。

钴催化剂 F-T 合成在 H$_2$/CO 为 2，反应温度为 160～200℃，压力以 0.5～1.5MPa 时，产品产率最高，催化剂的寿命最长，但与常压下合成相比，产品中含蜡和含氧化合物增多，所以制取合成油时宜采用常压钴催化剂合成，如果为了制取较多的石蜡和含氧物可采用中压钴催化剂合成。钴催化剂合成的产物主要是直链烷烃，油品较重，含蜡多。催化剂表面易被重蜡覆盖而失效，因此钴催化剂合成经运转一段时间后，为了恢复催化剂活性需要对催化剂进行再生。再生用沸点范围为 170～240℃合成油，在 170℃温度下，洗去催化剂表面的蜡，或者在 203～206℃温度下通入氢气使蜡加氢分解为低分子烃类和甲烷，从而恢复钴催化剂的活性。由于钴催化剂较铁催化剂贵且机械强度较低，空速不能加大（一般为 80～100/h），只适用于固定床合成。

4. 复合催化剂

单一催化剂上 F-T 合成产物分布符合 ASF 分布规律，存在产物复杂及选择性差等问题，因此，只有开发新的催化剂打破 ASF 分布，才能提高 F-T 合成产品的选择性和质量。目前在该方面的主要研究工作就是开发新型复合催化剂。

所谓复合催化剂是采用机械的物理混合方法制成的 F-T 合成催化剂，如以 Fe、Co、Fe-Mn 过渡金属元素等与 ZSM-5 分子筛混合组成的复合催化剂。复合催化剂在 F-T 合成中显示出独特的催化作用，即 F-T 催化合成与分子筛的择形作用的综合效应，改善了合成产物的分布。目前，研究较多的复合催化剂有在原来单组分 F-T 合成催化剂的基础上，采用以 Fe、Co、Ru 等过渡金属作为主组分，同时添加其他金属所制备的 Fe-Mn 等合金型催化剂及把高活性的金属担载于具有细孔结构的担体上制成高分散的担载型催化剂以及利用担体与活性组分间相互作用制得特定催化剂等。

F-T 合成催化剂的适宜反应温度和压力如图 6-4 所示。在低温和高压下合成主要产物为长链烃的聚甲基化合物，在高温低压下有利于甲烷的生成。铁、钴、镍、钌催化剂的适宜应用范围为：

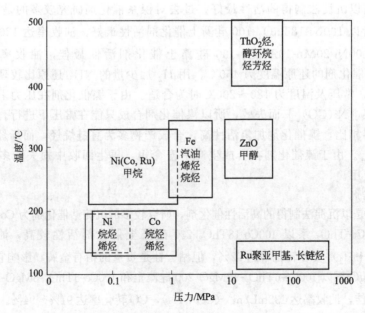

图 6-4　F-T 合成催化剂的适宜反应温度和压力

铁催化剂 1.0~3.0MPa　200~350℃

钴催化剂 0.1~2.0MPa　170~190℃

镍催化剂 0.1MPa　110~150℃

钌催化剂 10.0~100.0MPa　110~150℃

铁催化剂是活性很高的催化剂，用在固定床反应器中压合成时，反应温度为 220~240℃。铁催化剂加钾活化，具有比表面积高和热稳定性好的结构，并可担载在 Al_2O_3、CaO、MgO 和 SiO_2 硅胶上。熔铁催化剂适用于反应温度较高的流化床反应器，反应温度 320~340℃，产物趋于轻质比；钴和镍催化剂只适宜在较低温度下反应，稍提高温度，甲烷产率会大幅度提高。一般条件下，钴、镍催化剂合成的主要产品为脂肪烃；ThO_2 和 ZnO 催化剂的使用条件较苛刻且只能生成烃醇混合物；尽管 Ru 也是一种活性很高的催化剂，但由于其储量小且得到较困难，因此人们的注意力主要集中在铁和钴、镍上面。

五、新型催化剂的研究与开发

自 F-T 合成技术出现后，催化剂的研究与开发从未间断过。经过鲁尔化学公司和 Sasol 公司等多家单位的努力，F-T 合成用工业催化剂的水平已有很大提高，但新催化剂的研究与开发在世界范围内还在不断加强。催化剂的研究主要进展如下。

1. Fe/分子筛复合型双功能催化剂

为了提高 F-T 合成的选择性，突破 ASF 产物分布规律的限制，Mobil 公司在开发两段合成工艺的同时，研究了 Fe/ZSM-5 复合型双功能催化剂，大大提高了 10 个碳原子以下烃类，即汽油的产率。另外发现，将 Zn-Cr 系甲醇催化剂与 ZSM-5 制成复合催化剂后，在 427℃ 和 8.3MPa 条件下，由 CO 和 H_2 可以得到大量芳烃，而甲烷等低碳烃产率很低，其产物分布完全改变。

2. 多元金属催化剂

多元金属催化剂可以改善催化剂的活性、选择性和使用寿命。目前大量使用的 Fe-Cu-K_2O-SiO_2 沉淀铁催化剂也属于这一类。为了从合成气直接合成 C_2~C_4 烯烃，世界上许多著名的化学公司以及研究机构做了大量工作。我国中科院大连化物所等也取得了重大进展，主要方法有：

① 在以 Fe 为主要金属的前提下，加入对 CO 有较强吸收能力的 Mn，V，Ti 等金属，提高对低碳烯烃的选择性；

② 铁催化剂中加入卤素 KCl 或 KBr，也有较好效果；

③ 采用通式为 $M_x[Fe(CN)_6]$（M 为 Fe 或 Cu）的铁氰酸盐作为催化剂前驱体，在规定条件下热解或还原处理制成催化剂；

④ 以钴为主，加入 Mn、Zr、Zn 和 K 等。

值得一提的是，Mn 作为催化剂主要活性成分之一其潜在价值尚未得到充分发挥，应予重视。

3. 新一代钴催化剂

近年来，国内外对由合成气制取烃类液体燃料技术的研究开发工作主要集中于如何提高产品的选择性和降低成本。因此，近年来世界各大石油公司均投入巨大的人力物力研究这一过程，并采用了一个新的过程概念，即合成气在新型钴基催化剂上最大程度地转化为重质烃，再经过工业上成熟的加氢裂化与异构化催化剂转化为优质柴油和航空煤油，同时生成高附加值的副产物硬蜡。在这种基础上已有一系列钴基催化剂专利问世，如 Shell 公司、Exxon 公司和 Syntroleum 公司等，其中 Shell 公司开发的 $Co/ZrO_2/SiO_2$ 催化剂在原料气

H_2/CO 体积比为 2、反应温度 220℃、压力 2.0MPa 和空速 500/h 的条件下，CO 转化率可达 75%，产物中 C_5 以上烃的选择性为 82% 左右，该催化剂已在马来西亚实现了年产 50 万吨中间馏分油（包括柴油、航空煤油和石脑油）的商业运行，其寿命长达一年，且可再生使用。此外，还有一种加了贵金属的钴催化剂，组成为 120Co：5Pt：100Al_2O_3，在 225℃下反应，产物全部为烃类，并具有高活性 [3000g 产品/(kg 金属 h)]，另外还有用 $Co(CO)_8$ 和负载有 Pt 或 Pd 的载体制成的催化剂用于浆态床合成等。

新型钴基催化剂具有下列突出的优点：

① 在高反应活性下对重质烃具有高选择性，生成的甲烷和低碳烃较少，可减少尾气后处理负荷；

② 对水煤气变换反应不敏感，CO_2 选择性低，可充分利用碳资源；

③ 反应条件温和，与加氢裂解反应相匹配较易，柴油收率高，总油产率高于铁基催化剂；

④ 催化剂寿命长，可长期稳定操作。

4. 其他催化剂

① 石墨层间化合物催化剂：石墨具有层状结构，层间距较大（3.35Å，1Å=10^{-10}m），二电子共轭体系有很强的供电子能力，故在其层间可插入碱金属、过渡金属、稀土金属、酸或卤素化合物等而形成层间化合物，并使其原来的层间距增大。石墨氯化铁层间化合物在 300℃显示出 F-T 合成的催化活性。

② 金属簇负载催化剂：为了将金属高度分散，可用金属簇配合物代替一般的金属盐，制成负载型催化剂，如 $Rh_6(CO)_{16} \cdot THF/ZnO$，$Pt_{15}(CO)_{30}^{2-} \cdot 2Et_4N+/Al_2O_3$ 和 $Fe(CO)^{5+}$ 吡啶/Al_2O_3 等。

③ 纳米催化剂：如将铁负载在碳纳米管中制成的催化剂、纳米金属氧化物制成的载体催化剂等。这些催化剂尚在研究开发中，实用化的主要障碍是寿命较短。

第三节　F-T 合成技术

煤的间接液化通常分为三步：一是制取合成气，将经过适当处理的煤送入反应器，在一定温度下通过气化剂（空气或氧气＋水蒸气），使煤不完全燃烧，这样就能以一定的流动方式将煤转化为由一氧化碳和氢气混合的合成气，将形成的残渣排出；二是进行催化反应，将合成气经过净化处理，在特定的催化剂作用下，让合成气发生化合反应，合成烃类或液态的类似石油的烃类和其他化工产品；三是对产物进行进一步的提质加工。

由于经过催化反应出来的油品可能有很多指标不符合要求，如十六烷值含量、硫含量、水分以及黏度、酸度等，因此还要将产品进行进一步处理以使其达到合格标准，满足市场需要。煤制取合成气技术在上章已经叙述，本节主要介绍 F-T 合成生产技术。

F-T 合成工艺的特点如下。

① 合成条件较温和，无论是固定床、流化床还是浆态床，反应温度均低于 350℃，反应压力 2.0～3.0MPa。

② 转化率高，如 Sasol 公司 SAS 工艺采用熔铁催化剂，合成气的一次通过转化率达到 60% 以上，循环比为 2.0 时，总转化率即达 90% 左右；Shell 公司的 SMDS 工艺采用钴基催化剂，转化率甚至更高。

③ 受合成过程链增长转化机理的限制，目标产品的选择性相对较低，合成副产物较多，正构链烃的范围从 C_1 可达到 C_{100}。

④ 随合成温度的降低，重烃类（如蜡油）产量增大，轻烃类（如 CH_4、C_2H_4、C_2H_6 等）产量减少。

⑤ 有效产物——CH_2——的理论收率低，仅为 43.75％，工艺废水的理论产量却高达 56.25％；

⑥ 煤消耗量大，如我国西部某间接液化项目，生产 1t F-T 产品，需消耗原料洗精煤 3.3t 左右（不计燃料煤）。

⑦ 反应物均为气相，设备体积庞大，投资高，运行费用高。

⑧ 煤基间接液化全部依赖于煤的气化，没有大规模气化便没有煤基间接液化。

南非 Sasol 公司于 20 世纪 50 年代开始商业化生产，根据 Sasobury 矿区煤为高挥发分、高灰分劣质煤，更适合于间接液化的实际，与鲁奇、鲁尔化学和凯洛克三家公司进行合作，不断取得煤气化（鲁奇炉），煤气净化（低温甲醇工艺）和合成（鲁尔化学固定床和凯洛克气流床）技术而陆续分别建成了三家煤间接液化工厂，成为世界上规模最大的以煤为原料生产合成油和化工产品的化工厂。随着碳一化工的发展，间接液化后的产品范畴也在不断扩大，出现了合成气-甲醇-汽油的 MTG 技术、由合成气直接合成二甲醚和低碳烃燃料技术等煤化工发展新趋势。

F-T 合成工艺有许多种，按反应器分有固定床工艺、流化床工艺和浆态床工艺等；按催化剂分有铁剂、钴剂、钌剂、复合铁剂工艺等；按主要产品分有普通 F-T 工艺、中间馏分工艺、高辛烷值汽油工艺等；按操作温度和压力，可分为高温、低温与常压、中压工艺等。目前，国外已经工业化的煤间接液化技术有南非 Sasol 的 F-T 合成技术、荷兰 Shell 公司的 SMDS 技术（壳牌公司中间馏分油合成技术）和美国 Mobil 公司的 MTG（由甲醇生产汽油）合成技术等。此外，国外还有一些更为先进、但尚未商业化的合成技术，如丹麦 Topsoe 公司的 Tigas 和美国 Mobil 公司的 STG 法等。目前，工业上煤间接液化主要合成技术有以下几种。

（1）采用浆态床反应器的费托合成技术　该技术转化率可达到 90％ 左右，无需进行尾气循环，传热性好，反应温度均匀，C_1 和 C_2 产率低，液态产物的选择性高，南非 Sasol 公司在改进催化剂和解决其分离困难后，已成功地将浆态床反应器放大投入了工业生产，产品主要是柴油和石蜡。

（2）改良费托法（MFT）　为了提高合成产品的选择性，将传统铁催化剂 F-T 合成与分子筛相结合，由原料气合成甲醇，再由甲醇合成汽油，主要是生产汽油。

（3）SMDS 法　荷兰壳牌公司开发的两段法新工艺，第一阶段采用固定床反应器，使用钴催化剂，第二阶段采用常规加氢裂解技术，使第一阶段产物转变为高质量的柴油和航空煤油。

（4）TIGAS 法　丹麦托普索公司开发，由合成甲醇、二甲醚合成汽油的过程，第一段由合成气合成甲醇和二甲基丁烷，第二段由甲醇和二甲基丁烷转化为汽油。

（5）由合成气直接合成二甲基丁烷法　由于二甲基丁烷具有类似于液化石油气的性质，不但可替代 LPG 作为民用燃料，而且由于其十六烷值高，燃烧完全，污染排放少，是优质的柴油发动机燃料。国内外已完成中试及示范厂，准备大型化生产。

一、南非 Sasol 公司的 F-T 合成技术

南非于 1951 年筹建了 Sasol 公司。1955 年建成了第一座由煤生产液体运输燃料的 Sasol-I 厂，建设由美国开洛格（M. W. Kellogg Co.）公司及前联邦德国的阿奇公司（Arge 即 Arbeit Gemeinshaft Lurgi and Ruhrchemie）承包。阿奇建造的 5 台固定床反应器作为第一段，年产量为 53000t 初级产品；开洛格建造了两套流化床反应器（Synthol），设计日产液体燃料 4000 桶，相当于 166000t/a，其生产装置及主要产品如图 6-5 所示。在 Sasol-Ⅰ 厂成功的经验上，1974 年开始南非在赛空达地区开工建设了 Sasol-Ⅱ 厂，并于 1980 年建成投

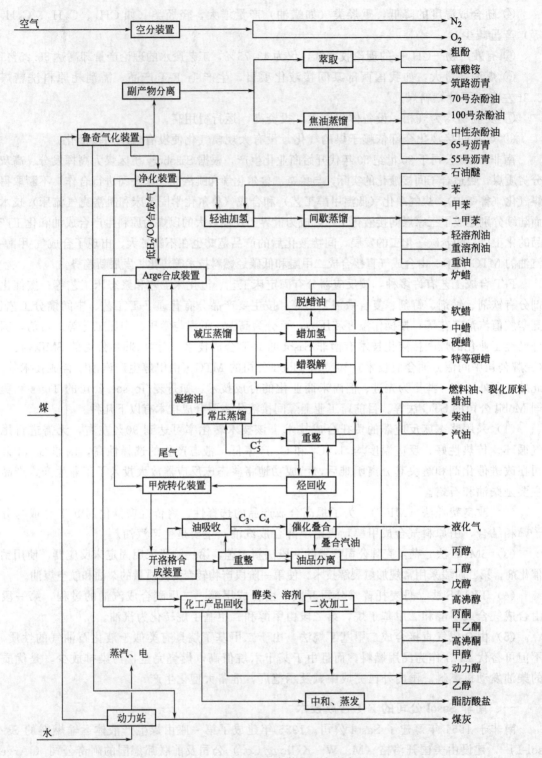

图 6-5 Sasol-I 厂生产装置及主要产品

产。1979 年又在赛空达地区建设了 Sasol-Ⅲ厂，规模与Ⅱ厂相同，造气能力大约是 Sasol-Ⅰ
厂的 8 倍。随着时代的变迁和技术的进步，Sasol 这三个厂的生产设备、生产能力和产品结
构都发生了很大的变化。目前三个厂年用煤 4590 万吨左右，其中Ⅰ厂年处理 650 万吨，Ⅱ

厂和Ⅲ厂年处理 3940 万吨,主要产品有汽油、柴油、蜡、氨、烯烃、聚合物、醇、醛等
113 种,总产量达 768 万吨以上,其中油品大约占 60%。

Sasol-Ⅰ厂采用的 Arger 气相固定床 F-T 合成工艺及 Sasol-Ⅱ厂采用的气流床 F-T 合成
工艺如图 6-6 及图 6-7 所示。传统的 F-T 合成工艺技术存在着产物选择性差、工艺流程长,
投资及成本高等缺点。近年来,为了解决传统 F-T 合成工艺技术的这些问题,国内外对 F-T
合成烃类液体燃料技术的研究开发工作都集中在如何提高产品的选择性和降低成本方面,通
过高效、高选择性的催化剂开发、工艺流程简化及采用先进的气化技术等,对 F-T 合成技
术及工艺进行了改进。目前已开发成功的先进的 F-T 合成工艺有:SMDS(Shell -Middle-
Distilale -Synthesis),MTG(Methanol -To-Gasoline),MFT(Modified FT)等。

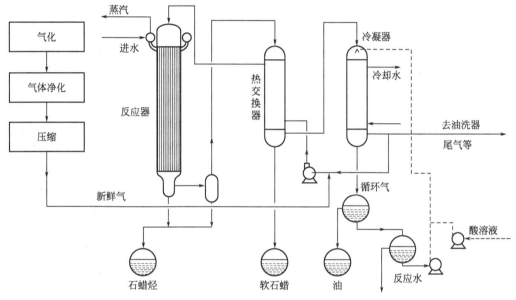

图 6-6　Sasol-Ⅰ厂 Arger 气相固定床 F-T 合成工艺

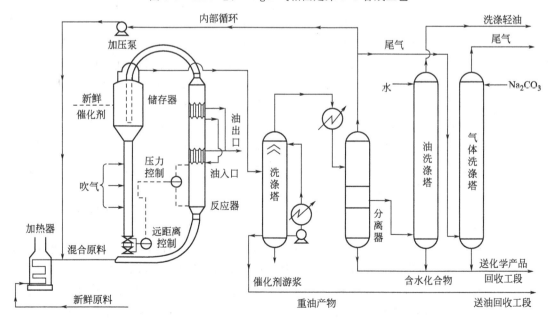

图 6-7　Sasol-Ⅱ厂气流床 F-T 合成工艺

二、荷兰 Shell 公司的 SMDS 合成技术

多年来，荷兰 Shell 公司一直在进行以煤或天然气合成气制取发动机燃料的研究开发工作，在 1985 年第 5 次合成燃料研讨会上，该公司宣布已开发成功 F-T 合成两段法的新技术—SMDS (Shell Middle Distillate Synthesis) 工艺，并通过中试装置的长期运转。Shell 公司在报告指出，若利用以廉价的天然气制取的合成气（H_2/CO 为 2.0）为原料，采用 SMDS 工艺制取汽油、煤油和柴油产品，其热效率可达 60%，而且经济上优于其他 F-T 合成技术。

SMDS 合成工艺由一氧化碳加氢合成高分子石蜡烃-HPS (Heavy Paraffin Synthe-sis) 过程和石蜡烃加氢裂解或加氢异构化-HPC (Heavy Paraffin Coversion) 制取发动机燃料两段构成。其工艺流程如图 6-8 所示。

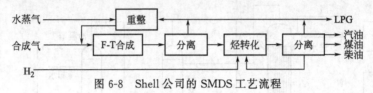

图 6-8　Shell 公司的 SMDS 工艺流程

该工艺于 1993 年在马来西亚 Bintulu 建厂投产，可产 50×10^4 t/a 液体燃料，包括中间馏分油和石蜡。SMDS 工艺分三个步骤：第一步由 Shell 气化工艺制备合成气；第二步采用改进的 F-T 工艺 HPS（重质石蜡烃合成）；第三步由石蜡产物加氢裂解为中间馏分油。本工艺采用列管式固定床反应器和 F-T 合成钴基催化剂，反应温度 200~250℃，压力 3.0~5.0 MPa。采用的钴基催化剂烃选择性高、碳利用率高、寿命长（2 年以），比 F-T 合成铁催化剂寿命要长，且钴基催化剂更适合于由 H_2/CO 约为 2 的合成气。钴基催化剂物理性质与铁催化剂有很大不同，不易黏壁，催化剂装卸难度不大，且长寿命的钴催化剂及从废钴催化剂可回收钴使得钴催化剂的制作成本不会成为太大的问题，因此采用固定床反应器的钴催化剂技术仍有一定的优势，Shell 在马来西亚运行的固定床反应器产能约为 4000lb/d 台，比 Sasol 的铁催化剂固定床反应器单台产能大。

HPS 工艺流程如图 6-9 所示。新鲜合成气与由第一段高压分离器分离出的循环气混合后，首先与反应器排出的高温合成油气进行换热，而后由反应器顶部进入。该反应器装有很多充满催化剂的管子，形成一固定床反应器。由于合成反应是剧烈的放热反应，因此需用经过管间的冷却水将反应热移走。实际上，反应温度就是用蒸汽压力来控制和调节的（如果蒸汽压力调节不当，例如升高 0.2~0.3MPa，就可能导致反应温度升高 4~7℃）。一段反应器后排出的尾气与适量的氢气混合后，再与第二段高压分离器分离出的循环气混合，经过换热器预热后由顶部进入第二段反应器。反应气体经过充满催化剂的管式固定床层后，氢气和一氧化碳转化为烃和水，生成的烃类为正构链烃的混合物，其范围可从 $C_1 \sim C_{100}$，小部分的一氧化碳和水转化为二氧化碳和氢气。反应后的气液分离是靠安装于反应器底部的一个特殊装置完成的。生成物中大约有 50% 为石蜡烃。

反应器排出的气体首先经过换热器进行冷却，而后气液相在一个中间分离器中分离，其中气体经空冷器冷却，带有部分液体的气体进一步在冷高压分离器中分离。因此，中间分离器和冷高压分离器都存在三个物相（即气体、液体产品和水）。由第一段冷高压分离器排出的部分气体作为循环气以增加合成气的利用率，其余部分经循环压缩机压缩后供给第二级反应器，这股物流在进反应器之前要和二段合成反应器出来的循环气体混合，并且要再混合一部分氢气以调整 H_2/CO 的比值。第二反应器未反应的气体经冷高压分离器分离后，和生成的水及溶于水的一些含氧有机化合物分别进行进一步分离。

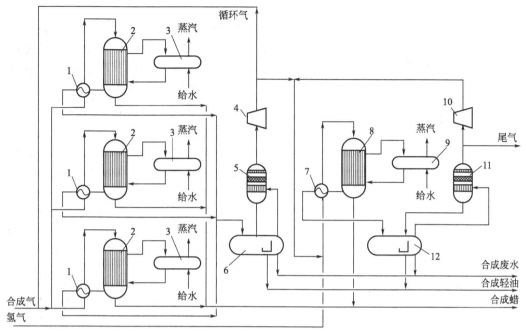

图 6-9 Shell 公司 SMDS 工艺 HPS 流程

1——一段换热器；2——一段合成反应器；3——一段合成废热锅炉；4——一段尾气压缩；5——一段捕集器；

6——一段分离器；7—二段换热器；8—二段合成反应器；9—二段合成废热锅炉；

10—二段尾气压缩机；11—二段捕集器；12—二段分离器

HPC 工艺流程如图 6-10 所示。HPC 的作用是将重质烃类转化为中间馏分油，如石脑油、煤油和瓦斯油。产品的构成可以灵活加以调节，如既可以让瓦斯油也可以让煤油产量达到最大值。由 HPS 单元分离出的重质烃类产物经原料泵加压后，与新鲜氢气和循环气混合并与反应产物换热和热油加热后，达到设定温度后进入反应器，反应器内发生加氢精制、加氢裂化以及异构化反应，为了控制温度需向反应器吹入冷的循环气体。反应产物首先与原料换热，然后进入高压分离器，分离出的气体与低分油换热，再经过冷凝冷却后进入低温分离器。气体经循环压缩机压缩后返回反应系统，产物去蒸馏系统分馏、稳定，即可得到最终产品。

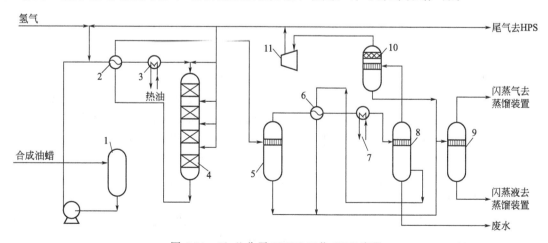

图 6-10 Shell 公司 SMDS 工艺 HPC 流程

1—原料罐；2—换热器；3—加热器；4—HPC 反应器；5—高温分离器；6—换热器；

7—冷却器；8—低温分离器；9—闪蒸罐；10—捕集器；11—循环气体压缩机

三、Mobil 公司 MTG 合成技术

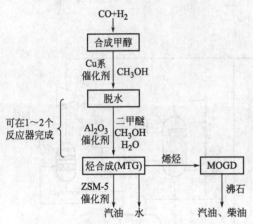

图 6-11　Mobil 甲醇转化汽油流程

甲醇转化成汽油的 MTG（Methanol-To-Gasoline）技术是由 Mobil 研究与开发公司开发成功的，该技术间接克服了煤基合成甲醇直接作燃料的缺点，成为煤转化成汽油的重要途径。这一技术的核心是选择了沸石分子筛催化剂 ZSM-5，其优点是较 F-T 合成的成本低、合成汽油的芳烃含量高，特别是均四甲苯的含量达 3.6%，在性能上又与无铅汽油相当。

由合成气合成甲醇，再由甲醇转化成汽油的流程框图如图 6-11 所示。甲醇本身可用作发动机燃料或混掺入汽油中使用。之所以还要将甲醇转化为汽油，是由于甲醇能量比值小，溶水能力大，单位容积甲醇能量只相当于汽油的一半，且甲醇作燃料使用时能从空气中吸收水分，这会导致醇水不溶的液相由燃料中分出，致使发动机停止工作，此外还因为甲醇对金属有腐蚀作用，对橡胶有溶浸作用。

1. MTG 过程的反应原理

MTG 合成汽油的反应过程如下。

① 合成甲醇。

$$CO + 2H_2 \rightleftharpoons CH_3OH \quad \Delta H(25℃) = 90.84 kJ/mol$$

当反应物中有 CO_2 时：

$$CO_2 + 3H_2 \rightleftharpoons CH_3OH + H_2O \quad \Delta H(25℃) = 49.57 kJ/mol$$

② 甲醇转化。

$$2CH_3OH \xrightarrow[+H_2O]{-H_2} CH_3OCH_3 + H_2O$$

$$\updownarrow$$

轻质烯烃类+水

$$\updownarrow$$

脂肪烃+环烷烃+芳香烃

2. MTG 生产工艺

MTG 反应为强放热反应，在绝热条件下，体系温度远超过反应允许的反应温度范围，因此反应生成热量必须移出，为此 Mobile 公司开发出两种类型的反应器，一是绝热固定床反应器，另一个是流化床反应器。1979 年以来美国化学系统公司又成功地开发出浆态床甲醇合成技术并完成了中试研究，浆态床比其他反应器有独特优点。绝热固定床反应器把反应分为两段，第一阶段反应器为脱水反应器，在其中完成二甲醚合成反应，在第二阶段反应器中完成甲醇、二甲醚和水平衡混合物转化成烃的反应。第一、二反应器中反应热分别占总反应热的百分数为 20% 和 80%。

固定床 MTG 工艺流程如图 6-12 所示。来自甲醇合成工段的包括一些乙醚和水的粗甲醇与反应器出料进行换热至大约 300℃ 后进入二甲醚反应器，部分甲醇在 ZSM-5（或氧化铝）催化下转化为二甲醚和水，典型的组成为：19.1% 甲醇，45.0% 二甲醚，35.9% 水。该混合物与来自分离器的循环气相混合，循环气量与原料气量之比为（7～9）：1。混合气进

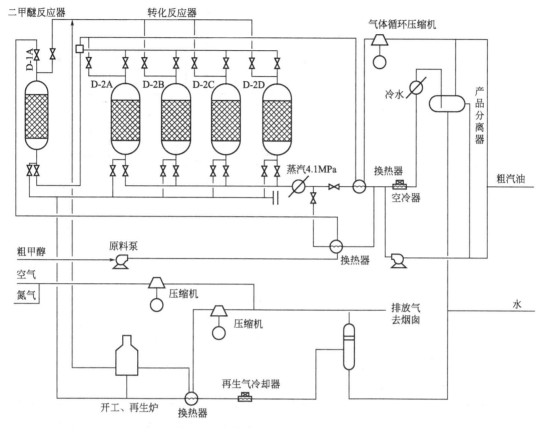

图 6-12　固定床反应器 MTG 工艺流程

入反应器，压力为 2.0MPa，温度为 340～410℃，在 ZSM-5 催化下转化为烯烃、芳烃和烷烃，在绝热条件下温度升高约 38℃。离开转化反应器的产品气流首先进入废热锅炉产生蒸汽，产品气流被冷却，再和原料甲醇换热，最后用循环气、空气和水冷却。冷却后的产品流去分离器分离出水后得到粗汽油，分离出的气体循环回到反应器前与原料相混，再进入反应器。本工艺所得合成汽油中几乎不含杂质，其沸点范围和优质汽油相同。

本工艺中共有 4 个转化反应器，反应器的数量取决于工厂的生产能力和催化剂再生周期的长短。随着反应的进行，催化剂会因积炭而失活，因此必须定期进行再生（在正常操作条件下，至少有一个反应器在再生）。再生的方法是通入空气烧去积炭，周期约 20 天。二甲醚反应器不会产生积炭，因此没有再生问题。

流化床反应器与固定床反应器完全不同，流化床反应器中，用一个反应器代替两段固定床反应器。甲醇与水混合后加入反应器，加料为液态或气态形式，在反应器上部气态反应产物与催化剂分离，催化剂部分去再生，用空气烧去催化剂上的积炭，从而实现催化剂连续再生，使反应器中催化剂保持良好的反应活性，不需用气体循环来除去反应热，反应热是通过催化剂外部循环直接或间接从流化床中移去。Mobile 公司开发的流化床 MTG 工艺流程如图 6-13 所示。

流化床反应器与固定床反应器相比有许多优点：其一是反应热除去简易、热效率高；其二是没有循环操作装置、建设费用低；其三流化床可以低压操作；其四催化剂可以连续使用和再生；其五催化剂活性稳定。其缺点是开发费用高，需要多步骤放大。

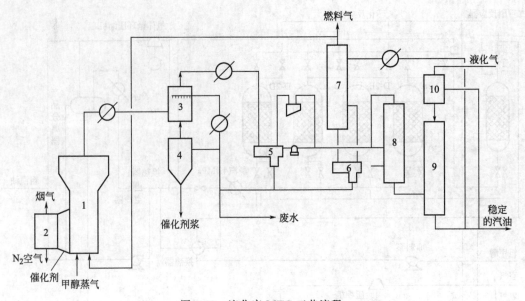

图 6-13　流化床 MTG 工艺流程

1—流化床反应器；2—再生器；3—洗涤器；4—催化剂沉降槽；

5,6—高压分离槽；7—吸收塔；8—脱气塔；9,10—烷基化装置

四、丹麦 Topsoe 公司的 Tigas 合成技术

对于 Mobil 公司的 MTG 合成技术，丹麦 Topsoe 公司认为尚有不足之处：一是合成甲醇和甲醇转化成汽油在两个独立的单元之中进行，投资和能耗增加；二是 CO 和 H_2 合成甲醇由于受热力学限制单程转化率不高；三是现代大型气化炉生产煤气 H_2/CO 小于 1，必须经过变换才能满足合成要求。基于上述想法，Topsoe 公司开发了 Tigas 工艺。

Tigas 工艺实际上就是合成甲醇和甲醇合成汽油的紧密结合，流程有两种变型，一是 CO 变换在合成系统之外，另一则是 CO 变换在合成系统内。对于前者，第一段合成甲醇之后不进行甲醇分离，而把甲醇作为中间产物紧接着进行甲醇转化汽油的反应过程，如此处理的结果是工艺流程得以简化，节省了投资并减小了能耗。Tigas 法于 1984 年完成中间试验，装置能力为 1t/d，工艺流程如图 6-14 所示。

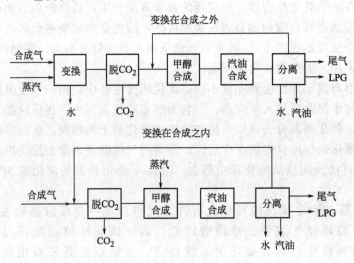

图 6-14　Tigas 合成工艺流程

Topsoe 公司的 Tigas 合成工艺最吸引人之处在于能直接利用现代大型气化技术生产的低 H_2/CO 比值合成气，该工艺将 CO 变换与合成统一在一个系统内，其原料气不要求合成甲醇那样高的 H_2/CO 比值（一般为 2.0）。其技术关键是开发成功了双功能组合催化剂，使用这种催化剂能同时促进下述反应的进行。

$$2H_2+CO \longrightarrow CH_3OH$$

$$H_2O+CO \longrightarrow H_2+CO_2$$

$$CH_3OH \longrightarrow CH_2+H_2O$$

综合上述反应，其结果为

$$H_2+2CO \longrightarrow CH_2+CO_2$$

由上式可见，H_2/CO 比仅需要 0.5，如需增大两者比值时，反应中加入水即可。合成气转化成 CH_3OH，并立即生成油，没有受到热力学平衡的限制，故转化率高。

五、Exxon 公司 AGC-21 工艺

Exxon 公司 AGC-21 工艺由造气、F-T 合成和石蜡加氢异构改质三步组成。此工艺主要以天然气为原料，天然气、氧气和水蒸气在一个新型的催化部分氧化反应器中反应，生成 H_2/CO 比接近 2：1 的合成气。然后在装有钴催化剂（载体为 TiO_2）的新型浆态床反应器内经 F-T 合成反应，生成相对分子质量范围很宽的以蜡为主的烃类产物。最后，将中间产品蜡经固定床加氢异构改质为液态烃产品，通过调节工艺操作参数调节产品分布。在浆态床反应器中催化剂颗粒沉降到反应器底部会阻碍反应器的取热和与反应物的接触，Exxon 公司采用添加一种与催化剂密度和直径相等的惰性固体材料的措施来对抗重力效应，从而既不会发生催化剂床层下沉，也不会发生催化剂床层中的催化剂被夹带出的情况。Exxon 公司 GTL 技术已完成中试，还未商业化，但 Exxon 在日本的 Kawasaki 炼油厂成功地操作着单套能力为 25×10^4 lb/d 的重油转化为清洁燃料的浆态床反应器，为 F-T 合成浆态床反应器商业化提供技术保障。

六、中国 MFT 合成油工艺

尽管复合催化剂具有改善 F-T 合成产物分布、提高汽油馏分比例与质量等优点，但在实际应用时还存在一些难以解决的问题。因为，F-T 合成反应温度不宜太高，一般不应超过 300℃，温度升高会使产物中 CH_4 和气态烃生成量增大，且催化剂的结炭速率加快，造成催化剂的过早失活，而形选分子筛的最佳反应温度可达 320℃ 以上。此外，F-T 合成催化剂不需再生，而分子筛则需多次再生，因此两种催化剂混合在同一反应器中，存在着最佳反应温度不同、再生不便等矛盾，致使复合催化剂的应用受到了限制。

为了解决上述问题，中国科学院山西煤炭化学研究所提出了将传统的 F-T 合成与沸石分子筛特殊形选作用相结合的两段法合成（简称 MFT）工艺，其基本工艺流程原理如图 6-15 所示。

MFT 合成的基本过程是采用两个串联的固定床反应器，使反应分两步进行，合成气（$CO+H_2$）经净化后，首先进入装有 F-T 合成催化剂的一段反应器，在这里进行传统的 F-T 合成烃类的反应，所生成的 $C_1 \sim C_{40}$ 宽馏分烃类和水以及少量含氧化合物连同未反应的合成气，立即进入装有择形分子筛催化剂的第二段反应器，进行烃类改质的催化转化反应，如低级烯烃的

图 6-15　MFT 基本工艺流程原理

聚合、环化与芳构化，高级烷、烯烃的加氢裂解和含氧化合物脱水反应等。经过上述复杂反应之后，产物分布由原来的 $C_1 \sim C_{40}$ 缩小到 $C_5 \sim C_{11}$，选择性得到了更好的改善。由于两类催化剂分别装在两个独立的反应器内，因此各自都可调整到最佳的反应条件，充分发挥各自的催化特性。这样，既可避免一段反应器温度过高而抑制了 CH_4 的生成和生碳反应，又利用二段分子筛的形选改质作用，进一步提高产物中汽油馏分的比例，且二段分子筛催化剂又可独立再生，操作方便，从而达到了充分发挥两类催化剂各自特性的目的。

表 6-5 为沉淀铁催化剂的 MFT 合成与复合催化体系合成的对比结果。MFT 合成与复合催化合成产物比较，CH_4 的生成量减少了 20%以上，气态烃减少 5%以上，汽油馏分则相应地增加 30%以上，这是由于 MFT 采用尾气循环后，氢气转化率提高，合成气利用比增大，使得产物中液体油收率增大的结果。而且，汽油中的芳烃含量仍可维持在 20%～30%的水平，油品的质量得到了改善。

表 6-5 MFT 与复合催化体系 F-T 合成结果对比

催化剂	MFT 两段		复合催化剂
	沉淀铁/ZSM-5		沉淀铁＋ZSM-5
温度/℃	230/300	260/320	300
压力/MPa	2.5	2.5	1.2
合成气 H_2/CO	2	1.3～1.4	2.0
尾气循环比	1.6	1.2	0
CO 转化率/%	88.0	84.6	94.1
H_2 转化率/%	70.4	78.0	37.5
烃产品分布/%			
C_1	6.6	7.3	30.7
$C_2 \sim C_4$	18.4	11.2	23.9
烯烃			
$C_2 \sim C_4$	2.0	<1.0	2.5
$C_5 \sim C_{11}$	75.0	79.5	45.4
芳烃			
$C_5 \sim C_{11}$	20～30	30～40	40.1
C_{12}^+	约 0	<20	0

MFT 工艺过程不仅明显地改善了传统 F-T 合成的产物分布，较大幅度地提高了液体产物（主要是汽油馏分）的比例，并且控制了甲烷的生成和重质烃类（C_{12}^+）的含量。从工业化应用考虑，MFT 工艺又克服了复合催化体系 F-T 合成的不足，解决了两类催化剂操作条件的优化组合和分子筛再生的矛盾。所以，MFT 合成是一条比较理想的改进的 F-T 工艺过程。

中国科学院山西煤炭化学研究所从 20 世纪 80 年代初就开始了这方面的研究与开发，先后完成了实验室小试、工业单管模试中间试验（百吨级）和工业性试验（2000t/a）。

MFT 合成工艺流程如图 6-16 所示。水煤气经压缩、常温甲醇洗、水洗、预热至 250℃，经 ZnO 脱硫和脱氧成为合格原料气，与循环气以 1:3 的比例混合后进入加热炉对流段，预热至 240～255℃送入一段反应器，反应器内温度 250～270℃、压力 2.5MPa，在铁催化剂存在下主要发生 CO＋H_2 合成烃类的反应。由于生成的烃相对分子质量分布较宽（$C_1 \sim C_{40}$），需进行改质，故一段反应生成物进入一段换热器与二段尾气（330℃）换热，从 245℃升至 295℃，再进加热炉辐射段进一步升温至 350℃，然后送至二段反应器（两台切换

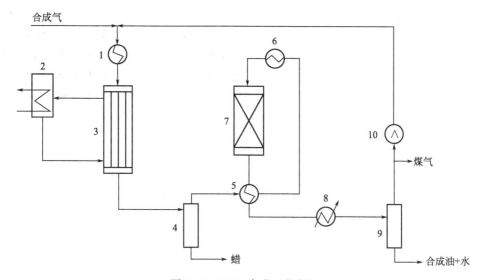

图 6-16　MFT 合成工艺流程

1—加热炉对流段；2—导热油冷却器；3——段反应器；4—分蜡罐；5——段换热器；
6—加热炉辐射段；7—二段反应器；8—水冷器；9—气液分离器；10—循环压缩机

操作）进行烃类改质反应，生成汽油。二段反应温度为 350℃，压力 2.45MPa。为了从气相产物中回收汽油和热量，二段反应产物首先进一段换热器，与一段产物换热后降温至 280℃，再进入循环气换热器，与循环气（25℃，2.5MPa）换热至 110℃后，入水冷器冷却至 40℃。至此，绝大多数烃类产品和水均被冷凝下来，经气液分离器分离，冷凝液靠静压送入油水分离器，将粗汽油与水分开。水计量后送水处理系统，粗汽油计量后送精制工段蒸馏切割。分离粗汽油和水后，尾气中仍有少量汽油馏分，故进入换冷器与冷尾气（5℃）换冷至 20℃，入氨冷器进而冷至 1℃，经气液分离器分出汽油馏分。该馏分直接送精制二段汽油储槽。分离后的冷尾气（5℃）进换冷器与气液分离器来的尾气（40℃）换冷到 27℃，回收冷量。此尾气的大部分作为循环气送压缩二段，由循环压缩机增压，小部分供作加热炉的燃料气，其余作为城市煤气送出界区。增压后的尾气进入循环气换热器，与二段尾气（280℃）换热至 240℃，再与净化、压缩后的合成原料气混合，重新进入反应系统。

七、F-T 合成新工艺开发

F-T 合成技术发展趋势是通过进一步完善经工业实践检验的列管式固定床反应器技术，开发先进的浆态床反应器技术。

浆态床反应器技术是在 20 世纪 70 年代美国 Mobil 公司成功开发 ZSM-5 催化剂基础上，通过对 F-T 合成过程进行改进后开发成功的。浆态床两段 F-T 合成过程，简化了后处理工艺，使 F-T 合成过程取得了突破性进展。该公司于 1976 年开发了 MTG 工艺，并于 1985 年在新西兰建立以天然气为原料年产 80 万吨汽油的工业装置。此外，丹麦的 Topsoe 公司开发了 TIGAS 过程的中试装置，日本三菱重工与 COSMO 石油公司联合开发的 AMSTG 模式过程，以及荷兰 Shell 公司开发的 SMDS 过程等工业化技术。

常规的 F-T 合成反应，由于其产物相对分子质量范围很宽，反应又有很大的热效应，因而存在着高相对分子质量烃在催化剂表面积炭造成催化剂失活、堵塞床层以及催化剂表面及床层局部过热等问题。Yokata 等用正己烷为超临界流体研究了在 Ru-Al_2O_3 催化剂上的 F-T 合成反应，有效地除去了催化剂表面上生成的蜡，而且烯烃的比例有所提高。原因在于此反应首先生成烯烃，然后加氢生成烷烃，在超临界相中，烯烃难以在催化剂表面长时间停留，抑制了烯烃的加氢反应，提高了烯烃的比例。阎世润等以正戊烷为超临界流体研究了在 $Co-SiO_2$ 催化剂上的 F-T 合成反应，超临界相反应 CO 的转化率明显高于气相反应，并且长碳链产物的比重有所提高。超临界介质改善了催化剂微孔内 CO 和 H_2 的传质速率，使 CO 的转化率及烃的收率都显著提高。同时因链增长反应是放热反应，在超临界流体条件下，反应热更容易被移去，因而有利于长链产物的生成，低链产物的比例降低。

复习思考题

1. 什么是费托合成？画出煤间接液化流程工艺流程。
2. 煤间接液化技术有何特点？煤间接液化工艺主要由哪几步骤组成？各有什么作用？
3. 费托（F-T）合成主要发生哪些化学反应？
4. F-T 合成主要产品有哪些？简述表面碳化机理。
5. 影响 F-T 合成反应速率、转化率和产品分布的因素主要有哪些？
6. 简述 F-T 合成催化剂中各种不同组分的功能与作用。
7. 简述 F-T 合成催化剂的制备方法。什么是催化剂的预处理？
8. 导致 F-T 合成催化剂失活的主要因素有哪些？
9. 目前，工业上用于 F-T 合成的铁催化剂有哪些类型？沉淀铁催化剂如何制备？
10. 煤间接液化主要合成技术有哪几种？
11. 简述 F-T 合成工艺特点？工业上常见 F-T 合成工艺有哪些？
12. 传统的 F-T 合成工艺有哪些不足之处？开发成功的先进的 F-T 合成工艺有哪些？
13. 荷兰 Shell 公司的 SMDS 合成工艺分哪几个步骤？简述其工艺流程。
14. 简述 Mobil 公司 MTG 合成技术的反应原理及工艺流程。
15. MTG 流化床反应器与固定床反应器相比有哪些优点？
16. 传统复合合成催化剂的应用受到了限制？沉淀铁催化剂的 MFT 合成与复合催化体系合成的结果有何不同？
17. 画出 MFT 工艺基本流程，并简述其原理。
18. 简述 MFT 合成工艺流程。

第七章

煤液化主要设备

第一节　煤直接液化设备

煤直接液化是在高压和比较高的温度下的加氢过程，所以工艺设备及材料必须具有耐高压以及临氢条件下耐氢腐蚀等性能。另外，直接液化处理的物料含有煤及催化剂等固体颗粒，这些固体颗粒会在设备和管路中形成沉积、磨损和冲刷等，造成密封更加困难，这都给煤液化设备赋予特殊的要求。

一、直接液化反应器

直接液化反应器是液化工艺中的核心设备，它是一种气、液、固三相浆态鼓泡床反应器，实际上是能耐高温（470℃左右）、耐高压（30MPa）、耐氢腐蚀的圆柱形容器，气液相进料均从反应器底部进入，出料均从顶部排出，液相可以看做是连续全返混釜式反应器，气相可看做是连续流动的鼓泡床模式。在商业化的液化厂，一台反应器可以是有数百立方米体积、上千吨重量的庞然大物。工业化生产装置反应器的最大尺寸取决于制造商的加工能力和运输条件，一般最大直径在4m左右，高度可达30m以上。煤液化反应器的操作条件如表7-1所示。

表7-1　煤液化反应器的操作条件

操作参数	单位	数值	操作参数	单位	数值
压力	MPa	15～30	停留时间	h	1～2
温度	℃	440～465	气含率		0.1～0.5
气液比	标准状态	700～1000	进出料方式	下部进料、上部出料	

（1）反应器结构　反应器按结构形式不同可分为冷壁式和热壁式两种形式。冷壁式反应器是在耐压筒体的内部有隔热保温材料，保温材料内侧是耐高温、耐硫化氢腐蚀的不锈钢内胆，但它不耐压，所以在反应器操作时保温材料夹层内必须充惰性气体至操作压力。冷壁式反应器的耐压壳体材料一般采用高强度锰钢；热壁式反应器的隔热保温材料在耐高压筒体的外侧，所以实际操作时反应器筒体壁处于高温下。热壁式反应器因耐压筒体处在较高温度下，筒体材料必须采用特殊的合金钢（如21/4Cr1MoV或3Cr1MoVTiB），内壁再堆焊一层耐硫化氢腐蚀的不锈钢。中国第一重型机械集团公司在20世纪80年代已研制成功热壁式反应器，目前大型石油加氢装置上使用的绝大多数是热壁式反应器。

反应器的结构是否合理对设备的安全使用有很大的影响。在加氢反应器技术发展的过程中，曾有过因为局部结构设计得不完善或不合理而损伤设备的实例，所以，对反应器结构的最基本要求应该是使所采用的结构在设计时就能证明是安全的，而且应该使各个部位的应力分布得到改善，使应力集中减至最小；另外，还应方便生产中的维护。用于反应器本体上的结构有两大类，一是单层结构，二是多层结构。在单层结构中又有钢板卷焊结构和锻焊结构两种；多层结构有绕带式、热套式等多种形式。反应器结构的选择主要取决于使用条件、反

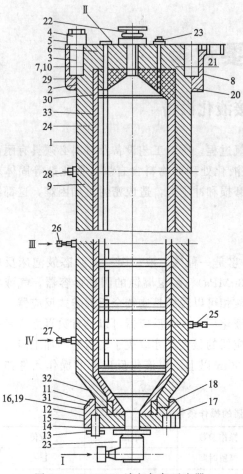

图 7-1 70.0MPa 液相加氢反应器

1—塔身；2—顶部法兰；3—顶部双头螺栓；4—顶部罩状螺帽；5,14—垫环；6—顶盖；7—顶部自紧式密封圈；8—自紧式密封阀的夹圈；9—塔身保温体；10—顶部自紧式密封圈的衬片；11—底部法兰；12—底部双头螺栓；13—底部螺帽；15—底盖；16—底部自紧式密封圈；17—自紧式密封圈的头圈；18—底部锥体的保温体；19—底部自紧式密封圈的衬片；20—顶部锥体的保温体；21—安装吊轴；22—大小头；23—直角弯头；24—热电偶套管；25—管接头；26—冷氢引入管的接管；27—取样口接管；28—堵头；29—顶盖保温体；30—顶部锥体；31—底盖保温体；32—底部锥体；33—内筒

Ⅰ—产物进口；Ⅱ—产物出口；Ⅲ—冷氢引入口；Ⅳ—取样口

应器尺寸、经济性和制造周期等诸多因素。

反应器内件设计性能的优劣将与催化剂性能一道体现出所采用加氢工艺的水平。由于加氢过程存在着气、液、固三相状态，所以反应器内件特别是流体分配盘的设计关键是要使反应进料（气液固三相）有效地接触，防止煤中矿物质和催化剂固体在床层内发生流体偏流。针对加氢反应为放热反应之特点，在反应塔高度方向上还应设置有效的控温结构（如冷氢入口），以保证生产安全。图 7-1 为 70.0MPa 的液相加氢反应器示意。

（2）液化反应器种类 煤直接液化工艺除了德国在第二次世界大战期间曾经工业化生产外，目前世界上还没有大规模的生产装置和长时间的运行考验。早期的煤液化反应器都是柱塞流鼓泡反应器，油煤浆和氢气三相之间缺少相互作用，液化效果欠佳。从 20 世纪 70 年代开始，液化反应器研究主要集中于美国，如HTI 的前期 H-Coal 工艺采用固、液、气三相沸腾床催化反应器，如图 7-2 所示，HTI 工艺的全返混浆态反应器采用外循环方式加大油煤浆混合程度，促使固、液、气三相充分接触，加速煤加氢液化反应过程，提高煤液化反应转化率，HTI 反应器结构如图 7-3 所示。

美国 H-Coal 工艺采用的固、液、气三相沸腾床催化反应器增加了反应物与催化剂之间的接触，使反应器内物料分布均衡，温度均匀，反应过程处于最佳状态，有利于加氢液化反应进行，并可以克服鼓泡床反应器液相流速低、煤的固体颗粒在反应器内沉积问题。中国神华集团煤直接液化工程一期采用 HTI 外循环全返混悬浮床反应器，从理论上说有利于加速加氢液化反应的进行，但因没有大规模中试和工业化生产，循环泵的磨损和固液分布等仍需长期实验考验。

全返混三相床反应器存在的问题主要有：

① 直径增加，床层三相分布，温度分布；

② 固体颗粒随反应进行逐渐变小，而发生结焦和 Ca 迁移时部分颗粒又有增大趋势，会不会沉积；

③ 催化剂与煤密度差大，催化剂为黄铁矿能否悬浮；

④ 气流分布板是否会堵塞；

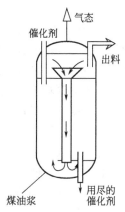

图 7-2　H-Coal 三相沸腾床催化反应器示意

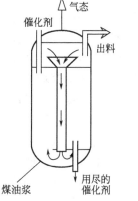

图 7-3　HTI 外循环三相反应器结构示意

⑤ 三相滞留量，流速，轴向和径向扩散系数的控制与优化；

⑥ 循环泵耐用性等。

对上述这些问题需要做深入的工作。

德国和日本开发的煤炭直接液化新工艺的反应器仍采用三相鼓泡床反应器，如图 7-4 所示，氢气与油煤浆在反应器内流动基本为柱塞流，即平推流，混合程度较低，在反应器中易产生固相沉积，影响反应器反应空间，这一现象在德国早期开发的煤液化工艺中经常遇见。早期的三相鼓泡床反应器是串联式，轻、重组分在反应器内停留时间几乎相同，导致液体收率不高；改用一个大的反应器，重质组分停留时间延长，结果增加液体产品收率，但仍需定期从反应釜下部排除固体沉积物。

当前开发液化反应器的一个热点是研究内循环三相浆态反应器（见图 7-5），但由于油煤浆的密度差相对较大，煤中矿物质和未转化的煤密度远大于液化溶剂油，一般的内循环反应器因循环动力不够，也难以避免反应器内固体颗粒沉降问题。因此提高内循环动力，改善浆态床反应器内固液循环状况，防止煤液化加氢反应器内固体颗粒沉降，增加加氢反应能力，是煤液化新型反应器开发的重点，也是现代煤炭直接液化技术所要研究的关键技术之一。

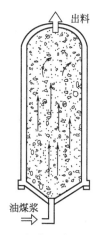

图 7-4　三相鼓泡床反应器示意

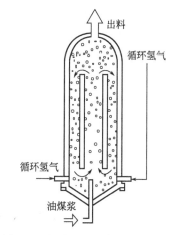

图 7-5　内循环三相浆态反应器示意

二、煤浆预热器

煤浆预热器的作用是在煤浆进入反应器前，把煤浆加热到接近反应温度。采用的加热方式是小型装置采用电加热,大型装置采用加热炉。

由于煤浆在升温过程中的黏度变化很大(尤其是烟煤煤浆),在300～400℃范围内,煤浆黏度随温度的升高而明显上升。在加热炉管内,煤浆黏度升高后,一方面炉管内阻力增大,另一方面流动形式为层流(即靠近炉管管壁的煤浆流动十分缓慢),这时如果炉管外壁热强度较大,温度过高,则管内煤浆很容易局部过热而结焦,导致炉管堵塞,这是煤浆加热炉设计和运行中必须注意的问题。解决上述问题的措施除了传热强度不宜过高外,一方面使循环氢与煤浆合并进入预热器,由于循环气体的扰动作用使煤浆在炉管内始终处于湍流状态,另一方面是在不同温度段选用不同的传热强度,在低温段可选择较高的传热强度,即可利用辐射传热,而在煤浆温度达到300℃以上的高温段,必须降低传热强度,使炉管的外壁温度不致过高,建议利用对流传热。对于大规模生产装置,煤浆加热炉的炉管需要并联,此时,为了保证每一支路中的流量一致,最好每一路炉管配一台高压煤浆泵。另外选择合适的炉管材料也能减少煤浆在炉管内的结焦。还有一种解决预热器结焦堵塞的办法是取消单独的预热器,煤浆仅通过高压换热器升温至340℃左右再进入加热炉,根据日本NEDO的经验,可以使煤浆加热炉的热负荷降低到原来的40%。如果采用HTI工艺的强制循环反应器,甚至可以省去煤浆加热炉,把煤浆换热到340℃左右后直接进反应器,靠加氢反应放热和对循环气体加热使煤浆在反应器内升至反应所需的温度。

1. 预热器内的流体流动情况

要了解煤浆在预热器内的流体流动情况,尤其是在加热情况下的流体力学,可将预热器沿轴向模拟划分为三个区域,如图7-6所示。在此三个区域内煤浆被加热,煤粒膨胀,发生化学反应和溶解,并开始发生加氢作用。

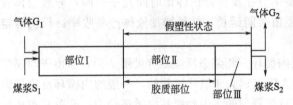

图7-6 煤液化预热器流体力学模型

部位Ⅰ:此区域是原料刚刚入预热器,固体尚未溶解,可以把煤浆-气体混合物看作是两组分两相牛顿型流体,温度增高时,黏度平稳地下降。当黏度达最低值时,此区域结束。此时,各组分的流速实际上无大变化,两相流体流动为涡流-层流或层流-层流。

部位Ⅱ:流体黏度达最低值以后,进入部位Ⅱ,此区域中主要发生煤粒聚结和膨胀,并发生溶解,因此煤浆黏度急剧增大,达到最大值,且能保持一段不变,成为非牛顿流体,其流体流动多为层流。此区域又可称为"胶体区"。

部位Ⅲ:在部位Ⅱ生成的胶体,进入部位Ⅲ后由于发生化学变化,煤质解聚和溶解,流体黏度急剧下降,在预热器出口前,温度升高黏度平缓下降。此混合物也是非牛顿型流体,可能呈现涡流流动。

2. 煤浆加热炉

煤浆加热炉是为油煤浆和氢气进料提供热源的关键设备,它在使用上具有如下一些特点:

① 管内被加热的是易燃、易爆的氢气和烃类物质,危险性大;

② 它的加热方式为直接受火式,使用条件更为苛刻;

③ 必须不间断地提供工艺过程所要求的热源;

④ 所需热源是依靠燃料(气体或流体)在炉膛内燃烧时所产生的高火焰和烟气来获得。

因此,对于加热炉来说,一般都应该满足下面的基本要求:

① 满足工艺过程所需的条件；

② 能耗省、投资合理；

③ 操作容易，且不易误操作；

④ 安装、维护方便，使用寿命长。

用于煤浆加热的主要炉型有箱式炉、圆筒炉和阶梯炉等，且以箱式炉居多。

在箱式炉中，对于辐射炉管布置方式有立管和卧管排列两类，这主要是从热强度分布和炉管内介质的流动特点等工艺角度以及经济性（如施工周期、占地面积等）上考虑后确定的。对于氢和油煤浆混合料进入加热炉加热的混相流，大都采用卧管排列方式，这是因为只要采用足够的管内流速时就不会发生气液分层流，且还可避免如立管排列那样，每根炉管都要通过高温区（当采用底烧时），这对于两相流来说，当传热强度过高时很容易引起局部过热、结焦现象，而卧管排列就不会使每根炉管都通过高温区，可以区别对待，图 7-7 为典型卧管式加热炉结构。

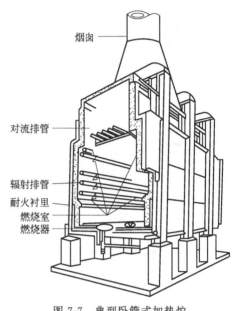

烟囱

对流排管

辐射排管
耐火衬里
燃烧室
燃烧器

图 7-7　典型卧管式加热炉

在炉型选择时，还应注意到加热炉的管内介质中都存在着高温氢气，有时物流中还含有较高浓度的硫或硫化氢，将会对炉管产生各种腐蚀，在这种情况下，炉管往往选用比较昂贵的高合金炉管（如 SUS321H，SUS347H 等）。为了能充分地利用高合金炉管表面积，应优先选用双面辐射的炉型，因为单排管双面辐射比单排管单面辐射的热有效吸收率要高 1.49 倍，相应的炉管传热面积可减少 1/3，即节约昂贵的高合金管材，同时又可使炉管受热均匀。

三、高温气体分离器

反应产物和循环气的混合物，从反应塔出来，进入高温气体分离器。在高温气体分离器中气态和蒸气态的碳氢化合物与由未反应的固体煤、灰分和固体催化剂组成的固体物和凝缩液体分开。在高温气体分离器中，分离过程是在高温（约 455℃）下进行的。气体和蒸气从设备的顶端引出，聚集在分离器底部（锥形部分）的液体和残渣进入残渣冷却器。为了防止在液体出来和排除残渣时漏气，在分离器底部自动地维持一定的液面。最常用形式的高温分离器的结构如图 7-8 所示，其顶部构造如图 7-9 所示。分离器的主要零件是高压筒、顶盖和底盖、保护套（接触管）、产品引入管、底部保温斗、冷却系统和液面测量系统。

气体在分离器中分离过程的同时还进行着各种化学过程，其中包括影响设备操作的结焦过程。结焦是在氢气不足、温度很高和液体及残渣长时间停留在气体分离器底部的情况下进行的。由于分离器底部焦沉淀的结果，使分离器的容积减少，以致难于维持规定的液面和堵塞残渣的出口。在这种情况下，应立即将设备与系统分开，因为随着温度的降低，结焦的危险性就减少，所以在高温分离器中，温度应保持比反应塔中温度低 15～20℃。高温分离器中的反应产物用通过冷却蛇管的冷氢来冷却。在某些结构的分离器中，将冷气直接打入分离器的底部来进行冷却。然而，应该指出的是，由高温分离器出来的气体和蒸气的温度降得很低，会降低换热器中热量回收的效率，因此会降低装置的生产能力。

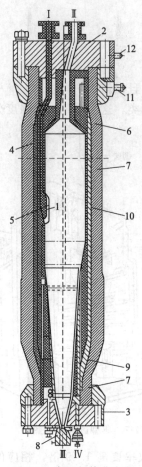

图 7-8 高温气体分离器

1—高温气体分离筒；2—顶盖；3—底管；
4—产品引入管；5—分配总管；6—顶部蛇管；
7—底部蛇管；8—双蛇管冷却器；9—底部锥
形保温斗；10—保护套管；11—筒体安装用吊
轴；12—顶盖安装用吊轴

Ⅰ—产品入口；Ⅱ—气体、蒸汽混合物出
口；Ⅲ—残渣出口；Ⅳ—冷气入口

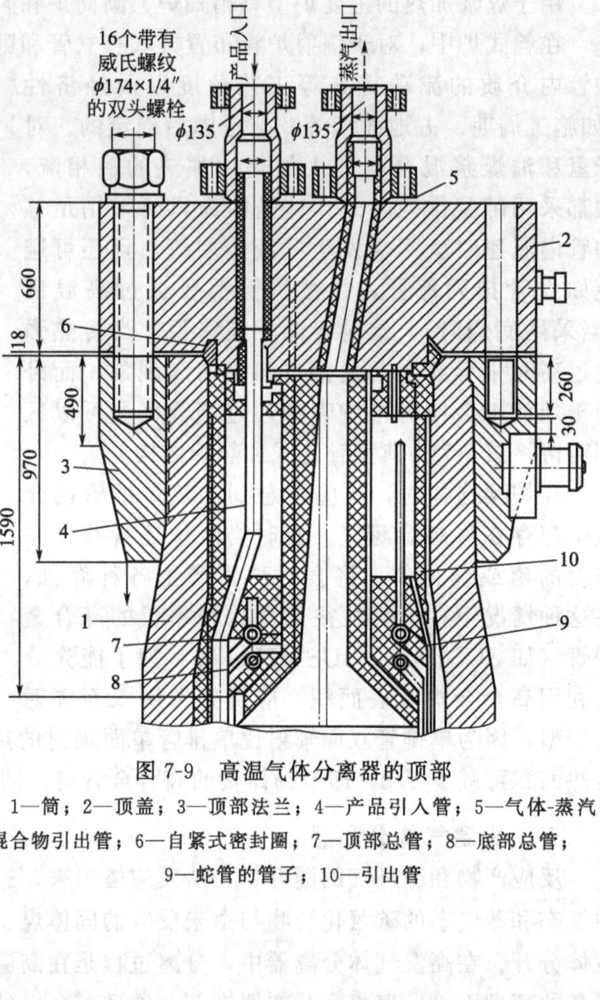

图 7-9 高温气体分离器的顶部

1—筒；2—顶盖；3—顶部法兰；4—产品引入管；5—气体-蒸汽
混合物引出管；6—自紧式密封圈；7—顶部总管；8—底部总管；
9—蛇管的管子；10—引出管

四、高压换热器

煤直接液化系统用的换热器压力高，并且含有氢气、硫化氢和氨气等腐蚀性介质，需要
使用特殊结构的换热器，根据石油加工工业的长期运行结果，采用螺纹环锁紧式密封结构高
压换热器较为合适。

螺纹环锁紧式密封结构高压换热器最早是由美国 Chevron 公司和日本千代田公司共同
开发研究成功的，我国现已有 10 余套加氢装置使用这种换热器，它的基本结构如图 7-10(a)
（H-H 型）所示。此换热器的管束多采用 U 形管式，它的独到结构在于管箱部分。H-H 型
换热器适用于管壳程均为高压的场合，对于壳程为低压而管程为高压时，可使用图 7-10(b)
所示的结构形式（称 H-L 型）。

螺纹环锁紧式换热器有如下几个突出优点。

（1）密封性能可靠　这是由其本身的特殊结构所决定的。由图 7-10 可见，在管箱中由

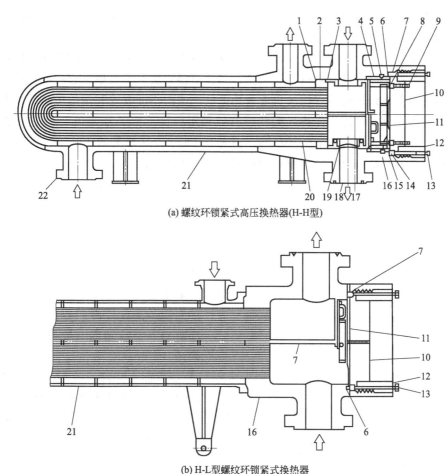

(a) 螺纹环锁紧式高压换热器(H-H型)

(b) H-L型螺纹环锁紧式换热器

图 7-10　螺纹环锁紧式换热器

1—壳程垫片；2—管板；3—垫片；4—内法兰；5—多合环；6—管程垫片；7—固定环；
8—压紧环；9—内圈螺栓；10—管箱盖；11—垫片压板；12—螺纹锁紧环；13—外圈螺栓；
14—内套筒；15—内法兰螺栓；16—管箱壳体；17—分程隔板箱；18—管程开口接管；
19—密封装置；20—换热管；21—壳体；22—壳程开口接管

内压引起的轴向力通过管箱盖 10 和螺纹锁紧环 12 传递给管箱壳体 16 承受。它不像普通法兰型换热器，其法兰螺栓载荷要由两部分组成：一是流体静压力产生的轴向力使法兰分开，需克服此种端面载荷；二是为保证密封性，应在垫片或接触面上维持足够的压紧力，因此所需螺栓大，拧紧困难，密封可达性相对较差。而螺纹环锁紧式密封结构的螺栓只需提供给垫片密封所需的压紧力，流体静压力产生的轴向力通过螺纹环传到管箱壳体上，由管箱壳体承受，所以螺栓小，便于拧紧，很容易达到密封效果。在运转中，若管壳程之间有串漏时，通过露在端面的内圈螺栓 9 再行紧固就可将力通过件 8→件 11→件 14→件 17→件 2 传递到壳程垫片（件 1）而将其压紧以消除泄漏。此外，这种结构因管箱与壳体是锻成或焊成一体的，既可消除像大法兰型换热器在大法兰处最易泄漏的弊病，又因它在抽芯清洗或检修时，不必移动管箱和壳体，因而可以将换热器开口接管直接与管线焊接连接，减少了这些部位的泄漏点。

（2）拆装方便　因为它的螺栓很小，很容易操作，所以拆装可在短时间内完成。同时，拆装管束时，不需移动壳体，可节省许多劳力和时间。而且在拆装的时候，是利用专门设计的拆装架，使拆装作业可顺利进行。从拆卸、检查到重装，这种换热器所需的时间要比法兰型少 1/3 以上。

（3）金属用量少　由于管箱和壳体是一体型，省去了包括管壳程大法兰在内的许多法兰与大螺栓，又因在壳体上没有带颈的大法兰，其开口接管就可尽量地靠近管板。这样，在普通法兰型换热器上靠近管板端有相当长度为死区的范围内不能有效利用的传热管面积，而在此结构中可得到充分发挥传热作用，大约可有效利用的管子长度为 500mm。它对于一台内径 1000mm、传热管长 6000mm 的换热器，就相当于增加 8％数量的传热管。上述种种，可使这种结构换热器的单位换热面积所耗金属的质量下降不少。

（4）结构紧凑，占地面积小　但是，这种换热器的结构比较复杂，其公差与配合的要求比较严格。

五、减压阀

煤直接液化装置的分离器底部出料时压力差很大，必须要从数十兆帕减至常压，并且物料中还含有煤灰及催化剂等固体物质。所以排料时对阀芯和阀座的磨蚀相当严重。因此减压阀的寿命成了液化装置的一个至关重要的问题。为此，高压煤浆减压阀的结构应有如下特殊功能，使磨损降低到最低限度。

① 有一个较长的耐冲刷的进口，最低限度减少湍流和磨损，还要尽可能减小流体进入阀芯和阀座间隙时的冲击角。

② 阀座具有长的节流孔道，最大限度减缓液相的蒸发，以防止气蚀。

③ 出口直接接到膨胀管和大容积的容器中，以消耗流体的能量，流出口体最好直接冲到液体池中。

④ 减压阀的材料应采用耐磨耐高温的硬质材料：如碳化钨、金刚石等。

解决办法之一是采取两段以上的分段减压，降低阀门前后的压力差；二是

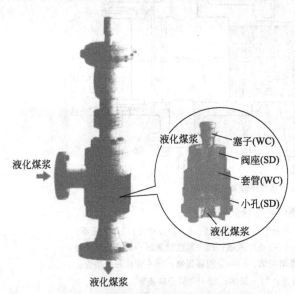

液化煤浆
液化煤浆
液化煤浆
塞子(WC)
阀座(SD)
套管(WC)
小孔(SD)
液化煤浆

图 7-11　日本 NEDO 开发的减压阀结构

采用耐磨耐高温的硬质材料，如碳化钨、氮化硅等，例如，图 7-11 是日本 NEDO 开发的减压阀结构图，它的耐磨部件采用的是合成金刚石和碳化钨，在 150t/d 工业性试验装置上的最长连续运转时间为 1000h；另外，在阀门结构上采取某些特殊设计也有可能使磨损降低到最低限度；三是在流程设计上采用一倍或双倍的旁路备用减压阀设备，当阀芯阀座磨损后及时切换至备用系统。

第二节　F-T 合成反应器

高效可靠的 F-T 合成工业反应器是影响煤制油工业化的关键因素之一。研究表明：F-T 合成反应器的开发研究必需满足散热性能好、原料气分布均匀、易制造维护等要求。F-T 合成所用的催化反应器有多种，较典型的有气固相流化床反应器、气固相固定

床反应器和鼓泡淤浆床（浆态床）反应器，其中，气流床（循环流化床）反应器是目前较为先进的 F-T 合成反应器。高温 F-T 合成采用的反应器有 Synthol 循环流化床（CFB）和 SAS 固定流化床（FFB），低温 F-T 合成技术主要采用列管式固定床 Arge 反应器和浆态床反应器。

一、气固相固定床催化反应器

气固相固定床催化反应器是常用的催化反应器，广泛用于氧化、加氢、重整、变换、脱氢和碳一化工合成等许多领域，可分绝热式和连续式两大类，对反应热有很大的反应，一般多采用外冷列管式催化反应器。

用于 F-T 合成的气固相固定床反应器有常压平行薄层反应器、套管反应器和列管式反应器。它们的基本特征数据见表 7-2 所示。

表 7-2　几种气固相固定床反应器的比较

基本特征数据	薄层	套管	列管
催化剂	钴催化剂	钴催化剂和铁催化剂	铁催化剂
催化剂层厚/mm	7(纵向)	10	46
催化剂层长/m	2.5(横向)	4.55	12.0
操作温度/℃	180~195	180~215	220~260
操作压力(表压)/kPa	29.4	686~1176	1960~2940
新鲜气流量/(m³/m³ 催化剂)	70~100	100~110	500~700
单段产量/[kg/(m³ 催化剂·d)]	190	210	1250
冷却面积/[m²/1000m³ 转化的(CO+H₂)]	4000	3500	230

① 常压薄层反应器是最早使用的 F-T 合成工业反应器，用于钴催化剂合成，常称为常压钴催化剂合成反应器。催化剂呈薄层铺在多层排列的多孔钢板上，其上有许多冷却水管穿过，用于移出反应热。由表 7-2 中数据可见，这种反应器笨重、效率低，故早已被淘汰。

② 套管式反应器曾用于中压钴催化剂和中压铁催化剂合成，其外形为圆筒形，内装有 2044 根同心套管，外径分别为 21mm×24mm 和 44mm×48mm，长为 4.5m，结构如图 7-12 所示。催化剂置于管间环隙内，能装 10m³ 催化剂。恒温散热压力水在内管的内部及水管的外部循环，将反应热带出。反应器内沸腾水同样与蒸汽收集器相连，汽水分离后水循环于反应器内，蒸汽送低压或中压蒸汽管路。与薄层反应器相比，套管式反应器热传递和生产能力有一定提高，但仍不能满足现代化工业的需求，也已弃之不用。

③ 列管式反应器是在上面两种反应器的基础上研究开发而成的高速固定床反应器。其特点为：

· 操作简单；

· 无论 F-T 合成产物是气态、液态还是混合态，在宽的温度范围内均可使用，无从催化剂上分离液态产品的问题；

· 液态产物容易从出口气流中分离，适宜 F-T 蜡的生产，固定床催化剂床层上部可吸附大部分硫，从而保护其下部床层，使催化剂活性损失不很严重，因而受合成气净化装置波动影响较小。Sasol 公司的 ARGE 反应器至今仍在运行中。

Arge 反应器是由德国 Ruhchemie 和 Lurgi 共同开发成功的，1955 年投入使用，其结构如图 7-13 所示，反应器的直径为 3m，全高 17m，反应器内有 2052 根装催化剂的反应管，内径为 50mm，长 12m，可填充 40m³ 催化剂。反应器中的催化剂用栅板承担，栅板安装在

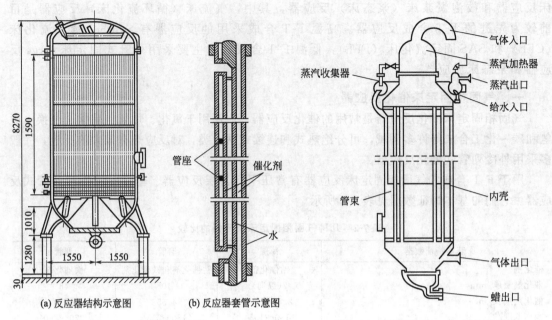

| (a) 反应器结构示意图 | (b) 反应器套管示意图 |

图 7-12　套管式反应器　　　　　图 7-13　高空速 Arge 合成反应器

底部管板下，由几块扇形栅板组成，更换催化剂时可将栅板打开，将催化剂卸出。管子间有沸腾水循环，合成时放出反应热，借水蒸发产生蒸汽被带出反应器。反应器顶部装有一个蒸汽加热器加热入炉气体，底部设有反应后油气和残余气出口管、石蜡出口管和二氧化碳入口管。Arge 反应器采用 Lurgi 炉产的原料气，H_2/CO 为 $1.7\sim1.8$，且原料气中甲烷约占 13%，操作温度 $220\sim250℃$，反应压力为 4.5MPa。

Arge 反应器的传热系数大大提高，冷却面积减少，一般只有薄层反应器的 5%，套管反应器的 7%，同时催化剂床层各方向的温度差减小，合成效果得到改善。

列管式固定床反应器的缺陷主要如下。

① 大量反应热要导出，因此催化剂管直径受到限制。

② 催化剂床层压降大，尾气回收（循环）压缩投资高。

③ 催化剂更换困难，且反应器管径越小，越困难，耗时越多。

④ 装置产量低，通过增加反应器直径、管数来提高装置产量的难度较大。

总之，气固相固定床反应器的投资较高，比较适合于中小规模生产。

二、气固相流化床反应器

1. 循环流化床反应器（CFB）

最早的流化床反应器是由 Kellogg 公司开发的循环流化床反应器，经 Sasol 公司多次技术改进及放大，现称为"Sasol Synthol"反应器。该反应器使用的是约 $74\mu m$ 的熔铁粉末催化剂，催化剂悬浮在反应气流中，被气流夹带至沉降器进行分离后再循环使用，其结构如图 7-14 所示。每套装置有一个反应器，一个催化剂分离器和输送装置。反应器的直径为 2.25m，总高度为 36m，由 4 部分组成，即反应器、沉降漏斗、旋风分离器和多孔金属过滤器，合成原料气从反应器底部进入，与立管中经滑阀下降的热催化剂流混合，将气体预热到反应温度，进入反应区，反应器的上、下两段设油冷装置，用以带出反应热，其余部分被原料气和产品气吸收，催化剂在较宽的沉降漏斗中，经旋风分离器与气体分离，由立管向下流动而继续使用。输送装置包括进气提升管和产物排出管，直径均为 1.05m；催化剂分离器内装两组旋风分离器，每组有两个旋流器串联使用。

循环流化床反应器传热效率高，温度易于控制，催化剂可连续再生，单元设备生产能力大，结构比较简单，其特点是：

① 初级产物烯烃含量高；

② 相对固定床反应器产量高；

③ 在线装卸催化剂容易、装置运转时间长；

④ 热效率高、压降低、反应器径向温差低；

⑤ 合成时，催化剂和反应气体在反应器中不停地运动，强化了气-固表面的传质、传热过程，因而反应器床层内各处温度比较均匀，有利于合成反应；

⑥ 反应放出的热一部分由催化剂带出反应器，一部分由油冷装置中油循环带出，由于传热系数大，散热面积小，生产量显著地提高。

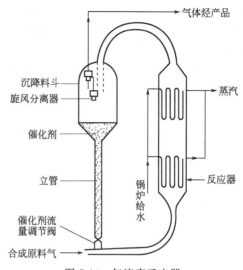

图 7-14　气流床反应器

一台 Synthol 反应器相当于 4~5 台 Arge 反应器，生产能力为 7×10^4 t/(a·台)，改进后的 Synthol 反应器可达 18×10^4 t/(a·台)，但装置结构复杂、投资高、操作繁琐、检修费用高、反应器进一步放大困难、对原料气硫含量要求高。Sasol-Ⅱ 和 Sasol-Ⅲ 厂曾使用 $\phi 3.6$m、高 75m 的大型循环流化床反应器，操作温度 350℃，压力 2.5MPa，催化剂装填量 450t，循环量 8000t/h，每台反应器生产能力 26 万吨/年。运转时新鲜原料气与循环气混合后在进入反应系统前先预热至 160℃，混合气被返回的热催化剂在水平输送管道部分被很快加热至 315℃，F-T 反应在提升管及反应器内进行。反应器内的换热装置，移出反应热的 30%~40%，反应器顶部维持在 340℃，生成气与催化剂经沉降室内的旋风分离器进行分离。

2. 固定流化床反应器（FFB）

Synthol 循环流化床反应器虽然比 Arge 固定床反应器有许多显著的优点，但也有许多不足之处，因此 Sasol 公司又成功地开发了固定流化床 F-T 合成反应器，简称为 SAS（Sasol Advanced Synthol）反应器。SAS 反应器在许多方面要优于 Synthol 反应器，如相同处理能力下体积较小，SAS 反应器的直径可以是 Synthol 反应器的二倍，而高度却只有后者的一半；SAS 反应器取消了催化剂循环系统，加入的催化剂能得到有效利用，反应器转化性能的气/剂比（合成气流量与催化剂装入量之比）是 Synthol 的 2 倍；SAS 反应器的投资是相同生产能力 Synthol 反应器的一半左右；SAS 反应器操作费用较低，转化率较高，生产能力得到提高，操作简单。此外，SAS 反应器中的固-气分离效果好于 Synthol 反应器。

固定流化床反应器是一个带有气体分配器的塔，流化床为催化剂，床层内置冷却盘管，配有从气相产品物流中分离催化剂的设备，如图 7-15 所示。该反应

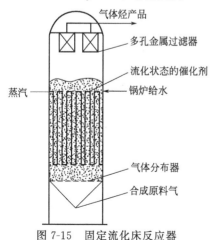

图 7-15　固定流化床反应器

器将催化剂置于反应器内，并保持一定料位高度，以满足反应接触时间。基于铁催化剂密度的特点，采用比循环流化床反应器催化剂更细的催化剂粒子，并增加了气体分布器，形成了细粒子、高速浓相流化的工艺特点。

Sasol 公司在 1989 年建成了 8 台 SAS 反应器，该反应器直径 5m，高 22m。1995 年又设计了直径 8m、高 38m 的反应器，单台生产能力 1500t/d。1999 年末投产了直径 10.7m、高 38m 的 SAS 反应器，单台生产能力达到 2500t/d。SAS 反应器操作温度较高为 350℃ 左右，主要产品为汽油、柴油和烯烃等化工产品。

三、鼓泡淤浆床（浆态床）反应器

浆态床反应器用于 F-T 合成和碳一化工是当前研究开发的热点，受到广泛重视。其开发研究始于 1938 年，由德国 Kolbel 等的实验室首先开发研究，1980 年前后南非 Sasol 公司

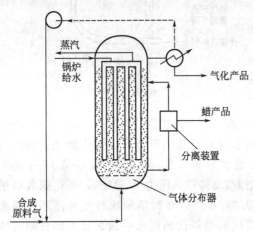

图 7-16　浆态床合成反应器

也开始浆态床反应器的开发研究，并于 1993 年 5 月投产了直径 5m、日产 2500 桶液体燃料的浆态床 F-T 合成工业装置，该反应器称为 Sasol Slurry Phase Distillate（SSPD）反应器。运行结果表明了浆态床反应器 F-T 合成的技术特点和经济优势。

浆态床合成反应器属于第二代催化反应器，是一个三相鼓泡塔，其结构如图 7-16 所示，外形像塔设备，反应器内装有循环压力水管，底部设气体分布器，顶部有蒸汽收集器，外部为液面控制器。反应器在 250℃ 下操作，由原料气在熔融石蜡和特殊制备的粉状催化剂颗粒中鼓泡，形成浆液。经预热的合成气原料从反应器底部进入，扩散入由生成的液体石蜡和催化剂颗粒组成的淤浆中。在气泡上升的过程中合成气不断地发生 F-T 转化，生成更多的石蜡。反应产生的热由内置式冷却盘管生产蒸汽取出。产品蜡则用 Sasol 开发的专利分离技术进行分离，分离器为内置式。从反应器上部出来的气体冷却后回收轻组分和水。获得的烃物流送往下游的产品改质装置，水则送往水回收装置处理。

浆态床鼓泡反应器的气-液流型可分三个区：

① 安静鼓泡区，又称气泡分散区；
② 湍流鼓泡区，又称气泡聚并区；
③ 栓塞区，又称节涌区（其流型见图 7-17）。

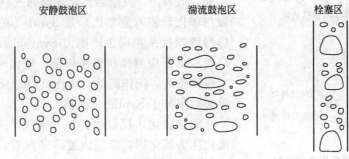

图 7-17　气-液鼓泡反应器流型

Sasol 浆态床反应器特点如下。

① 结构更简单，放大更容易。浆态床反应器最大可放大到 6350kg/d，而管式固定床反应器仅能放大到 680kg/d。

② 反应物混合好、传热好，反应器内温度均匀（温差不超过±1℃），可等温操作。

③ 单位反应器体积的产率高，每吨产品催化剂的消耗仅为管式固定床反应器的 20%～30%，可在线装卸催化剂。

④ 产品的灵活性强，通过改变催化剂组成、反应压力、反应温度、H_2/CO 比值以及空速等条件，可在较大范围内改变产品组成，适应市场需求的变化。

⑤ 浆态床反应器的压降低（小于 0.1MPa，管式固定床反应器可达 0.3～0.7MPa）。

⑥ 反应器控制更简单，操作成本低。

⑦ 有规律的替换催化剂，平均催化剂寿命易于控制，从而更易于控制过程的选择性，提高粗产品的质量。

⑧ 反应器结构简单，投资低，仅为同等产能管式固定床反应器系统的 25%。

⑨ 需采用特殊的制备和成型方法制作催化剂，因为该反应器对原料气硫含量要求比固定床更为严苛，因此催化剂必需具有一定的粒度范围（30～100μn）和一定的磨损强度，以有利于催化剂和蜡的分离。

浆态床合成反应器的缺点如下。

① 与固定床相比催化剂颗粒较易磨损，但其磨损程度低于气固相流化床。

② 当有液体产物时，需对流出的淤浆进行液固分离，回收催化剂，技术难度较大。

③ 要求所使用的液体为惰性，不与反应物或反应产物发生任何化学反应，蒸气压低，热稳定好，这一点对 F-T 合成不成问题，若进行氧化反应，筛选惰性液体介质就成为难题。

④ 传质阻力高于气固流化床，气相有一定程度的返混，从而影响反应器的总体速率。

四、几种反应器的比较

表 7-3 比较了已商业化的几种反应器的特征。

表 7-3 固定床流化床和浆态床反应器的特征

特 征	固定床	循环流化床	固定流化床	浆态床
热交换速率或散热	慢	中到好	高	高
系统内的热传导	差	好	好	好
反应器直径扩大限制	大约 8cm	无	无	无
高气速下的压力降	小	中	高	中到高
气相停留时间分布	窄	窄	宽	窄到中
气相的轴向混合	小	小	大	小到中
催化剂的轴向混合	无	小	大	小到中
催化剂浓度/%	0.55～0.7	0.01～0.1	0.3～0.6	最大 0.6
固相的粒度/mm	1.5	0.01～0.5	0.003～1	0.1～1
催化剂的再生或更换	间歇合成	连续合成	连续合成	连续合成

复习思考题

1.简述煤直接液化反应器的结构特点。在结构设计上对反应器结构的最基本要求是什么？

2. 全返混三相床反应器主要有哪些问题？

3. 煤浆预热器的作用是什么？煤浆加热炉设计和运行中必须注意什么问题？

4. 煤浆加热炉在使用上具有哪些特点？对于加热炉来说，一般应该满足哪些基本要求？

5. 高温气体分离器有何作用？

6. 螺纹环锁紧式换热器有哪些突出优点？

7. 为使磨损降低到最低限度，高压煤浆减压阀的结构应具有哪些特殊功能？

8. F-T 合成反应器的开发研究需满足哪些要求？工业上使用的 F-T 合成反应器类型有哪些？

9. 列管式反应器具有哪些特点？主要缺陷有哪些？

10. 简述高空速 Arge 合成反应器结构特点。

11. 简述循环流化床反应器结构特点。

12. 浆态床鼓泡反应器的气-液流型可分哪三个区？浆态床合成反应器具有哪些缺点？

第八章
液化油的提质加工及液化残渣的利用

第一节 液化油的提质加工

煤炭直接液化工艺所生产的液化粗油还含有相当数量的氧、氮、硫等杂原子，芳烃含量也较高，色相与储藏稳定性等较差，保留了液化原料煤的一些性质特点，还必需对其再加工才能获得合格的汽油、柴油等产品。煤液化粗油通常采用加氢精制的方法脱除杂原子，加氢改质使柴油十六烷值达到标准，对汽油馏分进行重整，提高汽油的辛烷值或再通过芳烃抽提得到苯、甲苯、二甲苯等产品。表 8-1 为液化油汽油馏分与石油汽油馏分性质的比较，表 8-2 为液化油柴油馏分与石油柴油馏分性质的比较。

表 8-1 液化油汽油馏分与石油汽油馏分性质的比较

项　　目	液化油	石油	GB
$w(O)/\%$	2.2	0	
$w(S)/10^{-6}$	560	300	<100
$w(N)/10^{-6}$	3000	10	
胶质/(mg/100mL)	150	0	<5
辛烷值(RON)	56	65~70	>90

表 8-2 液化油柴油馏分与石油柴油馏分性质的比较

项　　目	液化油	石油	GB
$w(O)/\%$	1.3	0	
$w(S)/10^{-6}$	100	13003	<500
$w(N)/10^{-6}$	6500	40	
十六烷值	14	56	>45

一、煤液化粗油的性质

煤液化粗油的性质与所用煤种、液化工艺及液化条件等因素密切相关，特别是使用高活性催化剂对提高煤液化转化率具有重要作用，因此，不同煤液化工艺所制备的煤液化产物的物理和化学性质差别较大。煤液化得到的产物是非常复杂的混合物，相对分子质量分布很宽，从低沸点的气体和汽油到高沸点的重质油及液化残渣等产物，相对分子质量逐渐增高。

图 8-1 为从 SRC、H-Coal 和 Synthoil 几个典型工艺得到的煤液化产物中芳香碳质量含量与 C/H 原子比间的关系。从图中可以看出，随煤液化加氢深度的提高，煤液化工艺得到的液体产物中 C/H 原子

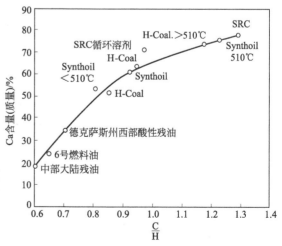

图 8-1 煤液化产物中芳碳质量含量与
C/N 原子比之间的关系

比和芳碳率都降低。

表 8-3 为几种不同煤直接液化工艺得到的煤液体产品性质。由表中数据可见，氢-煤工艺制备的煤液体杂原子含量较低，SRC 工艺得到的产品杂原子含量较高。

表 8-3 各种煤液体与燃料油的性质比较表

项　目	SRC 工艺	H-Coal 工艺	Synthoil 工艺	石油 6 号燃料油
元素分析（质量分数）/%				
碳	87.9	89.0	87.6	86.4
氢	5.7	7.9	8.0	11.2
氧	3.5	2.1	2.1	0.3
氮	1.7	0.77	0.97	0.41
硫	0.57	0.42	0.43	1.96
灰	0.01	0.02	0.68	
馏分油馏出率（体积分数）/%	模拟蒸馏温度/℃			
初馏点/℃		250	222	175
15	510	312	264	
20	>510	327	279	379
50	>510	404	379	478
70	>510	>517	>477	>532
90	>510	>517	>477	>532
终馏点/℃	>510	>517	>477	>532
芳香度/%	77	63	61	24
C/H 原子比	1.29	0.94	0.92	0.45

研究人员用图 8-2 所示的方法对日本太平洋煤进行了催化加氢（Adkiris 催化剂，360～390℃，1h），并对所得反应混合物进行了分离，其中由正己烷萃取所得油馏分的进一步分离过程包括碱洗、酸洗、真空蒸馏和对所得三种低沸点馏分进行液相色谱分取，分析结果表明：所分取的馏分中饱和烃的含量最高，其中直链烷烃占各馏分的 9%～13%，其他饱和烃包括异戊二烯类（C_{15}、C_{16}、$C_{18\sim20}$），支链烷烃、烷基环己烷和萜类化合物等，随馏分的沸点上升，检测出少量苯族烃和较多 2～3 环芳烃。

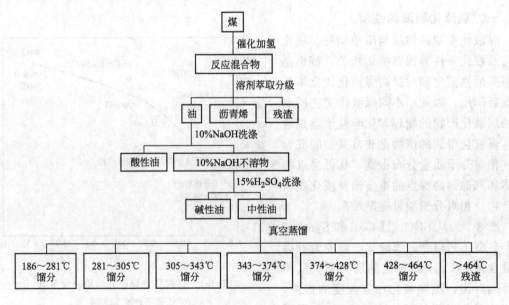

图 8-2　煤的催化加氢及反应混合物的分离

研究人员还对美国、德国及中国的依兰、神华等煤在一些液化工艺装置上的液化粗油性质进行研究，从以上研究结果可以看出，对煤液化粗油的性质作一准确的描述是比较困难的，但可以概括出一些共同特性。

煤液化粗油的杂原子含量非常高，氮含量范围为 0.2%～2.0%，典型的氮含量在 0.9%～1.1%（质量分数）的范围内，是石油氮含量的数倍至数十倍，杂原子氮可能以咔唑、喹啉、氮杂菲、氮蒽等形式存在；硫含量范围从 0.05%～2.5%，一般为 0.3%～0.7%（质量分数），低于石油的平均硫含量，大部分以苯并噻吩和二苯并噻吩衍生物的形态存在；氧含量范围可以从 1.5%～7%（质量分数）以上，具体取决于煤种和液化工艺，一般在 4%～5%（质量分数）。有在线加氢或离线加氢的液化工艺，由于液化粗油经过了一次加氢精制，液化粗油中的杂原子含量大为降低。

煤液化粗油中的灰含量取决于固液分离方法，采用旋流分离、离心分离、溶剂萃取沉降分离的液化粗油中含有灰，这些灰在采用催化剂的提质加工过程中，会引起严重的问题。采用减压蒸馏进行固液分离的液化粗油中不含灰。

液化粗油中的金属元素种类与含量与煤种和液化催化剂有很大关系，一般含有铁、钛、硅和铝等。

煤液化粗油的馏分分布与煤种和液化工艺关系很大，一般分为轻油（质量占液化粗油的 15%～30%，又可分为轻石脑油：初馏点～82℃ 和重石脑油：82～180℃）、中油（180～350℃，占 50%～60%）、重油（350～500℃ 或 540℃，占 10%～20%）。

煤液化粗油中的烃类化合物的组成广泛，含有 60%～70%（质量分数）的芳香族化合物，通常含有 1～6 环，有较多的氢化芳香烃。饱和烃含量 25%（质量分数）左右，一般不超过 4 个碳的长度，另外还有 10%（质量分数）左右的烯烃。

煤液化粗油中的沥青烯含量对液化粗油的化学和物理性质有显著的影响，沥青烯的相对分子质量范围为 300～1000，含量与液化工艺有很大关系，如溶剂萃取工艺的液化粗油中的沥青烯含量高达 25%（质量分数）。

二、液化粗油提质加工研究

煤液化粗油是一种十分复杂的烃类化合物混合体系，往往不能简单地采用石油加工的方法，需要针对液化粗油的性质，专门研究开发适合液化粗油性质的工艺及催化剂。液化粗油的提质加工一般以生产汽油、柴油和化工产品为目的，目前液化粗油提质加工的研究大部分都停留在实验室的研究水平，采用石油系的催化剂。

1. 煤液化石脑油馏分的加工

煤液化石脑油馏分约占煤液化油的 15%～30%，有较高的芳烃潜含量，链烷烃仅占 20% 左右，是生产汽油和芳烃（BTX）的合适原料。但煤液化石脑油馏分含有较多的杂原子（尤其是氮原子），必须经过十分苛刻的加氢才能脱除，加氢后的石脑油馏分经过较缓和的重整即可得到高辛烷值汽油和丰富的芳烃原料。表 8-4 为几种液化工艺的石脑油馏分加氢和重整结果。

在采用石油系 Ni-Mo、Co-Mo、Ni-W 型催化剂和比石油加氢苛刻得多的条件下，可以将煤液化石脑油馏分中的氮含量降至 10^{-6} 以下，但带来的严重问题是催化剂的寿命和反应器的结焦问题。由于煤液化石脑油馏分中氮含量高，有些煤液化石脑油馏分中氮含量高达 $(5000～8000) \times 10^{-6}$ 以上，因此研究开发耐高氮加氢催化剂是十分必要的。另外对煤液化石脑油馏分脱酚和在加氢反应器前增加装有特殊形状填料的保护段来延长催化剂寿命也是有效的方法。

表 8-4　煤液化石脑油馏分加氢、重整试验数据

项目	H-Coal		SRC-Ⅱ		EDS		德国工艺石脑油加氢后
	原料	加氢后	原料	加氢后	原料	加氢后	
相对密度	0.8076	0.7936	0.8265	0.771	0.8328	0.8058	0.802
初馏/终馏	55.6/202	67.2/200	41.6/186	57.7/198	61/193	94/190	
$w(S)/10^{-6}$	1289	—	4400	0.2	9978	0.1	<0.6
$w(N)/10^{-6}$	1930	0.63	5140	0.8	2097	0.2	<1
$w(O)/10^{-6}$	5944	34	7814	359	13700	98	—
$w(Cl)/10^{-6}$	23	4	195	4	18	1	—
极性物(质量分数)/%	4.2	—	6.8	—	8.7	—	
芳烃	18.6	19.4	16.2	22.0	25.3	21.6	30.4
烯烃	5.5	—	8.4	—	9.9	—	—
环烷烃	55.5	64.6	37.1	52.8	42.9	65.5	50.3
链烷烃	16.2	16.0	31.5	25.2	13.2	12.9	19.6
辛烷值	80.3	66.8	80.8	70.9	83.2	64.5	70.4
加氢氢耗量	0.95		1.08		1.63		
重整汽油产率(质量分散)/%	88.1		88.0		89.6		86.5
氢气产率(质量分数)/%	3.4		3.1		3.4		2.5
辛烷值	102.6		99.9		101.5		103.5
芳烃含量(质量分数)/%	83.3		83.8		79.4		82.1
加氢条件与石油系石脑油加氢比较	空速为 1/8,温度高 33℃,压力高 3.15MPa						
重整条件与石油系重整比较	空速为 1.5 倍,温度低 10~120℃,压力相同						

2. 煤液化中油的加工

煤液化中油约占全部液化油的 50%～60%,芳烃含量高达 70% 以上。表 8-5 为几种煤液化中油的性质。

表 8-5　煤液化中油馏分的性质

项　目	Illinois H-Coal	Piffsbwrg-Seam SRC-Ⅱ	EDS	项　目	Illinois H-Coal	Piffsbwrg-Seam SRC-Ⅱ	EDS
沸点范围/℃	177～316	177～288	177～316	芳烃含量(体积分数)/%	71.2	81.0	85.7
占液化粗油的/%	53.7	63.0		IBP	165	149	153
相对密度	0.9422	0.9725	0.9705	5%	183	183	193
相对平均分子质量	190	172		10%	189	187	197
黏度	2.489	3.114	33.0(SSU)①	30%	217	208	210
$w(C)/\%$	87.63	86.54	89.83	50%	233	225	224
$w(H)/\%$	9.86	8.49	9.12	70%	258	240	249
$w(S)/\%$	0.096	0.18	0.027	90%	289	265	286
$w(N)/\%$	0.49	0.99	0.117	95%	301	260	296
$w(O)/\%$	1.92	3.80	1.17	99%	320	337	319
$w(Cl)/10^{-6}$	12	2.5					

① $1SSU=1/16.1mm^2/s$。

煤液化中油馏分的沸点范围相当于石油的煤柴油馏分,但由于该馏分的芳烃含量高达 70%～80%,不进行深度加氢难于符合市场柴油的标准要求。从煤液化中油制取的柴油是低凝固点柴油,制取柴油需进行苛刻条件下的加氢,氢气消耗较高。柴油的十六烷值在 40 左右,距现在的中国 45 的标准还有一定距离。从煤液化中油还可以得到高质量的航空煤油,但真正应用还需要做发动机实验。

3. 煤液化重油的加工

煤液化重油馏分的产率与液化工艺有很大关系，一般占液化粗油的 10%～20%（质量分数），有的液化工艺这部分馏分很少。煤液化重油馏分由于杂原子、沥青烯含量较高，加工较为困难，研究的一般加工路线是与中油馏分混合共同作为加氢裂化的原料或与中油馏分混合作为催化裂化的原料，除此以外，液化重油的用途只能作为锅炉燃料。

煤液化中油和重油混合后经加氢裂化可以制取汽油。加氢裂化催化剂对原料中的杂原子含量及金属盐含量较为敏感，因此，在加氢裂化前必须进行深度加氢来除去这些催化剂的敏感物。煤液化中油和重油混合加氢裂化采用的工艺路线为两个加氢系统：第一个系统为原料的预加氢脱杂原子和金属元素，反应条件较为缓和，催化剂为 UOP-DCA；第二个加氢系统为加氢裂化，采用两个反应器串联，进行深度加氢裂化，裂化产物中大于 190℃的馏分油在第二个加氢系统中循环，最终产物全部为馏分小于 190℃的汽油。

煤液化中油和重油混合后采用催化裂化（FCC）的方法也可制取汽油。美国在研究煤液化中油馏分的催化裂化时发现，煤液化中油和液化重油混合物作为 FCC 原料，在工艺上要实现与石油原料一样的积炭率，必须要对液化原料进行预加氢，要求 FCC 原料中的氢含量必须高于 11%（质量分数），这样，对煤液化中油和液化重油混合物的加氢必不可少，而且要有一定的深度，即使这样，煤液化中油和液化重油混合物的催化裂化的汽油收率只有50%（体积分数）以下，低于石油重油催化裂化的汽油收率 [70%（体积分数）]。

三、液化粗油提质加工工艺

1. 日本的液化粗油提质加工工艺

日本政府从 1973 年开始实施阳光计划，开始煤炭直接液化技术的系统研究开发。在新能源产业技术综合开发机构（NEDO）的主持下，成功开发了烟煤液化工艺（NEDOL 工艺，150t/d PP 装置规模）和褐煤液化工艺（BCL 工艺，50t/d PP 装置规模），同时把液化粗油的提质加工工艺研究列入计划。1990 年在完成了实验室基础研究的同时，开始设计建设 50 桶/d 规模的液化粗油提质加工中试装置，该装置在日本的秋田县建成，以烟煤液化工艺（NEDOL 工艺，150t/d PP 装置规模）和褐煤液化工艺（BCL 工艺，50t/d PP 装置规模）的液化粗油为原料，进行液化粗油提质加工的运转研究。

日本的液化粗油提质加工工艺流程见图 8-3 所示。该工艺流程由液化粗油全馏分一次加氢部分、一次加氢油中煤、柴油馏分的二次加氢部分、一次加氢油中石脑油馏分的二次加氢部分、二次加氢石脑油馏分的催化重整部分等四个部分构成。

在一次加氢部分，将全馏分液化粗油通过加料泵升压，与以氢气为主的循环气体混合，在加热炉内预热后，送入一次加氢反应器。一次加氢反应器为固定床反应器，采用 Ni/W 系催化剂进行加氢反应。加氢后的液化粗油经气液分离后送分离塔。在分离塔内被分离为石脑油馏分和煤、柴油馏分，分别送石脑油二次加氢和煤、柴油二次加氢。一段加氢精制产品油的质量目标值是：精制产品油的氮含量在 1000×10^{-6}（1000ppm）以下。

煤、柴油馏分二次加氢与一次加氢基本相同。将一次加氢煤、柴油馏分，通过煤、柴油加料泵升压，与以氢气为主的循环气体混合，在加热炉内预热后送入煤、柴油二次加氢反应器。煤、柴油二次加氢反应器也为固定床充填塔，采用 Ni/W 系催化剂进行加氢反应。加氢后的煤、柴油馏分经气液分离后，送煤、柴油吸收塔。将煤、柴油吸收塔上部的轻质油取出混入重整后的石脑油中，塔底的柴油送产品罐。煤、柴油馏分二次加氢的目的是为了提高柴油的十六烷值，使产品油的质量达到：氮含量小于 10×10^{-6}（10ppm），硫含量小于 500×

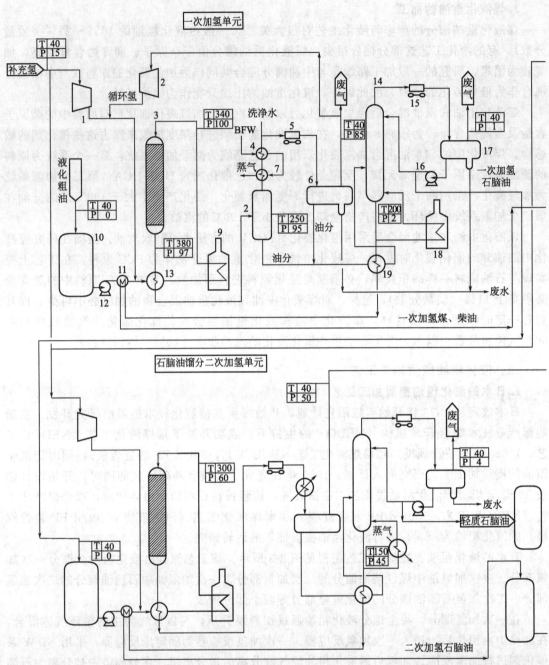

图 8-3　日本的液化粗油
1,14,15,20—401-K-01 氢气压缩机；
3—401-R-10 一次加氢反应塔；4—401-E-04 BF
6—401-D-02-低温分离器；7—401-E-03 高分
9—401-F-01 反应塔加热炉；10—401-T-01
12—401-P-01 原料供给泵；13—4
16—40-P-02 分离塔塔顶四流泵；
18—401-F-02 分离塔重沸器加热炉；
21—404-T-01 一次加氢塔柴油罐；
23—404-P-01 原料油供给泵；25—

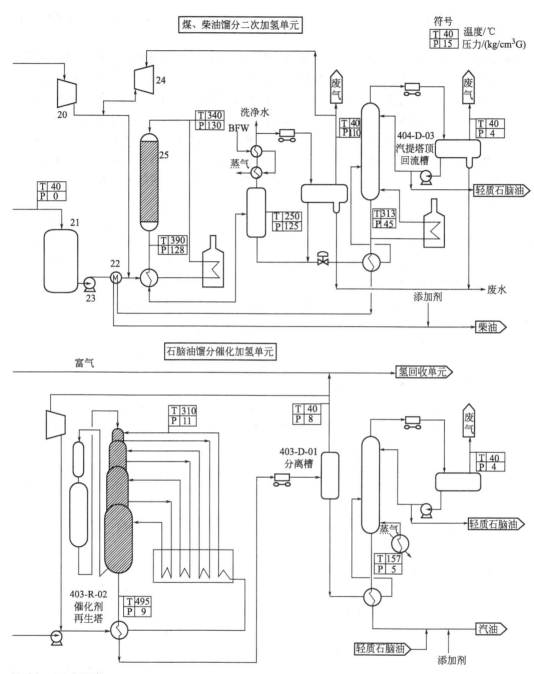

提质加工工艺流程

2,24—401-K-02 循环氢压缩机；

W 预热器；5—401-E-05 高分气冷却器（2）；

气冷却器（1）；8—401-D-01 高温分离器；

液化氢油耗；11—401-E-01 原料预热器；

01-E-02 原料、反应物热交换器；

17—401-D-03 分离塔塔顶四流槽；

19—401-E-07 分离塔预热器；

22—404-E-01 原料预热器；

404-R-01 煤、柴油加氢反应器

10^{-6}（500ppm），十六烷值在 35 以上。从目前完成的试验结果来看，经过二次加氢的柴油的十六烷值可达 42。

石脑油馏分二次加氢与一次加氢基本相同。将一次加氢石脑油馏分通过石脑油加料泵升压，与以氢气为主的循环气体混合，在加热炉内预热后，送入石脑油二次加氢反应器。石脑油二次加氢反应器也为固定床充填塔，采用 Ni/W 系催化剂进行加氢反应。加氢后的石脑油馏分经气液分离后，送石脑油吸收塔。将石脑油吸收塔的轻质油取出混入重整后的石脑油中，塔底的石脑油进行热交换后送重整反应。石脑油馏分二次加氢的目的是为了防止催化重整催化剂的中毒，由于催化重整催化剂对原料油的氮、硫含量有较高的要求，一段加氢精制石脑油必须进行进一步加氢精制，使石脑油馏分二次加氢后产品油的氮、硫含量均在 1×10^{-6}（1ppm）以下。

在石脑油催化重整中，将二次加氢的石脑油，通过加料泵升压，与以氢气为主的循环气体混合，在加热炉内预热后，送入石脑油重整反应器。石脑油重整反应器为流化床反应器，采用 Pt 系催化剂进行催化重整反应。催化重整后的石脑油经气液分离后，送稳定塔，稳定塔出来的汽油馏分与轻质石脑油混合，作为汽油产品外销。催化重整使产品油的辛烷值达到 90 以上。Pt 系催化剂的一部分从石脑油重整反应器中取出，送再生塔进行再生。

2. 中国的液化粗油提质加工工艺

中国煤炭科学研究总院北京煤化学研究所从 20 世纪 70 年代末开始从事煤直接液化技术研究，同时对液化粗油的提质加工也进行了深入研究，开发了具有特色的提质加工工艺，并在 2L 加氢反应器装置上进行了验证试验。

煤炭科学研究总院北京煤化学研究所开发的液化粗油提质加工工艺有以下特点：

① 针对液化粗油氮含量高的性质，在进行加氢精制前，用低氮的加氢裂化产物进行混合，降低原料氮含量；

② 为防止反应器结焦和中毒，采用了预加氢反应器，并在精制催化剂中添加脱铁催化剂，同时控制反应器进口温度在 180℃，避开结焦温度区，对易缩合结焦物进行预加氢和脱铁；

③ 针对液化精制油柴油馏分十六烷值低的特点，对柴油以上馏分进行加氢裂化，既增加了汽油柴油产量，又提高了十六烷值。

煤炭科学研究总院北京煤化学研究所开发的液化粗油提质加工工艺流程见图 8-4。

液化粗油由进料泵打入高压系统，与精制产物换热至 180℃，在预反应器入口处与加氢裂化反应器出口的高温物汇合（降低氮含量），进入预反应器，在预反应器中部注入经换热和加热的 400℃混合气，进一步提高预反应器温度，预反应器装有 3822 和 3923 催化剂，进出口温度分布在 180～320℃。在预反应器中进行预饱和加氢和脱铁。

出预反应器的物料通过预热炉加热至 380℃后进入加氢精制反应器。加氢精制反应器内填装 3822 催化剂，分四段填装，每段之间注入冷混合气作控制温度用。出加氢精制反应器的产物经三个换热器后进入冷却分离系统，富氢气体经循环氢压机压缩后与新氢混合。液体产物减压后进入蒸馏塔，切割出汽油、柴油，釜底油通过高压泵升压后，与加氢精制反应器产物换热，并通过预热炉加热至 360℃进入加氢裂化反应器。加氢裂化反应器填装 3825 催化剂，下部装有后精制催化剂 3823，通过冷氢控制反应温度。加氢裂化反应器出口产物与加氢原料混合。

该工艺生产的柴油的十六烷值超过 50，汽油的辛烷值为 70。表 8-6 为中国提质加工工艺操作条件。表 8-7 为加氢结果表。表 8-8 为产品油性质表。

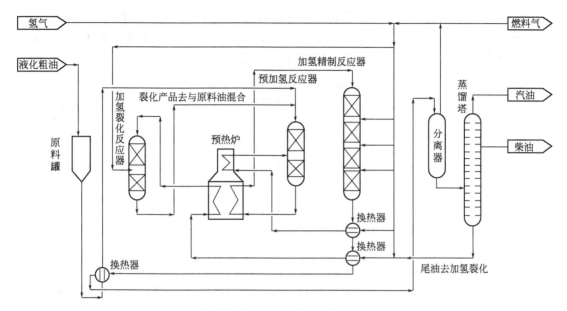

图 8-4　北京煤化学研究所液化粗油提质加工工艺流程

表 8-6　加氢操作条件

项　　目	预反应器	精制反应器	裂化反应器	后精制段
催化剂	3822 和 3923	3822	3825	3823
压力/MPa	18.4	18.4	18.4	18.4
体积空速/h^{-1}	2	0.5	1.0	16
进口温度/℃	180	360~365	330~340	380~390
出口温度/℃	360	395~400	380~390	382~395
气液比/体积比	1000	1500	1200	1500

表 8-7　加氢反应结果

项　　目	产率	项　　目	产率	项　　目	产率
氢耗(质量分数)/%	3.45	气产率(质量分数)/%	6.82	硫化氢(质量分数)/%	0.68
油收率(质量分数)/%	91.41	氨(质量分数)/%	0.18	水(质量分数)/%	4.36

表 8-8　加氢精制油性质

项　　目	原　料	产品	项　　目	原　料	产品
密度/(g/cm^3)	0.944	0.8146	30%	229	175
黏度(20℃)/Pa·s	7.5×10^{-3}(30℃)	2.7×10^{-3}	40%		207
氮含量/10^{-6}	5600	<3.5	50%	284	233
硫含量/10^{-6}	1700	<1	60%		270
蒸馏数据:TBP/℃			70%	349	307
IBP	84	71	80%		357
10%		109	90%	416	394
20%		140	干点		461

第二节　煤液化残渣的利用

　　煤炭在加氢反应液化后还有一些固体物,它们主要是煤中无机矿物质、催化剂和未转化的煤中惰性组分。流程中通过固液分离工艺将固体物与液化油分开,所得的固体物称之为残渣。由于采取的固液分离有不同工艺，所得的残渣成分也有些区别，但不管采用何种工艺，残渣中都会夹带一部分重质液化油。表 8-9 是中国神华煤采用 NEDOL 工艺液化后（催化剂为黄铁矿），采用减压蒸馏所得的液化残渣的性质和成分分析。

表 8-9　神华煤液化残渣性质和成分分析

项　目	分析结果	项　目	分析结果
真密度/(g/cm³)	1.51	己烷不溶物(质量分数)/%	86.0
软化点/℃	161	甲苯不溶物(质量分数)/%	55.2
高位发热量/(kJ/kg)	27.7	四氢呋喃不溶物(质量分数)/%	54.1
全硫(质量分数)/%	3.50	灰分(质量分数)/%	25.7

从表中数据可看出，煤液化残渣从发热量来说，相当于灰分较高的煤，从软化点来说，类似于高软化点的沥青，所以它还具有一定的利用价值。

煤液化减压蒸馏残渣的一种处理方法是通过甲苯等溶剂在接近溶剂的临界条件下萃取，把可以溶解的成分萃取回收，再把萃取物返回去作为配煤浆的循环溶剂，这样一来，能使液化油的收率提高 5～10 个百分点，如美国 HTI 工艺和日本 BCL 褐煤液化工艺均采用了此方法。溶剂萃取后的残余物还可以用来作为锅炉燃料或气化制氢。

当液化残渣用于燃烧时，因残渣中硫含量高，烟气必须脱硫才能排放，必将增加烟气脱硫的投资及操作费用，所以最好的利用方式是气化制氢。美国能源部曾委托德士古公司试验了 H-Coal 法液化残渣对德士古加压气化炉的适应性，试验证明液化残渣完全可以与煤一样当作气化炉的原料。日本 NEDO 也曾用液化残渣做了 Hy-Col 气化工艺的气化试验，结果证明液化残渣可以作为气化炉的原料。

煤液化残渣的另一条高附加值利用途径是通过溶剂萃取，分离出吡啶可溶物，再经过提纯、缩聚等一系列加工过程，制备沥青基碳纤维纺丝原料。对于煤液化残渣的有效利用还有待于进一步的研究。

<h2 style="text-align:center">复习思考题</h2>

1. 液化油提质加工的目的是什么？工业上通常采用的方法是什么？

2. 液化油汽油馏分与石油汽油馏分性质有何不同之处？液化油柴油馏分与石油柴油馏分性质有何不同之处？

3. 简述煤液化粗油的共同特性。

4. 煤液化石脑油馏分有何特点？

5. 日本的液化粗油提质加工工艺由哪几个部分构成？

6. 中国的液化粗油提质加工工艺有哪些特点？简述其工艺流程。

7. 什么是煤液化残渣？主要成分是什么？

8. 煤液化残渣有哪些利用途径？

第九章
煤转化后的产品及综合利用技术

第一节 合成氨及下游产品

一、合成氨

1.氨的性质及用途

氨的化学式为 NH_3，相对分子质量 17.0312，在标准状态下是无色气体，具有特异的刺激性臭味，极易溶解于水、醇类、丙酮、三氯甲烷、苯等溶剂中。氨溶于水形成的溶液呈弱碱性，溶解度随温度的增加而减低，随压力增加而加大。氨作为一种重要的化工原料，应用广泛，为运输及储存便利，通常将气态的氨气通过加压或冷却得到液态氨。

液氨，又称为无水氨，分子式为 NH_3，是一种无色液体，有强烈刺激性气味，极易气化为气氨。液氨密度 $0.617g/cm^3$，沸点为 $-33.5℃$，低于 $-77.7℃$ 可成为具有臭味的无色结晶，熔点 $-77.7℃$，爆炸极限 $16\%\sim25\%$，自燃点 651.11℃，1% 水溶液的 pH 值为 11.7，蒸气压 882kPa（200℃），相对密度 0.7067（25℃）。

合成氨工业在国民经济中占有重要的地位是因为合成氨的用途广泛。首先合成氨是氮素肥料的主要来源，据 2008 年全国化肥品种构成统计，氮肥占化肥总产量的 73.8%，而氮素的来源都是由合成氨加工而得。目前世界上以氨为原料制造出来的氮肥品种主要如下。

① 铵态氮肥：如硫酸铵、氯化铵、碳酸氢铵、碳化氨水、氨水及液氨。尿素由于在土壤中先水解成碳酸铵再被吸收，故也列入此类。

② 硝态氮肥：如硝酸钙、硝酸钠、硝酸钾等。

③ 铵、硝二态氮肥：如硝酸铵、硝酸铵钙、硫硝铵等。

④ 含氮复合肥：如磷酸一铵（MAP）、磷酸二铵（DAP）、硫磷铵、尿磷铵、多磷酸铵、硝酸磷肥、钾氮复肥以及各种配比的三元素复肥（NPK）等。

其次，氨还可用作医药和农药的原料，用作有机化工产品的氨化原料及用作冷冻剂。液氨与水一样，为极性很强的分子结合体，很多物质能溶解在液氨中，是一种很好的溶剂。此外，NH_3 分子中的孤电子对倾向于和其他分子或离子形成配位键，可生成各种形式的氨合物，如 $[Ag(NH_3)_2]^+$、$[Cu(NH_3)_4]^{2+}$、$BF_3\cdot NH_3$ 等都是以 NH_3 为配位的配合物。液氨加热至 800~850℃，在镍基催化剂作用下，将氨进行分解，可以得到含 75% H_2、25% N_2 的氢氮混合气体，用此法制得的气体是一种良好的保护气体，可以广泛地应用于半导体工业、冶金工业以及需要保护气氛的其他工业和科学研究中。在国防工业中，液氨可用于制造火箭及导弹的推进剂。

需要注意的是液氨具有腐蚀性，且容易挥发，所以其化学事故发生率相当高，在应用中需加注意。氨还具有强烈的毒性，浓度过高时，人体直接接触部位可引起碱性化学灼伤，组织呈溶解性坏死，并可引起呼吸道深部及肺泡的损伤，发生化学性支气管炎、肺炎和肺水肿。高浓度吸入氨可使中枢神经系统兴奋增强，引起痉挛，并可通过三叉神经末梢的反射作用而引起心脏停搏和呼吸停止。氨对人的吸入毒性见表 9-1 所示。

表 9-1　氨对人的毒性

浓度/(mg/m³)	吸入时间/min	人体反应
3500～7000		可即时死亡
1750～4500		可危及生命
700	30	立即咳嗽
553		强烈刺激想象
175～350	28	鼻和眼刺激,呼吸和脉搏加速
140～210		尚可工作,但有明显不适
140		眼和上呼吸道不适,恶心,头痛
70～140	30	可以正常工作
70		呼吸变慢
67.2		鼻咽有刺激感
9.8		无刺激作用
<3.5	45	可以识别气体
0.7		感觉到气味

2. 合成氨的生产方法简述

合成氨工业,从开始建立到现在已经历了 90 余年的历史。对于氨的合成技术及催化剂,除合成压力有所不同外,没有原则性的变化,但对获取纯净氢、氮气的方法都投入了大量的精力和财力。

合成氨的原料仅为氢气和氮气。氮气来自空气,原料丰富,因此提纯净化氢气就成为合成氨工业的主要研究对象。自然界没有元素态的氢可以直接获取,除了水外,绝大部分氢均存在于各种燃料之中,也就是存在于碳氢化合物之中,因此,氢资源的供应、制氢的技术和净化所采用的工艺方法,是合成氨工业需要不断地解决并及时改进的重大课题,合成氨厂约有 2/3 以上的资金和精力花费在氢的供应上面。现在已经可以使用各种不同的固态、液态及气态可燃物作为制氢原料,并配以与之相应的气体净化方法,来制造氢氮气供合成使用。氢原料及加工技术一直在变化并直接影响到合成氨工业的发展。

(1)原料　早期的合成氨工业,原料以焦炭为主,气态原料不足 30%,其中 95% 以上为焦炉气。进入 20 世纪 70 年代以后天然气已取代焦炭成为主要原料,焦炭及焦炉气已降到微不足道的地步,液态烃(石脑油和燃料油)由 1/4 下降到 1/5 以下。气态烃,包括天然气,油田气及石油加工气都可作为合成氨原料。

中国天然气制氨起步较晚,但发展很快。据统计,2008 以天然气(油田气)为原料的合成氨产量已占总产量的 21.4%。中国有着丰富的煤炭资源,特别是无烟煤储量高达上千亿吨,为世界之最,2008 年开采量 5 亿多吨,其中每年约 4000 余万吨用于合成氨生产,这恰是合成氨工业所需要的,而且也不会与其他高经济效益的工业产品争夺原料。预计在今后相当长的一段时期内,中国原有的中小合成氨厂,仍将以无烟煤为原料。使用无烟煤大量地制氨是中国充分利用自己的资源,从实际出发的一大特色。

对于使用氧气的连续气化技术,是在没有焦炭或无烟煤可供时才被迫采用的,这也是发达国家自从让出焦炭原料以后,数十年来竞相开发烟煤高温连续气化方法的原因;石脑油制氨是在石油化工大发展之前,用作制氨原料的,由于石化工业的迅猛发展,以致造成 20 世纪 70 年代中期开始,石脑油供不应求,价格大幅攀升,因而使石脑油制氨走上夕阳工程之路;重油制氨的情况与石脑油不同,但由于炼油及石油化工的发展,各种渣油深度裂解技术被广泛采用,制氨工业如继续使用渣油,将重蹈 20 世纪 40 年代以前使用焦炭或焦炉气与冶金工业争夺原料的覆辙,基于这种形势,渣油制氨不会再继续扩大。

由上述可见,合成氨原料以天然气最为合适,故全世界以天然气制氨占主导地位。中国的制氨工业以天然气为原料发展迅速,但基于独特的资源优势,现在仍以煤为原料占其制氨原料的大部分。从目前已探明的油气资源来看,远没有煤的藏量丰富,故从长远看,还是以煤原料为主。

(2) 催化剂的进展 氨合成催化剂。加有促进剂的磁铁矿型催化剂已经使用80多年,其间各国一直在不停地研究和改进。

变换催化剂。BASF公司于1931年使用Fe-Cr系高温变换催化剂以来,全球一直使用到今。此后德国BASF、美国UCI、丹麦Topse及中国湖北化学所纷纷推出Co-Mo系列宽温带耐硫型变换催化剂,即以α-Al_2O_3为载体,以CoO及MoO_3为活性组分的耐硫催化剂,使用温度范围在160~500℃之间,既可用作高温变换催化剂又可用于低温变换催化剂,耐硫高达$10g/m^3$,空速达$2000h^{-1}$,使用寿命为5~10年,适合以煤和重油为原料的氨厂,在全国中、小型厂,得到了普遍推广。

(3) 气体净化及氨合成技术

① 氨合成回路的改进。

· 压力等级。20世纪60年代以前,各种方法均在向中压(25~32MPa)靠拢,20世纪50年代以后,由于离心压缩机的使用,各种方法的压力降到约15MPa,现在又在开始向中压法回升。随着新型催化剂的使用,压力有可能再次下降到10MPa以下。如何处理好氨的冷凝分离与能耗间的关系,将是给研究降压者提出的主要课题。

· 氨的分离。对于氨的分离,开始使用水吸收法,后来福瑟用冷凝分离代替水吸收,很快得到广泛采用,但是随着合成压力的逐渐降低,冷凝分氨变得愈来愈困难,于是又有人开始使用水吸收的做法。一旦低压下氨分离技术与能耗的关系得到满意的解决,合成压力将会进一步下降,并不会再次回升。整个合成氨工业由此可以跳出高压工业的范围。

· 合成塔。合成塔的内件结构是多年来人们热衷于改进的主要对象,大体上可分为三个阶段:首先是以TVA(Tennessee Vallexy Authority)(美国田纳西流域管理局)式冷管塔为代表,氨合成的反应热通过插入在催化剂床层中的套管移出,第二阶段是采用分层冷激的做法取代冷管,使催化剂床层温度更趋合理,到第三阶段,催化剂床层仍然使用分段冷却的做法,但不是直接注入冷激气,而是改用管式换热器将热量移出,成为比较理想的结构。与改进床层温度分布的同时,对床层阻力也不断地改进。此外,废热锅炉也是合成回路中的一个重要组成部分。

② 气体净化方法。现有的气体净化方法已经能够满足各种工艺所提出的苛刻条件,但不能满足人们要求技术不断进步的愿望,新技术还会不断地出现。同时,推广同行已有的技术经验,将会取得较大进展,例如,在制氢方面变压吸附技术早已应用成熟,现已有人将其移植到氨生产工业上来,估计这一技术将很快地被推广。

(4) 能源的综合利用和节能 合成氨工业实际上是个能源转换工业。不同种类的原料,通过适当的工艺技术途径,最终都转换为氢(及氮)。以日产1200t天然气蒸汽转化法合成氨厂为例,将合成氨生产与动力生产合二为一,以尽量减少能量的损耗。合成氨厂的节能有两种类型:一是对传统工艺方法进行改造,适于老厂;另一种是比较彻底地从原则性工艺流程入手,引进新的设计概念,适于新建厂。

(5) 环境保护 随着科技的进步和氨生产工业自身的不断改进,有毒有害废弃物的排放已经得到较大的改善和治理,但是随着环境保护问题的日益突出,对允许的污染物种类及排放条件也日渐严格，有些过去认为已经符合要求的排放，现在必须重新加以改善或淘汰使用。气体排放方面，重点是硫化物必须彻底回收，然而，一旦 CO_2 排放受到限制，合成氨工业也将难以例外；液体排放方面，由于近年来对工业污水综合治理的普遍重视，应力争做到封闭循环、杜绝排放；固体排放方面，所有的排放物均来自造气，特别是使用煤为原料时的煤渣，用重油为原料时的炭黑等。目前煤渣的直接处理可用于铺路或填方，建材工业也在尽力开辟使用途径，炭黑也已用于各种化工、轻工领域。

二、硝酸

硝酸的生产与合成氨工业密切相关，是氨加工的重要化合物。氨和空气混合后，通过铂铑合金网（催化剂）被氧化为一氧化氮，一氧化氮进一步转变为二氧化氮，二氧化氮与水作用变成硝酸。

我国硝酸、硝盐产量在逐年增加，产品价格较为稳定，尚有出口。2007 年我国稀硝酸生产能力约为 760 万吨，浓硝酸为 300 万吨，2007 年浓硝酸产量为 195 万吨。硝酸钠和亚硝酸钠生产能力约为 118 万吨，硝酸铵生产能力为 390 万吨/a，目前已成为发展中国家硝酸、硝盐的最大生产国。

1. 硝酸的性质和用途

硝酸化学式 HNO_3，相对分子质量 63.01，密度 1.5027（25℃），熔点 -42℃，沸点 86℃。通常所用的浓硝酸约含 HNO_3 65％左右，密度为 $1.4g/cm^3$，具有强烈的刺激性气味和腐蚀性，是强氧化剂，遇皮肤有灼痛感，呈黄色斑点。硝酸几乎能与所有的金属起反应，生成相应的硝酸盐，一般不生成氢气，不论浓酸或稀酸，在常温下都能与铜发生反应，这是盐酸与硫酸无法达到的，但浓硝酸在常温下会与铁、铝发生钝化反应，使金属表面生成一层致密的氧化物薄膜，阻止硝酸继续氧化金属。

98％以上的浓硝酸称为发烟硝酸。发烟硝酸是红褐色液体，在空气中猛烈发烟并吸收水分，不稳定，遇光或热分解放出二氧化氮，其水溶液具有导电性。浓硝酸是强氧化剂，能使铝钝化，与许多金属能剧烈反应，还能和有机物、木屑等相混引起燃烧。发烟硝酸腐蚀性很强，能灼伤皮肤，也能损害黏膜和呼吸道，与蛋白质接触，即生成一种鲜明的黄蛋白酸黄色物质。硝酸是无机化学工业中三大强酸之一，具有酸类的通性。

硝酸是用途极广的重要化工原料，主要用于制造硝酸铵、硝酸铵钙、硝酸磷肥、氮磷钾等复合肥料。有机工业上用于制造四硝基甲烷、硝基乙烷、1-硝基丙烷、2,4-二硝基苯氧乙醇等硝基化合物；染料工业上用于对硝基苯甲醚，4,4-二硝基二苯醚，对硝基苯酚，2,5-二氯硝基苯等染料中间体的合成；涂料工业上用于制造硝基清漆和硝基瓷漆；医药工业上用于制造硝基苯乙酮、对硝基苯甲醛、对硝基苯甲酸乙酯等中间体；印染工业上用于靛蓝拔色印花；橡胶工业上用于制造橡胶促进剂的中间体；塑料工业上用于制造己二酸和己内酰胺的原料环己酮；冶金工业中，用于分离贵金属和提炼稀土金属，以及钢管和黄铜的酸洗；国防工业上用于制造三硝基甲苯、三硝基酚、硝化纤维、硝化甘油和雷汞等。硝酸作为氧化剂可氧化醇、苯胺及其他化学品，并已用于火箭的推进剂，是制造钙、铜、银、钴、锶等的硝酸盐的原料。

2. 硝酸生产方法简述

（1）稀硝酸 以氨为原料的稀硝酸生产工艺方法较多，主要有：

① 常压氧化、常压吸收的常压法；

② 常压氧化、加压（0.35~0.45MPa）吸收的综合法；

③ 中压氧化、中压吸收（0.35~0.45MPa）的全中压法；

④ 高压氧化，高压吸收（0.8～1.3MPa）的高压法；

⑤ 中压氧化（0.45MPa）、高压吸收（1.1MPa）的双加压法，以及在这些工艺基础上的一些局部进行改进等方法。

其中，双加压法生产稀硝酸可制得 58%～60% 的硝酸，其工艺具有高效、高浓度、节能、低污染、少维修等较多的优点，是国内专有技术，也是现今世界上稀硝酸生产最先进的工艺之一。

（2）浓硝酸　工业上制取浓硝酸的方法有间接法、直接法（见发烟硝酸）和超共沸酸的蒸馏法。间接法是先制得稀硝酸，然后稀硝酸在脱水剂（硝酸镁和浓硫酸等）存在的情况下，经提纯、精馏、冷凝、漂白等工序制得浓硝酸。超共沸酸的蒸馏法包括氨的氧化、超共沸酸的制取和直接蒸馏等步骤。

（3）发烟硝酸　净化后的氨气和空气，在催化剂的作用下，生成一氧化氮混合气，经回收热量，进入初氧化塔、重氧化段。经氧化后的气体为含 6.35% 的四氧化二氮的混合气，此气体进入吸收段，与浓硝酸作用生成发烟硝酸（其组成为 30% N_2O_4，1%～2% H_2O，68%～69% HNO_3）。初氧化、重氧化下来的液体与吸收段生成的发烟硝酸混合、加压，与来自氧气罐的氧气在 5MPa 下于高压釜内反应，生成含有 31% N_2O_4，1.1% H_2O，67.9% HNO_3 的发烟硝酸。

将发烟硝酸经离析器离析后，气体经冷却器、冷凝器冷却冷凝 95.64% 的液体四氧化二氮，冷凝下来含有四氧化二氮的硝酸和来自吸收段的发烟硝酸及离析器来的发烟硝酸，在漂白塔内漂出四氧化二氮，并与硝酸作用，生成 98% 的硝酸，经冷却，即成为直接法生产的浓硝酸。吸收段出来的气体经洗涤段洗涤后成为含 0.02% 二氧化氮的废气，经尾气热交换器、尾气透平机回收能量后放空。

三、硝酸铵

1. 硝酸铵的性质

硝酸铵分子式：NH_4NO_3，相对分子质量：80.05。其结构具有五种结晶变体，每一种结晶体的结构和密度都不同，在一定温度范围内各种晶型才能稳定存在，当加热或冷却硝酸铵时，如果温度变化超过该种晶型的温度范围，即由一种晶型转变为另一种晶型，晶型转变时结晶的结构、密度、比容也发生变化并伴有热效应。硝酸铵在包装、储存和转运过程中温度常为 60℃，易发生晶型变化的是斜方晶系和 a-斜方晶系。当硝酸铵中含有硫酸铵、钾、镁、钙盐等物质时，晶型的转变温度可能会降低。

硝酸铵具有吸湿性和结块性。吸湿性是指物质容易从空气中吸收水分的特性，当空气流动时，硝酸铵吸收水分速度要加快，因此堆放在露天的硝酸铵就比储藏在仓库中的硝酸铵吸收水分要快一些。在储存过程中，由于其固有的吸湿性，逐渐吸收空气中的水分而被潮解，当冷却或干燥时就会析出新的结晶而结块。

硝酸铵在一定条件下具有爆炸性，对呼吸道、眼睛及皮肤有刺激性，接触后可引起恶心、呕吐、头痛、虚弱、无力和虚脱等，大量接触可引起高铁血红蛋白血症，影响血液的携氧能力，出现紫癜、头痛、头晕、虚脱，甚至死亡，口服引起剧烈腹痛、呕吐、血便、休克、全身抽搐、昏迷，甚至死亡。因此在生产、储存和运输中必须严格遵守安全技术规程和工艺操作规程。

2. 硝酸铵的用途

硝酸铵是含氮较高的水溶性速效氮肥，其所含的氮以铵态（NH_4^+）和硝态（NO_3^-）两种形式存在。施入土壤后，铵态氮在微生物作用下，氧化成硝态氮，才能被植物吸收，而硝态氮则为植物直接吸收。硝酸铵适合在不同土壤中使用，肥效都很高，可作水浇地或旱田的追肥，是较为理想的氮肥之一

3. 硝酸铵的生产方法

硝酸铵的生产工艺比较简单，第一步是氨与硝酸中和生成硝酸铵溶液，第二步是硝酸铵溶液的蒸发，第三步是浓硝酸铵溶液的结晶或造粒，第四步是成品的冷却、包装和储运。依据所用硝酸浓度的不同，硝酸铵溶液的蒸发设备有多有少，即蒸发的段数不同，但原理基本相同。

四、尿素

1. 尿素的性质和用途

尿素分子式为 $CO(NH_2)_2$，相对分子质量 60.06，结构式：$O = C \begin{matrix} NH_2 \\ NH_2 \end{matrix}$；密度为 1.335g/cm^3，熔点 132.7℃。

尿素通常为无色或白色针状或棒状结晶体，工业或农业品为白色略带微红色固体颗粒，无臭无味，呈微碱性，易溶于水、醇，不溶于乙醚、氯仿。因为在人尿中含有这种物质，所以取名为尿素。它可与酸作用生成盐，也有水解作用，在高温下可进行缩合反应，生成缩二脲、缩三脲和三聚氰酸，加热至 160℃分解，产生氨气同时变为氰酸。尿素产品主要有结晶尿素（呈白色针状或棱柱状晶形，吸湿性强）及粒状尿素（粒径 1～2mm 的半透明粒子，外观光洁，吸湿性有明显改善），20℃时临界吸湿点为相对湿度 80%，但 30℃时，临界吸湿点降至 72.5%，故尿素要避免在盛夏潮湿气候下敞开存放。

尿素的用途广泛，它可以作为三聚氰胺、脲醛树脂、水合肼、四环素、苯巴比妥、咖啡因、还原棕 BR、酞青蓝 B、酞青蓝 Bx、味精等多种产品的生产原料。同时，尿素是一种高浓度氮肥，属中性速效肥料，也可用于生产多种复合肥料。此外尿素也可用作畜牧业反刍动物的辅助饲料，这些动物能将尿素转化为氨基酸，再通过代谢作用转变为蛋白质（1kg 尿素所含氮量约等于 5～6kg 豆饼）。

尿素含氮 46%，是固体氮肥中含氮量最高的。尿素产量约占我国目前氮肥总产量的 40%，是仅次于碳酸铵的主要氮肥品种之一。尿素在土壤中不残留任何有害物质，长期施用没有不良影响，但尿素是有机态氮肥，经过土壤中的脲酶作用，水解成碳酸铵或碳酸氢铵后，才能被作物吸收利用，因此，尿素要在作物的需肥期前 4～8 天施用。

尿素作为氮肥始于 20 世纪初。20 世纪 50 年代以后，由于尿素含氮量高（45%～46%），用途广泛和工业流程的不断改进，世界各国发展很快。我国从 20 世纪 60 年代开始建立中型尿素厂。2007 年，我国尿素产量达 2501.8 万吨（折纯），2008 年的产量为2591.23 万吨（折纯），占世界总产量的 1/3。目前约占氮肥总产量的 60%。

2. 生产原理

尿素的工业生产以氨和二氧化碳为原料，在高温和高压下进行化学反应：

$$2NH_3 + CO_2 = NH_2CONH_2 + H_2O$$

反应分两步进行，首先是气态 NH_3 和 CO_2 形成液态的氨基甲酸铵，放出大量的热：

$$2NH_3(g) + CO_2(g) = NH_4COONH_2(l) \quad \Delta H = -100.5kJ/mol$$
$$(p = 14.0MPa, \ t = 167℃)$$

氨基甲酸铵在液相中脱水生成尿素，进行的是吸热反应：

$$NH_4COONH_2(l) \longrightarrow NH_2CONH_2(l) + H_2O(l) \quad \Delta H = +27.6kJ/mol$$
$$(t \approx 180℃)$$

这个反应只有在较高温度（140℃以上）下其速率才较快而具有工业生产意义。由于反应物的易挥发性，且尿素反应必须在液相进行，所以需在较高的反应温度下进行加压。工业生产的条件范围为160~200℃，10.0~20.0MPa。

氨基甲酸铵脱水转化为尿素的反应是可逆的。投入的原料氨和二氧化碳部分地转化为尿素和水的液体混合物，而未反应的原料则溶解于混合液中。以二氧化碳计的转化率为50%~70%，以氨计的转化率则更低，因为 $n(NH_3)/n(CO_2)$（摩尔比）大于2。回收利用未反应的原料是一重要问题，充分利用反应热以降低能耗，是提高生产经济性的关键。

3. 生产方法

尿素的生产方法很多，现已实现工业化的主要有氰氨化钙（石灰氮）法和氨与 CO_2 直接合成法。合成氨的生产为氨与 CO_2 直接合成尿素技术提供了氨和 CO_2，因原料获得方便，产品浓度高，目前，我国工业上广泛采用直接合成法生产尿素。

（1）全循环法 全循环法，即将每次通过反应器（合成塔）而未转化为尿素的 NH_3 和 CO_2 回收送回合成塔，为此，合成塔排出液（含尿素、氨和二氧化碳的水溶液）要先进行加工，分离成较为纯净的尿素水溶液和未反应的 NH_3、CO_2 和 H_2O 的混合物。尿素水溶液通过蒸发、浓缩、结晶或造粒而制成颗粒状尿素产品，未反应的 NH_3、CO_2 和 H_2O 的混合物经过循环回收，以溶液形式送回合成塔。全循环的方法曾经有过多种类型，如热气循环法、气体分离循环法等，但由于有这样或那样的缺点，并未广泛应用。目前，工业上应用广泛的是水溶液全循环法，只是在具体细节上有所不同，出现了各种流程或技术。

我国尿素生产主要采用水溶液全循环法：未反应的 NH_3 和 CO_2 以气态形式与尿素水溶液分离后，用水吸收成为水溶液，泵送回系统。这种包括有气液分离、液体吸收、气体冷凝等几个步骤的循环方式比热气循环法、气体分离循环法简单，但难点在于：气液分离的温度不可太高，以免使生成的尿素分解；液体吸收气体的温度不可太低，以防出现固体结晶，返回系统的水量必须控制最少，否则由于有水进入反应器，一次通过的尿素合成率太低，造成大量溶液循环。

典型的水溶液全循环法原则流程如图9-1所示。NH_3 和 CO_2 在高压合成器中进行反应，部分地转化为尿素，接着进入分离循环回收系统。回收系统按压力分为几个等级，各自形成

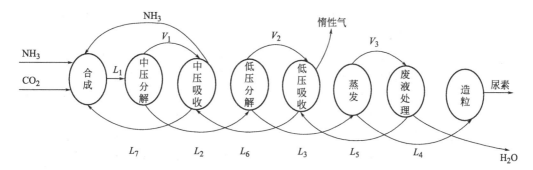

图9-1 水溶液全循环法尿素原则流程
L_1，L_2，L_3，L_4—液相流（Ur，NH_3，CO_2，H_2O）；
L_5，L_6，L_7—液相流（含 NH_3，CO_2，H_2O）；
V_1，V_2，V_3—气相流（含 NH_3，CO_2，H_2O）

循环，每一循环包括液相反应物的分解和分离，和气相分解物的吸收和冷凝。含有尿素的物流从较高压力的循环流入下一压力等级的循环，直至成为基本不含 NH_3 和 CO_2 的尿素溶液。从各级循环中分出的未反应物则通过吸收、冷凝等方式转为液相，再逐级逆向地从低压送往高压，最后返回合成塔，重新参与反应而得到利用。在每一个循环圈中，分解分离过程需要热量，而吸收冷凝过程中则又需要排出热量。不同压力等级的吸热和放热过程如配合得当，可大大降低能耗。每级的分解温度随压力等级的降低而降低。各级吸收和冷凝的温度亦随压力的降低而降低，其利用价值也逐级下降。最后用冷却水将无法利用的热量带走，排入环境。

（2）气提法　气提法是水溶液全循环法的一项重要改进类型。图 9-2 是两种气提法尿素生产原则流程。气提法的实质是在与合成反应相等压力的条件下，利用一种气体通过反应物（同时伴有加热），使未反应的 NH_3 和 CO_2 被带出，这就是气提过程。气提出来的气体冷凝为液体，这样，可使相当多的未反应的氨和二氧化碳不经降压而直接返回合成塔（物流阻力损失是需要克服的），缩短了物流的循环圈，大大减轻了中、低压循环的负荷，而且由于气提气的冷凝温度很高，能量回收利用更为完全。根据气提介质的不同，又可分为二氧化碳气提法，氨气提法等。

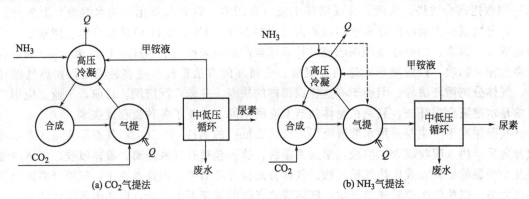

图 9-2　气提法尿素生产原则流程

从循环中得到的尿素水溶液，需进一步加工，送往蒸发工序，浓缩为几乎无水的高温熔融尿素，通过造粒工序得到尿素产品。产品中缩二脲的含量小于 1%，作为化学肥料是合乎要求的。对于要求缩二脲含量更低的（0.3%）尿素，将尿素水溶液通过冷却结晶的方式得到纯净的结晶，而含有缩二脲的母液返回合成，缩二脲与氨反应重又变为尿素。尿素结晶可重新融化，再行造粒，得到低缩二脲的尿素产品。

蒸发工序的冷凝液和其他工艺废液，含有少量的氨和尿素，在废液处理工序，尿素被水解为氨和二氧化碳，从液相被气提出来而返回系统，构成了生产的循环。

现代尿素生产的基本过程如图 9-3 所示，但具体流程，工艺条件，设备结构等，各厂均有所不同。迄今世界各地的尿素工厂，都是由几家工程设计公司所开发设计的，已形成几种典型的工艺流程。但不论哪种工艺流程，生产过程中主要原料的消耗大体上是相同的。其流程的先进与否主要表现在公用工程即水、电、汽的消耗上。尿素生产流程的改进过程，实质就是公用工程消耗降低的过程。

3.其他生产方法
除上述方法外，当代工业上尿素的主要生产方法如下。
① 传统水溶液全循环法工艺。又称碳酸铵盐水溶液全循环法工艺，是在 20 世纪 40~50

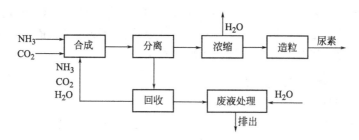

图 9-3 尿素生产方块流程

年代最早实现全循环的尿素生产流程。

② 三井东压、东洋工程改良 C 法、改良 D 法和 ACES 法工艺。

③ 斯塔米卡邦二氧化碳汽提法尿素工艺。

④ 意大利斯纳姆普罗盖蒂（Snamprogetti）公司的氨气提尿素工艺。

⑤ 蒙特爱迪生等压双循环工艺（IDR）。

⑥ 尿素技术公司 UTI 的热循环法尿素工艺（HR）。

⑦ 联尿工艺。

⑧ 高效组合法尿素新工艺（水溶液全循环法的改进）。

⑨ 碳酸氢铵法生产尿素联产三聚氰胺，该法在中国已取得专利。其尿素系统是水溶液全循环法流程；由碳酸氢铵一步法制尿素工艺。

第二节 甲醇的生产

一、甲醇的性质及用途

甲醇又名木醇、木酒精、甲基氢氧化物，是一种最简单的饱和醇，化学分子式为 CH_3OH，是一种无色、透明、易燃、易挥发的有毒液体，略有酒精气味。甲醇相对分子质量 32.04，相对密度 0.792（20/4℃），熔点 -97.8℃，沸点 64.5℃，闪点 12.22℃，自燃点 463.89℃，蒸气密度 1.11，蒸气压 13.33kPa（100mmHg，21.2℃），蒸气与空气混合物爆炸下限 6%～36.5%，能与水、乙醇、乙醚、苯、酮、卤代烃和许多其他有机溶剂相混溶，遇热、明火或氧化剂易燃烧，甲醇蒸气与空气在一定范围内可形成爆炸性化合物。

甲醇有较强的毒性，对人体的神经系统和血液系统影响最大，它经消化道、呼吸道或皮肤摄入都会产生毒性反应，甲醇蒸气能损害人的呼吸道黏膜和视力。急性中毒症状有：头疼、恶心、胃痛、疲倦、视力模糊以至失明，继而呼吸困难，最终导致呼吸中枢麻痹而死亡。慢性中毒反应为：眩晕、昏睡、头痛、耳鸣、视力减退、消化障碍。甲醇摄入量超过 4g 就会出现中毒反应，误服一小杯超过 10g 就能造成双目失明，饮入量大造成死亡，致死量为 30mL 以上。甲醇在体内不易排出，会发生蓄积，在体内氧化生成甲醛和甲酸也都有毒性。我国有关部门规定，甲醇生产工厂空气中允许甲醇含量为 $50mg/m^3$，在有甲醇气的现场工作须戴防毒面具，废水要处理后才能排放，允许含量小于 200mg/L。

甲醇用途广泛，是基础的有机化工原料和优质燃料。在世界基础有机化工原料中，甲醇消费量仅次于乙烯、丙烯和苯，是一种很重要的大宗化工产品。甲醇作为基础有机化工原料，主要用来生产甲醛、醋酸、氯甲烷、甲胺、硫酸二甲酯等各种有机化工产品，应用于精细化工、塑料等领域，也是农药、医药的重要原料之一。甲醇在深加工后可作为一种新型清洁燃料，也可加入汽油掺烧。根据对汽车代用能源的预测，甲醇是必不可少的替代品之一。

甲醇制烯烃的预期经济效益可以和以石脑油和轻柴油为原料制烯烃大体相近。甲醇制烯烃的技术开发，将有效改善乙烯、丙烯等产业对石油轻烃原料资源的过度依赖，开辟出一条新的烯烃生产途径。因此，甲醇工业的发展具有战略意义。

二、甲醇合成对原料气的要求

1. 原料气中的碳氢比

氢与一氧化碳合成甲醇的化学当量比为 2，氢与二氧化碳合成甲醇的化学当量比为 3，当原料气中一氧化碳和二氧化碳同时存在时，原料气中氢碳比应满足下式：

$$n = \frac{H_2 - CO}{CO + CO_2} = 2.10 \sim 2.15$$

以天然气为原料采用蒸汽转化工艺时，粗原料气中氢气含量过高，一般需在转化前或转化后加入二氧化碳以调节合理氢碳比；用渣油或煤为原料制备的粗原料气中氢碳比太低，需要设置变换工序使过量的一氧化碳变换为氢气和二氧化碳，再将二氧化碳除去；用石脑油制备的粗原料气中氢碳比适中。

2. 原料气中惰性气体含量

合成甲醇的原料气中除了主要成分 CO、CO_2、H_2 之外，还含有对甲醇合成反应起减缓作用的惰性组分（CH_4、N_2、Ar）。惰性组分不参与合成反应，会在合成系统中积累增多，降低了 CO、CO_2、H_2 的有效分压，对甲醇合成反应不利，而且会使循环压缩机功率消耗增加，在生产操作中必须排出部分惰性气体。在生产操作初期，催化剂活性较高，循环气中惰性气体含量可控制在 20%～30%，在生产操作后期，催化剂活性降低，循环气中惰性气体含量一般控制在 15%～25%。

3. 甲醇合成原料气的净化

目前甲醇合成普遍使用铜基催化剂，该催化剂对硫化物（硫化氢和有机硫）、氯化物、羰基化合物、重金属、碱金属及砷、磷等毒物非常敏感。

甲醇生产用工艺蒸汽的锅炉给水应严格处理，脱出氯化物。湿法原料气净化所用的溶液应严格控制不得进入甲醇合成塔，以避免带入砷、磷、碱金属等毒物。原料合成气要求硫含量 0.1mg/m^3 以下。

以天然气或石脑油为原料生产甲醇时，由于蒸汽转化所用镍催化剂对硫很敏感，应将原料经氧化锌精脱硫后进入转化炉，转化气不再脱硫；以煤或渣油为原料时，进入气化炉或部分氧化炉的原料不脱硫，因此原料气中硫含量相当高，通常经耐硫变换、湿法洗涤粗脱硫后再经氧化锌精脱硫；以天然气或石脑油为原料时，在一段转化炉前，有机硫及烯烃化合物先经钴-钼加氢催化剂，将有机硫（如噻吩、硫醇）转化成硫化氢，将烯烃转化成烷烃，然后再经氧化锌脱硫至 0.1mg/m^3 以下。中温变换催化剂可将有机硫中的硫氧化碳和二硫化碳部分转化成硫化氢，再经湿法洗涤净化脱硫脱除硫化氢。

三、合成甲醇催化剂的作用与性能

催化剂的作用是使一氧化碳加氢反应向生成甲醇方向进行，并尽可能地减少和抑制副反应产物的生成，而催化剂本身不发生化学变化。

合成甲醇选用的催化剂有两种类型：一种以氧化锌为主体的锌基催化剂，一种以氧化铜为主体的铜基催化剂。锌基催化剂机械强度高，耐热性能好，适宜操作温度为 330～400℃，操作压力为 25～32MPa，使用寿命长，一般为 2～3 年，适用于高压法合成甲醇。铜基催化剂活性高，低温性能良好，适宜的操作温度为 230～310℃，操作压力为 5～15MPa，对硫和氯的化合物敏感，易中毒，寿命一般为 1～2 年，适用于低压法合成甲醇。

国外铜基催化剂性能及操作条件见表 9-2、表 9-3，国内铜基催化剂主要性能及操作条件如表 9-4 所示。

表 9-2　Cu-Zn-Al 催化剂性能及操作条件

项目名称	ICI	BASF	DU Pont	前苏联
化学组成				
$w(Cuo):w(Zno):w(Al_2O_3)/\%$	24:38:38 53:27:6 60:22:8	12:62:25	66:17:17	52:26:5 54:28:6
操作条件				
温度/℃	230～250	230	275	250
压力/MPa	5～10	10～20	7.0	5.0
空速/h^{-1}	1.2×10^4	1.0×10^4	1.0×10^4	1.0×10^4
甲醇产率/[kg/(L·h)]	0.7	3.29	4.75	—

表 9-3　Cu-Zn-Cr 催化剂性能及操作条件

项目名称	ICI	BASF	Topsφe	日本气体化学	前苏联
化学组成 $w(Cuo):w(Zno):w(Cr_2O_3)/\%$	40:40:20	31:38:5	40:10:50	15:48:37	33:31:39
操作条件					
温度/℃	250	230	260	270	250
压力/MPa	40	50	100	145	150
空速/h^{-1}	6000	10000	10000	10000	10000
甲醇产率/[kg/(L·h)]	0.26	0.75	0.48	1.95	1.1～2.2

表 9-4　国内铜基催化剂性能及操作条件

项目名称	C₂₀₇	C₃₀₁	C₃₀₃
化学组成			
$w(Cuo):w(Zno):w(Al_2O_3)/\%$	48:39.1:3.6	58.01:31.07:3.06	36.3:37.1:20.3
$w(Cuo):w(Zno):w(Cr_2O_3)/\%$			
操作条件			
温度/℃	235～285	210～300	227～232
压力/MPa	10～30	5～24	10
空速/h^{-1}	2×10^4	2×10^4	3.7×10^3

四、甲醇合成反应原理

（1）甲醇合成反应步骤　甲醇合成是一个多相催化反应过程，这个复杂过程，共分五个步骤进行：

① 合成气自气相扩散到气体—催化剂界面；

② 合成气在催化剂活性表面上被化学吸附；

③ 被吸附的合成气在催化剂表面进行化学反应形成产物；

④ 反应产物在催化剂表面脱附；

⑤ 反应产物自催化剂界面扩散到气相中。

全过程反应速率决定于较慢步骤的完成速率，其中第三步进行的较慢，因此，整个反应决定于该反应的进行速率。

（2）合成甲醇的化学反应　由 CO 催化加 H_2 合成甲醇，是工业化生产甲醇的主要方法，主要化学反应如下：

$$CO + 2H_2 \rightleftharpoons CH_3OH(g) \qquad \Delta H = -100.4 kJ/mol$$

当有二氧化碳存在时，二氧化碳按下列反应生成甲醇：

$$CO_2 + H_2 \rightleftharpoons CO + H_2O(g) \qquad \Delta H = 41.81 kJ/mol$$

$$CO + 2H_2 \rightleftharpoons CH_3OH(g) \qquad \Delta H = -100.4 kJ/mol$$

两步反应的总反应式为

$$CO + 3H_2 \rightleftharpoons CH_3OH(g) + H_2O \qquad \Delta H = -58.6 kJ/mol$$

五、甲醇生产工艺

目前，工业上重要的合成甲醇生产方法有低压法、中压法和高压法。低、中、高压法工艺操作条件比较见表 9-5。

表 9-5 低、中、高法工艺条件比较

项目名称	低压法	中压法	高压法
操作压力/MPa	5.0	10.0～27.0	30.0～50.0
操作温度/℃	270	235～315	340～420
使用的催化剂	$CuO\text{-}ZnO\text{-}Cr_2O_3$	$CuO\text{-}ZnO\text{-}Al_2O_3$	$ZnO\text{-}Cr_2O_3$
反应气体中甲醇含量/%	约 5.0	约 5.0	5～5.6

甲醇生产工艺及技术的进步对甲醇工业的发展起到很大的促进作用。目前，国外以天然气为原料生产的甲醇占 92%，以煤为原料生产的甲醇占 2.3%，因此国外公司的甲醇技术均集中于天然气制甲醇。我国是煤丰富的国家，甲醇原料采用天然气和煤的较多，产量几乎各占一半。目前工业上广泛采用的先进的甲醇生产工艺技术主要有：DAVY（原 ICI）、Lurgi、BASF 等公司的甲醇技术。不同甲醇技术的消耗及能耗差异不大，其主要的差异在于所采用的主要设备甲醇合成塔的类型不同。

（1）DAVY（原 ICI）低、中压法 英国 DAVY（原 ICI）公司开发成功的低中压法合成甲醇是目前工业上广泛采用的生产方法，其典型的工艺流程见图 9-4。

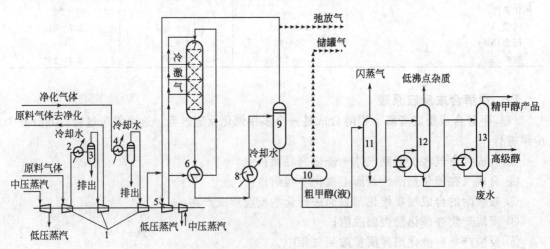

图 9-4 ICI 低中压法甲醇合成工艺流程

1—原料气压缩机；2—冷却器；3—分离器；4—冷却器；5—循环压缩机；6—热交换器；

7—甲醇合成反应器；8—甲醇冷凝器；9—甲醇分离器；10—中间槽；

11—闪蒸槽；12—轻馏分塔；13—精馏塔

合成气经离心式透平压缩机压缩后与经循环压缩机升压的循环气混合，混合气的大部分经热交换器预热至230～245℃进入冷激式合成反应器，小部分不经过热交换器直接进入合成塔作为冷激气，以控制催化剂床层各段的温度。在合成塔内，合成气体铜基催化剂上合成甲醇，反应温度一般控制在230～270℃范围内。合成塔出口气经热交换器换热，再经水冷器冷凝分离，得到粗甲醇，未反应气体返回循环压缩机升压。为了使合成回路中惰性气体含量维持在一定范围内，在进循环压缩机前弛放一部分气体作为燃料气。粗甲醇在闪蒸槽中降至350kPa，使溶解的气体闪蒸出来也作为燃料气使用。闪蒸后的粗甲醇采用双塔蒸馏：粗甲醇送入轻馏分塔，在塔顶除去二甲醚、醛、酮、酯和羰基铁等低沸点杂质，塔釜液进入精馏塔除去高碳醇和水，由塔顶获得99.8%的精甲醇产品。

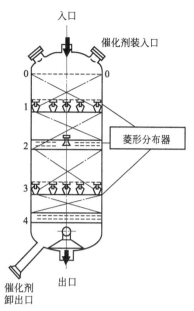

图 9-5　冷激式合成反应

DAVY低压甲醇合成技术的优势在于其性能优良的低压甲醇合成催化剂，合成压力为5.0～10MPa，而大规模甲醇生产装置的合成压力为8～10MPa。合成塔形式有两种：第一种是激冷式合成塔，单塔生产能力大，出口甲醇浓度约为4%～6%。四段冷激式甲醇合成反应器如图9-5所示，把反应床层分为若干绝热段，两段之间直接加入冷的原料气使反应气体冷却，故名冷激型合成反应器。ICI甲醇合成反应器是多段段间冷激型反应器，冷气体通过菱形分布器导入段间，它使冷激气与反应气混合均匀而降低反应温度。催化床自上而下是连续的床层。其中，菱形分布器是ICI型甲醇合成反应器的一项专利技术，它由内、外两部分组成。冷激气进入气体分布器内部后，自内套管的小孔流出，再经外套管的小孔喷出，在混合管内与流过的热气流混合，从而降低气体温度，并向下流动，在床层中继续反应。气体分反应器结构比较简单，阻力很小。设备材质要求有抗氢蚀能力，一般采用含钼0.44%～0.65%的低合金钢。第二种是内换热冷管式甲醇合成塔，后来又开发了水管式合成塔。精馏多数采用二塔，有时也用三塔精馏，与蒸汽系统设置统一考虑。蒸汽系统分为高压10.5MPa、中压2.8MPa、低压0.45MPa三级。转化产生的废热与转化炉烟气废热，用于产生10.5MPa、510℃高压过热蒸汽，高压过热蒸汽用于驱动合成压缩机蒸汽透平，抽出中压蒸汽用作装置内使用。

（2）Lurgi低、中压法　德国鲁奇（Lurgi）公司开发的低中压甲醇合成技术是目前工业上广泛采用的另一种甲醇生产方法，其典型的工艺流程见图9-6。

合成原料气经冷却后，送入离心式透平压缩机，压缩至5～10MPa压力后，与循环气体以1:5的比例混合。混合气经废热锅炉预热，升温至220℃左右，进入管壳式合成反应器，在铜基催化剂存在下，反应生成甲醇。催化剂装在管内，反应热传给壳程的水，产生蒸汽进入汽包。出反应器的气体温度约250℃，含甲醇7%左右，经换热冷却至85℃，再用空气和水分别冷却，分离出粗甲醇，未凝气经压缩返回合成反应器。冷凝的粗甲醇送入闪蒸罐，闪蒸后送至精馏塔精制。粗甲醇首先在初馏塔中脱除二甲醚、甲酸甲酯以及其他低沸点杂质。塔底物进入第一精馏塔精馏，精甲醇从塔顶取出，气态精甲醇作为第二精馏塔再沸器的加热热源。由第一精馏塔塔底出来的含重馏分的甲醇在第二精馏塔中精馏，塔顶采出精甲醇，塔底为残液。从第一和第二精馏塔来的精甲醇经冷却至常温后，产品甲醇送至储槽。

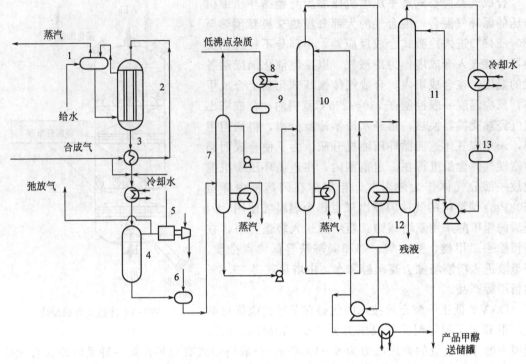

图 9-6　Lurgi 低中压法合成甲醇工艺流程

1—汽包；2—合成反应器；3—废热锅炉；4—分离器；5—循环透平压缩机；6—闪蒸罐；7—初馏塔；
8—回流冷凝器；9，12，13—回流槽；10—第一精馏塔；11—第二精馏塔

　　Lurgi 公司的合成有自己的特色，即有自己的合成塔专利。其特点是合成塔为列管式，副产蒸汽，管内是 Lurgi 合成催化剂，管间是锅炉水，甲醇合成放出来的反应热被沸腾水带走，副产 3.5～4.0MPa 的饱和中压蒸汽，合成反应器壳程锅炉给水是自动循环的，由此控制沸腾水上的蒸汽压力，就可以保持恒定的反应温度。Lurgi 管壳型合成反应器结构如图 9-7 所示。管壳型合成反应器具有以下特点。

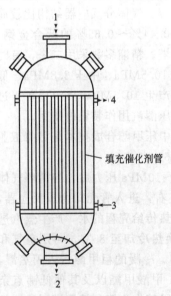

图 9-7　Lurgi 管壳合成反应器

1—入口；2—出口；

3—锅炉进水口；4—蒸汽出口

　　① 床层内温度平稳，除进口处温度有所升高，一般从 230℃升至 255℃左右，大部分催化床温度均处于 250～255℃之间操作。温差变化小，对延长催化剂使用寿命有利，并允许原料气中含较高的一氧化碳。

　　② 床层温度通过调节蒸汽包压力来控制，灵敏度可达 0.3℃，并能适应系统负荷波动及原料气温度的改变。

　　③ 以较高位能回收反应热，使沸腾水转化成中压蒸汽，用于驱动透平压缩机，热利用合理。

　　④ 合成反应器出口甲醇含量高。反应器的转化率高，对于同样产量，所需催化剂装填量少。

　　⑤ 设备紧凑，开工方便，开工时可用壳程蒸汽加热。

　　⑥ 合成反应器结构较为复杂，装卸催化剂不太方便，这是它的不足之处。

　　由于大规模装置的合成塔直径太大，常采用两个合成塔

并联，若规模更大，则采用列管式合成塔后再串一个冷管式或热管式合成塔，同时还可采用两个系列的合成塔并联。Lurgi 工艺的精馏采用三塔精馏或三塔精馏后再串一个回收塔，有时也采用两塔精馏。三塔精馏流程的预精馏塔和加压精馏塔的再沸器热源来自转化气的余热，因此，精馏消耗的低压蒸汽很少。

（3）高压法合成甲醇　高压法是指使用锌-铬催化剂，在 300～400℃、25～32MPa 高温高压下进行反应合成甲醇。高压法合成甲醇是 BASF 公司最先实现工业化的生产甲醇方法。由于高压法在能耗和经济效益方面，无法与低、中压法竞争，而逐步被低、中压法取代。典型的高压法生产甲醇的工艺流程见图 9-8 所示。经压缩后的合成气在活性炭吸附器中脱除五羰基铁后，同循环气体一起送入催化反应器，CO 和 H_2 反应生成甲醇。含粗甲醇的气体迅速送入换热器，用空气和水冷却，冷却后的含甲醇气体送入粗甲醇分离器，使粗甲醇冷凝，未反应的 CO 和 H_2 经循环压缩机升压循环回反应器。冷凝的粗甲醇在第一分馏塔中分出二甲醚、甲酸甲酯和其他低沸点物，在第二分馏塔中除去水分和杂醇，得到纯度为 99.85% 的精甲醇。

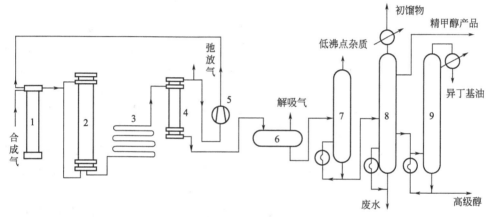

图 9-8　高压法合成甲醇工艺流程

1—分离器；2—合成塔；3—水冷器；4—甲醇分离器；5—循环机；
6—粗甲醇储槽；7—脱醚塔；8—精馏塔；9—油水塔

（4）联醇的生产　联醇生产是我国自行开发的一种与合成氨生产配套的新型工艺。中、小合成氨厂可以在炭化或水洗与铜洗之间设置甲醇合成工序，生产合成氨的同时联产甲醇，称之为串联式联醇工艺，简称联醇。目前，联醇产量约占我国甲醇总产量的 40%。

联醇生产主要特点：充分利用已有合成氨生产装置，只需添加甲醇合成与精馏两套设备就可以生产甲醇；联产甲醇后，进入铜洗工序的气体中一氧化碳含量可降低，减轻了铜洗负荷；变换工序一氧化碳指标可适量放宽，降低了变换工序的蒸汽消耗；压缩机输送的一氧化碳成为有效气体，压缩机单耗降低。联醇生产可使每吨合成氨节电 50kW·h，节约蒸汽 0.4t，折合能耗 2×10^9J，大多数联醇生产厂醇氨比从 1:8 发展到 1:4 甚至 1:2。

联醇生产形式有多种，通常采用的工艺流程如图 9-9 所示。经过变换和净化后的原料气，由压缩机加压到 10～13MPa，经滤油器分离出油水后，进入甲醇合成系统，与循环气混合以后，经过合成塔主线、副线进入甲醇合成塔。原料气在三套管合成塔内流向如下：主线进塔的气体，从塔上部沿塔内壁与催化剂筐之间的环隙向下，进入热交换器的管间，经加热后到塔内换热器上部，与副线进来、未经加热的气体混合进入分气盒，分气盒与催化床内的冷管相连，气体在冷管内被催化剂层反应热加热。从冷管出来的气体经集气盒进入中心

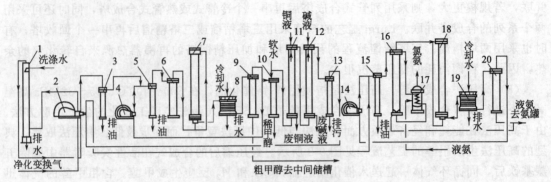

图 9-9　联醇生产工艺流程

1—水洗塔；2—压缩机；3—油分离器；4—甲醇循环压缩机；5—滤油器；6—炭过滤器；
7—甲醇合成塔；8—甲醇水冷却器；9—甲醇分离器；10—醇后气分离器；11—铜塔；
12—碱洗塔；13—碱液分离器；14—氨循环压缩机；15—合成氨滤油器；
16—冷凝器；17—氨冷器；18—氨合成塔；
19—合成氨水冷器；20—氨分离器

管。中心管内有电加热器，当进气经换热后达不到催化剂的起始反应温度时，则可启用电加热器进一步加热。达到反应温度的气体出中心管，从上部进入催化剂床，CO 和 H_2 在催化剂作用下反应合成甲醇，同时释放出反应热，加热尚未参加反应的冷管内的气体。反应后的气体到达催化剂床层底部。气体出催化剂筐后经分气盒外环隙进入热交换器管内，把热量传给进塔冷气，温度小于 200℃沿副线管外环隙从底部出塔。合成塔副线不经过热交换器，改变副线进气量来控制催化剂床层温度，维持热点温度 245～315℃范围之内。

出塔气体进入冷却器，使气态甲醇、二甲醚、高级醇、烷烃、甲胺和水冷凝成液体，然后在甲醇分离器内将粗甲醇分离出来，经减压后到粗甲醇中间槽，以剩余压力送往甲醇精馏工序。分离出来的气体的一部分经循环压缩机加压后，返回到甲醇合成工序，另一部分气体送铜洗工序。对于两塔或三塔串联流程，这一部分气体作为下一套甲醇合成系统的原料气。

（5）其他生产方法及技术特点

① TOPSOE 的甲醇技术特点。TOPSOE 公司为合成氨、甲醇工业主要的专利技术商及催化剂制造商，其甲醇技术特点主要表现在甲醇合成塔采用 BWR 合成塔（列管副产蒸汽），或采用 CMD 多床绝热式合成塔。其流程特点为：采用轴向绝热床层，塔间设换热器，废热用于预热锅炉给水或饱和系统循环热水。进塔温度为 220℃，单程转化率高、催化剂体积少、合成塔结构简单、单系列生产能力大，合成压力 5.0～10.0MPa，根据装置能力优化。日产 2000t 甲醇装置，合成压力约为 8MPa。采用三塔或四塔（包括回收塔）工艺技术。

② TEC 甲醇技术特点。合成工艺采用 ICI 低压甲醇技术，精馏采用 Lurgi 公司的技术，合成采用 ICI 低压甲醇合成催化剂。合成塔采用 TEC 的 MRF-Z 合成塔（多层径向合成塔），出口甲醇浓度可达 8%。合成塔阻力降小，为 0.1MPa。甲醇合成废热用于产生 3.5～4.0MPa 中压蒸汽，中压蒸汽可作为工艺蒸汽，或过热后用于透平驱动蒸汽。

③ 三菱重工业公司甲醇技术特点。三菱甲醇技术与 ICI 工艺相类似，其特点是采用结构独特的超级甲醇合成塔，合成压力与甲醇装置能力有关。日产 2000t 甲醇装置，合成压力约为 8.0MPa。超级甲醇合成塔特点是采用双套管，催化剂温度均匀，单程转化率高，合成塔出口浓度最高可达 14%。副产 3.5～4.0MPa 中压蒸汽的合成塔，出口浓度可达 8～10%，合成系统循环量比传统技术大为减少，所消耗补充气最少。采用二塔或三塔精馏，根据蒸汽系统设置而定。

④ 伍德公司甲醇技术特点。采用 ICI 低压合成工艺及催化剂，合成压力为 8.0MPa，采用改进的气冷激式菱形反应器、等温合成塔、冷管式合成塔。合成废热回收方式为预热锅炉给水，设备投资低。等温合成塔为副产中压蒸汽的管壳式合成塔，中压蒸汽压力为 3.5～4.0MPa，单塔生产能力最高可达 1200MTPD（每天的公吨数，1metric ton＝1000kg），但设备投资高；冷管式合成塔为轴向、冷管间接换热，单塔生产能力最高可达 2000MTPD，设备投资低。

⑤ 林德公司甲醇技术的特点。采用 ICI 低压合成工艺及催化剂。采用副产蒸汽的螺旋管式等温合成塔，管内为锅炉水，中压蒸汽压力为 3.5～4.0MPa，气体阻力降低。其余部分与 ICI 低压甲醇类似。

第三节　电石及乙炔

一、电石的生产

1. 电石的性质及用途

电石化学名称为碳化钙，分子式为 CaC_2，相对分子质量是 64.10，外观为灰色、棕黄色、黑色或褐色块状固体，含碳化钙较高的呈紫色。其新断面具有光泽，但暴露在空气中一定时间后，因吸收了空气中的水分，表面被粉化，随之失去光泽而呈灰白色。电石具有导电性，导电性取决于 CaC_2 的结晶构造，结晶越大越长，导电性越高，而其结晶构造又取决于 CaC_2 的含量，CaC_2 含量越高则电石导电性越强，在同一 CaC_2 含量时，电石的温度越高，电阻越小。

电石是有机合成化学工业的基本原料，利用电石为原料可以合成一系列的有机化合物，为工业、农业、医药提供原料。电石的主要用途如下。

① 电石与水反应生成的乙炔可以合成许多有机化合物，如合成橡胶、人造树脂、丙酮、烯酮、炭黑等，而乙炔-氧焰可广泛用于金属的焊接和切割。

② 加热粉状电石与氮气时，反应生成氰氨化钙，即石灰氮，加热石灰氮与食盐反应生成的氰熔体用于采金及有色金属工业。

③ 电石本身可用于钢铁工业的脱硫剂。

电石的主要化工用途如图 9-10 所示：

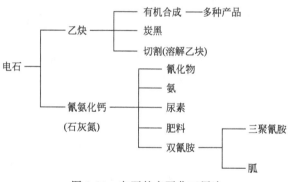

图 9-10　电石的主要化工用途

2. 我国电石产能现状

2003 年我国电石产量为 538.7 万吨，电石生产厂家有 100 余家，其中生产能力在 5 万吨/a 以上的有 20 余家，最大的厂家生产能力已经超过 14 万吨/a，最小的则不足 5000t/a，生产厂家主要分布在发电能力比较集中的西部地区。从 1990 年开始到 2003 年，我国电石行业新增电石生产能力翻了一番，2003 年电石产量达到 500 万吨以上，而 2003 年一年新增加的装置能力至少达到了 150 万吨以上。2004 年在下游产品特别是聚氯乙烯拉动下电石产量继续大幅增长，全年产量（规模以上企业）首次突破 600 万吨，达到 653.96 万吨，比 2003 年增长 21.4%，创历史最高纪录。2004 年我国中型规模以上电石生产企业 250 多家，其中产量达 5 万吨以上的有 36 家，超过 10 万吨的有 5 家。2005 年达 895 万吨，比 2004 年增 11.2%；2006 年达 1150 万吨，突破 1000 万吨，增长 23.65%；2007 年达 1481.89 万吨，2008 年生产 1361 万吨。

目前，我国生产的电石有少量出口。据海关统计，2007 年我国累计出口电石 12 万吨，价值 5546 万美元，比上年分别增长 10.4% 和 30.8%。

3. 我国电石市场需求分析

目前我国各行业电石消耗用量比如下表。

行业名称	PVC	化工	金属切割气体	出口
电石用量占用比例/%	75	15	8	2

从表中数据可见，PVC（聚氯乙烯）行业是国内电石的主要消费领域。目前在国产聚氯乙烯中，大约 60% 以电石乙炔为原料。2003 年我国 PVC 产量比 2002 年净增 60 万吨左右，其中大部分为电石法生产。2004 年的 1~6 月份由于电石产量严重不足，使 PVC 产量下降了 50% 左右。2007 年 PVC 产量为 972 万吨，2008 年 PVC 产量 881.7 万吨，给电石供应造成更大压力。虽然，今后随着石油化工发展，将主要建设以乙烯为原料的聚氯乙烯生产装置，逐步淘汰电石乙炔法生产装置，但目前我国聚氯乙烯生产对电石依赖较大，其他以电石为原料的化工产品如聚乙烯醇、氯丁橡胶、乙炔炭黑、石灰氮等，近年来产量也都有不同程度增长，2007 年化学工业对电石的需求量约为 1200 万吨。在机械工业，电石主要用于金属切割和焊接。近年来，随着非乙炔切割气发展，乙炔在机械加工中的消耗量相对减少。近期国内机械工业对电石的需求量以每年 2.5% 的速度增长。

4. 反应原理及生产流程

（1）反应原理　电石炉内发生的主要反应如下：

$$CaO + 3C \longrightarrow CaC_2 + CO \qquad \Delta H = 466kJ \qquad (9-1)$$

石灰与碳素材料反应生成碳化钙的全过程分两个阶段完成。

第一阶段是两种材料在高温下首先发生反应

$$CaO(固) + C(固) \Longleftrightarrow Ca(气) + CO \qquad (9-2)$$

继而，钙蒸气与固体碳发生如下反应

$$Ca(气) + 2C(固) \longrightarrow CaC_2 \qquad (9-3)$$

电石生产过程中，电石炉炉膛上部为低温区，下部为高温区，入炉的原料石灰和碳素材料经过上层预热后，逐渐下移，在炉膛下部高温区发生反应产生大量的钙（Ca）蒸气和一氧化碳（CO）气体，并不断通过炉料孔隙上升，随着气体的上升，遇低温料层而降温时，上述式(9-2)反应的逆反应发生，生成 $CaC_2 + C$ 及部分金属钙，这些物质会凝结在逐渐下移的石灰和焦炭表层，当下移的炉料被加热到 1800~1900℃时，发生上述式(9-3)反应，石灰和焦炭表层生成碳化钙层，从而形成预热层下部的半熔融扩散层，此层反应速率较慢。

第二阶段的反应进行过程如下：随着物料的不断下移而温度逐渐升高，到一定高温时，石灰表面生成的碳化钙与石灰迅速共熔为 CaC_2-CaO 熔融物，其 CaC_2 含量约为 20%，温度约在 2100℃左右，使反应过渡为液相反应，此区内反应剧烈进行，CaC_2 迅速形成，并最终完成反应，液态 CaC_2 沉于炉膛下部，按时排放出炉，经冷却成型即得固体电石产品。

（2）生产流程　处理后的碳素材料与生石灰为原料，经计量按一定比例加入到高温电炉中，利用炉中电弧热和低电压大电流通过炉中混合料，产生大量电阻热加热反应生成电石。熔融电石从电石炉卸到电石锅中，经冷却破碎后装桶。电石生产方块流程如图9-11所示。

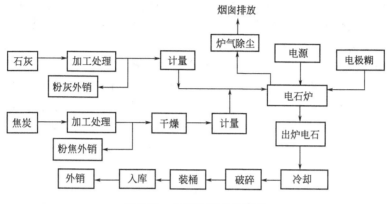

图 9-11　电石生产方块流程

5. 电石生产技术

（1）对原料石灰的要求　石灰（化学名称氧化钙CaO）是电石生产的主要原材料之一。电石生产对石灰的质量要求如下：

CaO	>92%	$Fe_2O_3 + Al_2O_3$	<1%
MgO	<1%	SiO_2	<1%
S	<1.5%	生、过烧量	<5%
P	<0.008%	粒度	5～40mm（含量大于80%）

石灰中杂质对电石生产十分有害，当炉料在电炉内反应生成碳化钙的同时，各种杂质在不同的温度范围也进行反应，生产相应的金属及一氧化碳气体。因此，杂质的存在不仅多消耗电能，而且要多消耗碳素材料，破坏了原料的物料平衡，影响电石的生产和电石的质量。

① 氧化镁。它在炉内产生难熔的炉渣造成电石黏度增加，出炉困难，出炉时间加长，降低了炉温，影响了产量和质量。此外，氧化镁在高温下还原为金属镁，逸出到炉面上时遇到氧后又生成氧化镁集结在炉面，造成上层炉料结硬壳，红料增加，炉料电阻减小，电极不易深入，产生开弧操作，炉底温度下降，操作恶化。实践证明，原料中氧化镁含量超过1%时，电石操作即受到影响，超过4%时操作恶化，电石各项指标下降。

② 二氧化硅。二氧化硅在电炉中被焦炭还原成硅，硅再与铁生产硅铁，硅铁具有很强的热穿透能力，易烧坏炉底、炉墙，当大量的硅铁随同电石一起排出炉外时，易烧坏炉嘴和冷却用的电石锅，并造成堵炉眼的困难。此外，在低温下，硅再与碳可生成碳化硅，大量的碳化硅、硅铁不断的沉积在炉底，造成炉底上升，恶化操作。在电石中二氧化硅含量越高，其发气量越小。

③ 氧化铝。氧化铝的危害基本与氧化镁相同，在炉内生成黏度很大的难熔炉渣，一部分混入电石中，影响了产量和质量，一部分沉积到炉底，造成炉底升高，恶化操作。

④ 氧化铁。它在电石炉内与硅反应生成硅铁，不断地沉积在炉底，造成炉底上升，恶

化操作。

⑤ 磷和硫。磷和硫在炉内与石灰中的氧化钙反应生成磷化钙和硫化钙混在电石中，当电石与水发生分解反应时，同时产生磷化氢和硫化氢，磷化氢易自燃并引起乙炔的爆炸；硫化氢与乙炔一起燃烧成 SO_2，当切割金属时将会腐蚀金属表面。

⑥ 石灰的生烧与过烧。生烧的石灰即碳酸钙，在电石炉内碳酸钙进一步分解成石灰和二氧化碳，这样增加了电炉的电耗，又影响了原料的配比，打乱了电石炉的正常生产。过烧的石灰坚硬致密，活性差，反应速率慢，并且由于体积缩小后，接触面积也减小，引起炉料电阻下降，电极容易上抬，对电石操作不利。

⑦ 石灰的粒度对电石生产十分重要，粒度过大，接触面积小，反应较慢；粒度过小，炉料透气性不好，影响电石炉的正常操作，如粒度<5mm 的石灰对电石炉影响较大，尤其是对大容量的电石炉影响较大。此外，粒度将影响炉料的电阻大小，因此，对石灰的粒度提出适当要求，而不同容量的电石炉对石灰的粒度有不同的要求，具体如下。

电炉容量/(kV·A)	粒度/mm	电炉容量/(kV·A)	粒度/mm
<5000	5~25	10000~20000	5~35
5000~10000	5~30	>20000	5~40

物料中的合格粒度应占总料量的 85% 以上。

（2）对碳素材料要求　碳素材料也是电石生产的主要原材料之一。电石生产对碳素材料的要求是固定碳高，电阻大，活性大，灰分、水分和挥发分要小，粒度适当。同时为使电炉操作稳定，提高电石产品质量、降低消耗，合格的碳素材料供应必须相对稳定。常用的碳素材料是焦炭、石油焦及无烟煤。一般电石生产多采用焦炭为碳素材料，并掺烧石油焦或无烟煤以调节炉料的电阻。电石生产对焦炭的质量要求如下。

固定碳含量	>84%	磷（P）	<0.04%
灰分	<14%	水分	<1%（密闭炉）
挥发物	<2%	粒度	3~20mm（含量占 80% 以上，
硫（S）	<1.5%		<3mm 含量少于 5%）

焦炭的成分及粒度对电石生产的主要影响。

① 水分。焦炭中的水分会使石灰潮解发黏堵塞料管，同时产生石灰粉末，不仅失去活性，而且阻碍炉气正常排出，使炉子操作工况恶化；含水量的增加会影响炉料的合理配比，特别是密闭炉。如果焦炭含有过量的水分，水与赤热的炉料相遇，会产生水煤气，使炉中氢气含量过高，容易引起炉内爆炸，同时也大大增加了电耗。因此必须严格控制焦炭水分的含量，对密闭炉要求水分含量应不大于 1%，开放及半开放炉一般不大于 3%。

② 灰分。碳素材料中的灰分会增加电石炉的副反应，不仅额外增加电能消耗，也要消耗部分碳素原料，反应后的杂质依旧存在于产品中，影响电石的纯度。根据生产实践焦炭中灰分若增加 1%，每吨电石的电耗量要增加 56~60kW·h。

③ 挥发分。含有挥发分较多的碳素材料，在热料层中容易发黏，使料层结成大块，对操作造成不良影响。然而焦炭的挥发分可以增加焦炭原料的电阻，对调整电石炉操作却很有利。所以碳素材料如完全采用含挥发分较低的焦炭，则会因电阻较小，产生支路电流，不容易得到理想的生产效果，生产实践证明以焦炭为主，掺和一少部分石油焦是电石炉生产的理想碳素原料。

④ 硫与磷。焦炭中含有硫与磷对电石生产带来的不良影响同石灰中的硫与磷相同，所

以必须严格控制其含量。

⑤ 焦炭粒度。碳素材料在不同粒度下有不同的电阻，一般是粒度愈小，电阻愈大，反之粒度愈大则电阻愈小。电阻大时电极容易伸入料层内部，而电阻小时电极容易上升，对电炉操作不利。如果小颗粒及粉来料较多时，容易造成炉料的透气性差，炉内反应产生的一氧化碳不易顺利排出，减慢了反应速率，增大炉内压力，当压力增大到一定程度，会发生局部喷料现象，部分生料由喷料口落入熔池内，因而使炉内温度发生急剧波动，破坏炉内反应的连续性，造成电极不稳定移动，影响电石质量。但反应速率与碳材的半径成反比，所以碳材粒度小，有利于反应速率加快，如果粒度过大，则产生支路电流，容易造成电极不下，降低熔池区电流密度、炉温和反应速率。

6. 电石炉

目前电石生产的炉型有开敞式、半密闭式和全密闭式三种，它们的主要区别在于炉面的炉罩封闭形式不同与炉中逸出的 CO 气体处理方式不同。

开敞式电石炉炉面是敞开的，炉内逸出的 CO 气体在炉面上就被完全燃烧成 CO_2，产生的火焰随同粉尘一起向外散发，所以炉面温度比较高，炉面生成的高温度废气也得不到利用。开放炉对原料（主要指含水率与品位要求）要求比较宽，但这种炉子的工作条件差、炉面上温度高、烟尘大，工人在高温下工作劳动强度大、操作环境差、炉子热效率低、耗电高、产品质量稍差。一般开敞式电石炉容量较小，现已基本被淘汰。

半密闭炉与开敞式炉比较，稍有改进，在炉面上加了吸烟气罩、排烟气管道、烟囱及烟气沉降处理系统。中国在 20 世纪 80 年代中期开发的"矮炉罩内燃式半密闭电石炉"，在传统的半密闭炉基础上作了改进。炉罩的结构形式、冷却方式接近密闭炉，只是在炉罩周围按需要开设了进气孔，通过这些进气孔补充空气，使 CO 在炉面上燃烧。操作工人也可通过这些进气孔观察炉面的生产情况，炉面燃烧后烟气量减少，容易收集处理，炉面周围环境得以改善，加上自动加料管增加，炉面操作工人的操作条件大为改善。此外，对原料要求不像密闭炉那样严格，炉子热效率比开敞式高。

密闭式电石炉，在炉面加密闭式炉罩，隔绝了空气，炉子逸出的气体（主要成分为 CO）在炉面几乎不燃烧就被抽走加以利用 [每生产 1t 电石产生炉气 $400m^3$（标）、炉气热值为 $11.72\sim12.56MJ/m^3$] 或引向火炬烧掉。料面上不燃烧可使炉子产量提高、质量提高、耗电量降低，电石炉整体结构完善、合理、工人的操作环境也好。但是密闭式电石炉对原材料质量要求高，炉况全凭仪表控制、较难操作，炉气的净化处理比较复杂，整套装置的造价也比较高。

目前在中国 16500kVA 的电石炉较多采用新开发的矮炉罩内燃式半密闭炉，这种炉型具备开敞式炉子与密闭式炉子的一部分共同优点，主要是烟气收集处理比较容易，改善了炉面操作条件，炉子易于掌握操作，引用炉气直接烘干焦炭方便。

二、电石-乙炔

1. 乙炔的性质及用途

乙炔又称电石气，化学式 C_2H_2，结构简式 $HC\equiv CH$，相对分子质量 26.4，气体密度 $0.91kg/m^3$，火焰温度 3150℃，热值 12800kcal/m^3，纯乙炔在空气中燃烧达 2100℃左右，在氧气中燃烧可达 3600℃。在常温常压下，纯乙炔为无色、无味、易燃的气体，微溶于水，易溶于乙醇、丙酮等有机溶剂，工业乙炔因含有磷化氢、硫化氢等杂质，而具有特殊的刺激性臭味。

乙炔在高温、加压或有某些接触物质存在时，具有强烈的爆炸能力。湿乙炔的爆炸能力低于干乙炔气，并随温度的增加而减少，当水蒸气与乙炔的体积比为 1∶1.5 时，一般不会发生爆炸；乙炔用氮气，甲烷、二氧化磷、一氧化碳、水蒸气、水等稀释后，可降低爆炸能力或消除爆炸，氮气与乙炔比为 1∶1 时，通常不会发生爆炸；乙炔与空气混合物的爆炸范围为 2.3%~81%，其中以含乙炔 7%~13% 为最强，乙炔与氧气的混合物爆炸范围为 2.5%~93%，而以含乙炔 30% 时最危险；乙炔与铜、银、汞接触能生成相应的乙炔金属化合物，这种乙炔金属化合物极易爆炸，故乙炔设备严禁使用铜设备和银焊条焊接设备。

乙炔是有机合成的重要原料之一。由乙炔为原料可制取氯乙烯、醋酸乙烯、聚乙烯醇、醋酸、乙醛、乙烯基乙炔及炭黑等多种有机化工原料。乙炔也是合成橡胶，合成纤维和塑料的单体。此外，乙炔可直接用于金属的切割和焊接。

2. 电石-乙炔产品质量

C_2H_2	>99.08%	$P\text{-}C_3H_4$	<0.35%
C_4H_4	<0.02%	$M\text{-}C_3H_4$	<0.42%
C_2H_4	<0.01%	C_6H_6	<0.02%
C_4H_2	微量	CO_2	<0.01%

3. 电石生产乙炔

（1）生产原理　电石与水相互作用直接生成乙炔，其反应式如下。

$$CaC_2 + 2H_2O \longrightarrow C_2H_2 + Ca(OH)_2$$

（2）生产技术

① 生产技术。以电石为原料与水在乙炔发生器中反应生成乙炔气，经过酸洗、碱洗净化处理得到乙炔产品。

乙炔发生器的型式有注水式、接触式及投入式三种；乙炔发生的压力有高压（压力大于 0.15MPa），中压（0.01~0.15MPa）及低压（0.01MPa 以下），当乙炔生产量大，纯度要求高时采用低压投入式乙炔发生器。

② 生产过程。把电石投入到乙炔发生器中，使连续产生乙炔气，从发生器出来的乙炔气经冷却塔冷却进入气柜储存或经乙炔压缩机（0.059MPa）进入次氯酸钠溶液清洗塔，除去硫化氢和磷化氢气体后，再用碱液在中和塔中洗涤，除去二氧化碳等酸性气体，得到精制的乙炔气供化工生产使用。乙炔发生器排出的电石渣浆，由排渣泵送至渣浆池进行沉淀。池内电石渣定期掏出外运，可供水泥厂使用，澄清水可返回乙炔发生器使用。

③ 生产条件。影响乙炔生成速度的因素如下。

电石与水的比率：如水过剩，粒度 15mm 的电石，在 2min 内即全部转化完毕，第 1min 即有 90% 的发生量。

电石粒度的大小：大块（>80mm）反应速率慢，粒度<1~2mm 者反应速率快，但因局部过热会可能发生激烈的分解，一般采用粒度范围为 8~80mm。

电石的质量：包括 CaC_2 含量，杂质的种类及含量、电石的发气量等。

4. 溶解乙炔

乙炔在热力学上很不稳定，反应性特别大，同时乙炔在丙酮、DMF 等溶剂中具有较大的溶解度，并且压力越高溶解度越大，采用一种特殊的高压瓶，在瓶中填满硅酸钙（或活性炭）等多孔物质，并在多孔物质中浸润丙酮（或 DMF）等溶剂。当经过清净处理的乙炔经压缩后，填充入这种钢瓶，并及时溶解在丙酮溶剂中，通过溶剂以及硅酸钙达到稳定而安全储存、运输的目的。当使用时乙炔又可从钢瓶中释放出来，这就是"溶解乙炔"。生产流程简述如下：净化后的乙炔气首先进入压缩机前干燥器除去水分，同时，被乙炔压缩机吸入，经四级压缩到 2.5MPa 左右，从油水分离中除去油水，再经机后干燥器进一步干燥后，经回火防止器送到填充台，将气体填充在溶解乙炔气瓶中，填充好的气瓶经称量，放置一段时间，待全部溶解、压力稳定后，出厂供用户使用。机前机后硅胶干燥器当硅胶吸水饱和后，用加热后的氮气进行再生。乙炔钢瓶进厂后称重，若丙酮量少，用丙酮高位槽中的丙酮经流量计加入乙炔钢瓶中。

根据溶解乙炔的特点，对溶剂有以下要求。

① 溶解度：溶剂对乙炔的溶解度要大，在有压力时能大量溶解乙炔，在使用时又能将乙炔释放出来。

② 稳定性：溶剂能长时间，反复地进行乙炔的溶解和释放，而本身不发生变化，也不腐蚀钢瓶。

③ 挥发性：蒸气压力要尽可能低，使随乙炔气一起消耗的溶剂少。

④ 安全性：溶剂不自燃，对人体无毒，价格低、易得到。

根据以上要求，丙酮与 DMF 两种溶解最为适宜，目前在中国普遍采用丙酮溶剂。溶解乙炔的优点是采用"气态乙炔"的部门可不再使用移动式乙炔发生器，减少了电石的浪费，节省能源，减轻环境污染，既可安全方便的使用乙炔又可保证焊接（切割）的质量，提高了经济效益。

除了上述产品外，煤转化的产品还有羰基合成产品、碳素材料、燃料电池及甲醇下游产品（甲醛、醋酸等），电石下游产品（石灰氮、双腈胺等）等其他煤转化产品，此处不再叙述。

复习思考题

1. 简述合成氨性质及用途，并说明氨对人体有何毒性？

2. 合成氨主要原料有哪些？

3. 简述氨合成回路的改进。

4. 简述硝酸的性质和用途及生产方法。

5. 简述硝酸铵的性质和用途及生产方法。

6. 简述尿素的性质和用途。

7. 写出工业上以氨和二氧化碳为原料生产尿素发生的主要反应。

8. 简述工业上全循环法生产尿素的工艺流程。

9. 简述甲醇的性质、用途及对人体的毒害性。

10. 甲醇合成对原料气的要求有哪些？

11. 合成甲醇选用的催化剂有哪些类型？

12. 甲醇合成反应分哪几个步骤进行？

13. 由 CO 催化加 H_2 合成甲醇，主要发生哪些化学反应？

14. 工业上合成甲醇的低压法、中压法和高压法工艺操作条件有何不同？

15. 工业上广泛采用的先进的甲醇生产工艺技术主要有哪些？各自有何特点？

16. DAUY 低压合成甲醇所用合成塔型有哪两种类型？各自有何特点？

17. 简述鲁奇（Lurgi）低中压合成甲醇工艺过程，其所用管壳型合成反应器具有哪些特点？

18. 简述联醇生产主要特点。

19. 简述电石的性质及用途。

20. 石灰与碳素材料反应生成碳化钙的全过程由哪两个阶段完成？
21. 电石生产对原料石灰的要求有哪些？石灰中杂质对电石生产有哪些不利影响？
22. 焦炭的成分及粒度对电石生产的影响有哪些？
23. 乙炔设备为何严禁使用铜设备和银焊条焊接设备？
24. 影响乙炔生成速度的主要因素有哪些？
25. 工业上对溶解乙炔溶剂有哪些要求？

参 考 文 献

[1] 许祥静，刘军. 煤炭气化工艺. 北京：化学工业出版社，2005.
[2] 朱银惠. 煤化学. 北京：化学工业出版社，2005.
[3] 高晋升，张德祥. 煤液化技术. 北京：化学工业出版社，2005.
[4] 舒歌平. 煤炭液化技术. 北京：煤炭工业出版社. 2003.
[5] 肖瑞华，白金锋. 煤化学产品工艺学. 北京：冶金工业出版社. 2003.
[6] 魏贤勇，宗志敏等. 煤液化化学. 北京：科学出版社，2002.
[7] 郝临山. 洁净煤技术. 北京：化学工业出版社，2005.
[8] 贺永德. 现代煤化工技术手册. 北京：化学工业出版社. 2004.
[9] 廖汉湘. 现代煤炭转化与煤化工新工艺实用全书. 合肥：安徽文化音像出版社，2004.
[10] 郭树才. 煤化工工艺学. 化学工业出版社. 1992.
[11] 原联邦德国. K. H. 施密特，I. 罗梅. 煤石油天然气化学和工艺. 北京：化学工业出版社. 1992.
[12] 李永旺. 煤制油在中国的发展前景. 化工技术经济. 2005 (23) 7：13.
[13] 王春萍. 我国煤液化概况. 化学工程师. 2005 (123) 12：40～41.
[14] 郭万喜. 甘肃省发展煤液化的前景分析. 洁净煤技术. 2004，(10) 3：25～27.
[15] 张玉卓. 中国神华煤直接液化技术新进展. 中国科技产业. 2006：32.
[16] 董秀勤. 甲醇生产工艺技术简介. 内蒙古石油化工. 2007. 7：38～40.
[17] 杜铭华. 煤炭液化技术及其产业化发展. 中国煤炭. 2006 (32) 2：10～11.
[18] 常丽萍. 煤液化技术研究现状及其发展趋势. 现代化工. 2005. (25) 10.
[19] 申峻，王志忠. 煤直接液化催化剂研究的新进展. 煤炭转化. 1999. 1 (22)：6～9.
[20] 张银元，赵景联. 煤直接液化技术的研究与开发. 山西煤炭. 2001 (21). 6：32～34.
[21] 叶青. 神华集团煤直接液化示范工程. 煤炭科学技术. 2003. 4 (31)：1～3.
[22] 张润虎，郑孝英. 膜技术在氢气分离中的应用. 过滤与分离. 2006 (16) 4：33～36.